KB118914

수학 좀 한다면

디딤돌 초등수학 기본+응용 3-2
펴낸날 [개정판 1쇄] 2023년 11월 10일 [개정판 4쇄] 2024년 8월 21일 | **펴낸이** 이기열 | **펴낸곳** (주)디딤돌 교육 | **주소** (03972) 서울특별시 마포구 월드컵북로 122 청원선와이즈타워 | **대표전화** 02-3142-9000 | **구입문의** 02-322-8451 | **내용문의** 02-323-9166 | **팩시밀리** 02-338-3231 | **홈페이지** www.didimdol.co.kr | **등록번호** 제10-718호 | 구입한 후에는 철회되지 않으며 잘못 인쇄된 책은 바꾸어 드립니다. 이 책에 실린 모든 삽화 및 편집 형태에 대한 저작권은 (주)디딤돌 교육에 있으므로 무단으로 복사 복제할 수 없습니다. Copyright ⓒ Didimdol Co. [2402570]

내 실력에 딱!
최상위로 가는 '맞춤 학습 플랜'

STEP 1 On-line
나에게 맞는 공부법은?
맞춤 학습 가이드를 만나요.

교재 선택부터 공부법까지! 디딤돌에서 제공하는 시기별 맞춤 학습 가이드를 통해 아이에게 맞는 학습 계획을 세워 주세요. (학습 가이드는 디딤돌 학부모카페 '맘이가'를 통해 상시 공지합니다. cafe.naver.com/didimdolmom)

STEP 2 Book
맞춤 학습 스케줄표
계획에 따라 공부해요.

교재에 첨부된 '맞춤 학습 스케줄표'에 맞춰 공부 목표를 달성합니다.

STEP 3 On-line
이럴 땐 이렇게!
'맞춤 Q&A'로 해결해요.

궁금하거나 모르는 문제가 있다면, '맘이가' 카페를 통해 질문을 남겨 주세요. 디딤돌 수학쌤 및 선배맘님들이 친절히 답변해 드립니다.

STEP 4 Book
다음에는 뭐 풀지?
다음 교재를 추천받아요.

학습 결과에 따라 후속 학습에 사용할 교재를 제시해 드립니다. (교재 마지막 페이지 수록)

 ★ 디딤돌 플래너 만나러 가기

디딤돌 초등수학 기본＋응용 3-2

8주 완성
학습 스케줄표

짧은 기간에 집중력 있게 한 학기 과정을 완성할 수 있도록 설계하였습니다.
방학 때 미리 공부하고 싶다면 주 5일 8주 완성 과정을 이용해요.

공부한 날짜를 쓰고 하루 분량 학습을 마친 후, 부모님께 확인 check ☑를 받으세요.

❶ 곱셈

1주

월 일	월 일	월 일	월 일	월 일
8~13쪽	14~17쪽	18~21쪽	22~25쪽	26~29쪽

2주

월 일	월
30~33쪽	34~39

❷ 나눗셈

3주

월 일	월 일	월 일	월 일	월 일
58~61쪽	62~65쪽	66~69쪽	70~75쪽	78~81쪽

4주

월 일	월 일
82~85쪽	86~88

❹ 분수

5주

월 일	월 일	월 일	월 일	월 일
104~107쪽	108~111쪽	112~115쪽	116~119쪽	120~123쪽

6주

월 일	월 일
124~127쪽	128~133쪽

❺ 들이와 무게

7주

월 일	월 일	월 일	월 일	월 일
148~151쪽	152~155쪽	156~159쪽	160~165쪽	168~171쪽

❻ 자

8주

월 일	월 일
172~175쪽	176~178쪽

MEMO

효과적인 수학 공부 비법

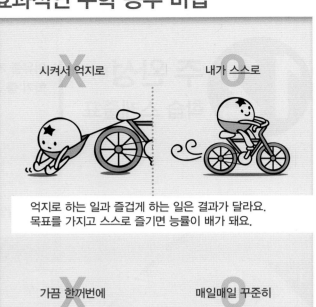

시켜서 억지로   내가 스스로

억지로 하는 일과 즐겁게 하는 일은 결과가 달라요.
목표를 가지고 스스로 즐기면 능률이 배가 돼요.

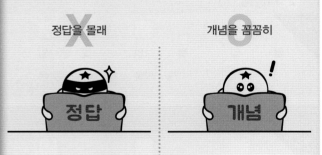

가끔 한꺼번에   매일매일 꾸준히

급하게 쌓은 실력은 무너지기 쉬워요.
조금씩이라도 매일매일 단단하게 실력을 쌓아가요.

정답을 몰래   개념을 꼼꼼히

정답

개념

모든 문제는 개념을 바탕으로 출제돼요.
쉽게 풀리지 않을 땐, 개념을 펼쳐 봐요.

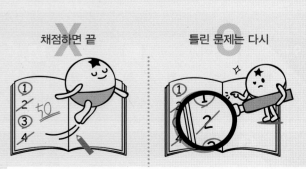

채점하면 끝   틀린 문제는 다시

왜 틀렸는지 알아야 다시 틀리지 않겠죠?
틀린 문제와 어림짐작으로 맞힌 문제는 꼭 다시 풀어 봐요.

수학 좀 한다면

디딤돌

초등수학
기본+응용

상위권으로 가는 응용심화 학습서

3-2

기본부터 실력까지 한 권으로 끝내는 공부 전략!

1 한 권에 보이는 개념 정리로 개념 이해!

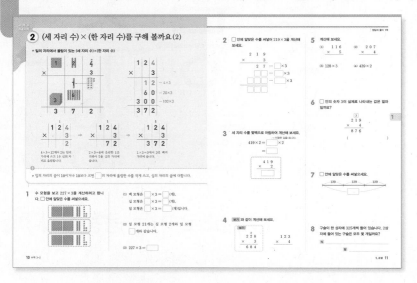

개념 정리를 읽고 교과서 기본 문제를
풀어 보며 개념을 확실히 내 것으로
만들어 봅니다.

2 개념 대표 문제로 개념 확인!

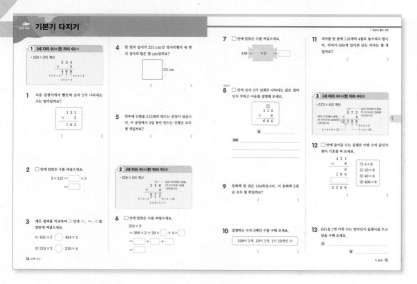

개념별 집중 문제로 교과서, 익힘책
은 물론 서술형 문제까지 기본기에
필요한 모든 문제를 풀어봅니다.

3 응용 문제로 실력 완성!

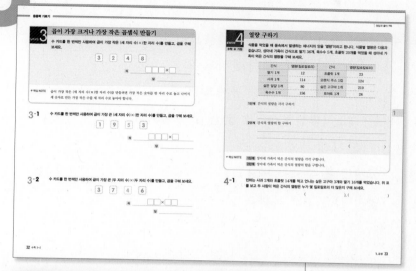

단원별 대표 응용 문제를 풀어보며
실력을 완성해 봅니다.

---

4 열량 구하기

응합유형
수학 + 가정

식품을 먹었을 때 몸속에서 발생하는 에너지의 양을 '열량'이라고 합니다. 식품별 열량은 다음과
같습니다. 성아네 가족이 간식으로 딸기 36개, 옥수수 5개, 초콜릿 20개를 먹었을 때 성아네 가
족이 먹은 간식의 열량을 구해 보세요.

| 간식 | 열량(킬로칼로리) | 간식 | 열량(킬로칼로리) |

창의·융합 문제를 통해 문제 해결력과
더불어 정보 처리 능력까지 완성할 수
있습니다.

---

4 단원 평가로 실력 점검!

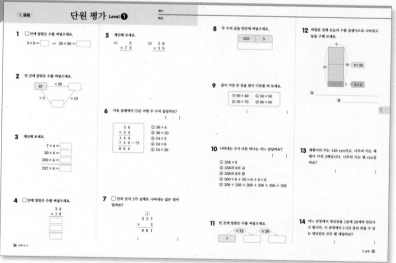

공부한 내용을 마무리하며 틀린 문제나
헷갈렸던 문제는 반드시 개념을 살펴
봅니다.

이 책의 **차례**

1 곱셈

자릿수가 늘어나도 곱셈의 계산 방법은 변하지 않아.

일의 자리부터 계산! 올림한 수는 곱에 더해!

큰 수의 곱셈도 결국은 덧셈을 간단히 한 것!

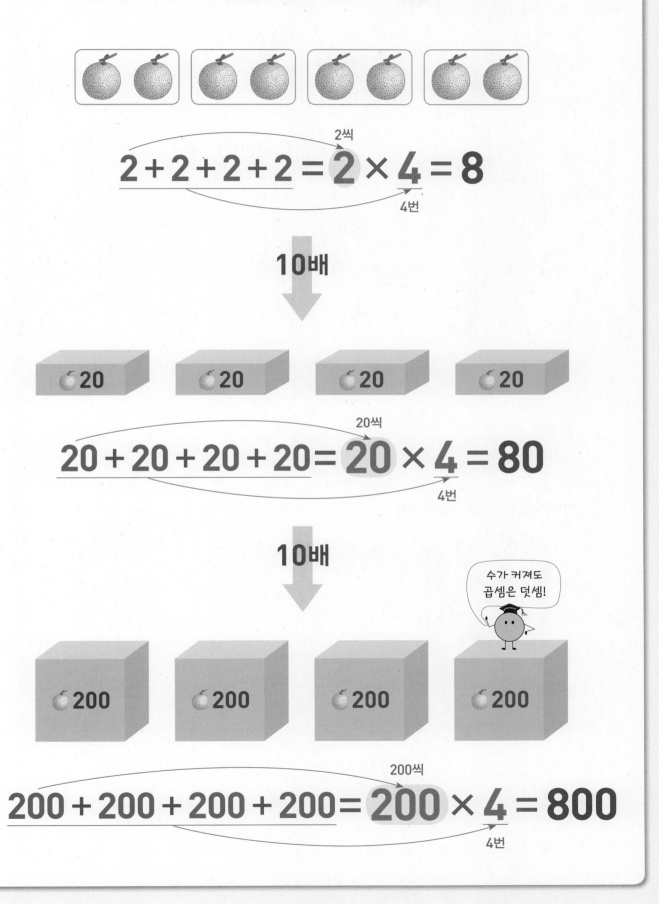

$2 + 2 + 2 + 2 = 2 \times 4 = 8$

10배

$20 + 20 + 20 + 20 = 20 \times 4 = 80$

10배

수가 커져도 곱셈은 덧셈!

$200 + 200 + 200 + 200 = 200 \times 4 = 800$

1 (세 자리 수) × (한 자리 수)를 구해 볼까요(1)

개념 강의

● 올림이 없는 (세 자리 수)×(한 자리 수)

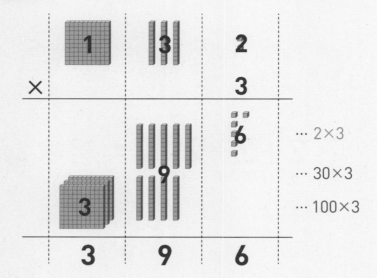

$\cdots 2 \times 3$

$\cdots 30 \times 3$

$\cdots 100 \times 3$

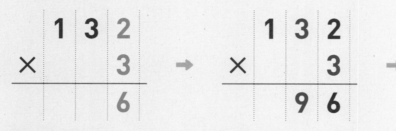 

1 수 모형을 보고 234 × 2를 계산하려고 합니다. ☐ 안에 알맞은 수를 써넣으세요.

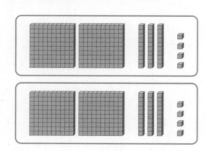

(1) 백 모형은 ☐ × 2 = ☐ (개)입니다.

(2) 십 모형은 ☐ × 2 = ☐ (개)입니다.

(3) 일 모형은 ☐ × 2 = ☐ (개)입니다.

(4) 234 × 2 = ☐

2 수 모형을 보고 곱셈식으로 나타내어 보세요.

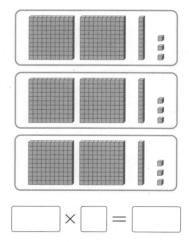

☐ × ☐ = ☐

3 ☐ 안에 알맞은 수를 써넣어 413×2를 계산해 보세요.

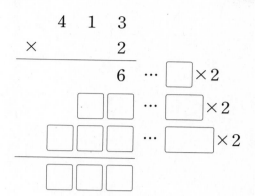

4 계산해 보세요.

(1) $2 \times 4 = $ ☐

   $10 \times 4 = $ ☐

   $200 \times 4 = $ ☐

   $212 \times 4 = $ ☐

(2) $3 \times 3 = $ ☐

   $20 \times 3 = $ ☐

   $100 \times 3 = $ ☐

   $123 \times 3 = $ ☐

5 ☐ 안에 알맞은 수를 써넣으세요.

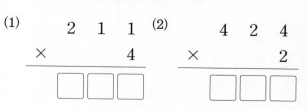

6 세 자리 수를 몇백으로 어림하여 계산해 보세요.

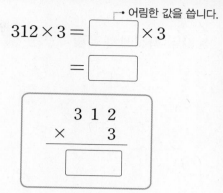

7 계산해 보세요.

(1)
```
    4 1 2
  ×     2
```

(2)
```
    3 3 1
  ×     3
```

(3) 111×6

(4) 243×2

8 덧셈식을 곱셈식으로 나타내고 계산해 보세요.

(1) $231 + 231 + 231$

➡ _____

(2) $121 + 121 + 121 + 121$

➡ _____

9 윤지는 줄넘기를 142번 하고, 철우는 윤지의 2배만큼 했습니다. 철우는 줄넘기를 몇 번 했을까요?

식 _____

답 _____

2 (세 자리 수)×(한 자리 수)를 구해 볼까요(2)

● 일의 자리에서 올림이 있는 (세 자리 수)×(한 자리 수)

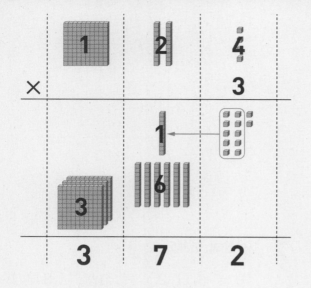

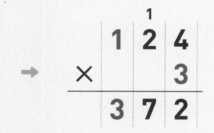

$$
\begin{array}{r}
1\ 2\ 4 \\
\times \quad\ 3 \\
\hline
1\ 2 \quad \cdots 4\times3 \\
6\ 0 \quad \cdots 20\times3 \\
3\ 0\ 0 \quad \cdots 100\times3 \\
\hline
3\ 7\ 2
\end{array}
$$

$$
\begin{array}{r}
1 \\
1\ 2\ 4 \\
\times \quad\ 3 \\
\hline
2
\end{array}
$$
→
$$
\begin{array}{r}
1 \\
1\ 2\ 4 \\
\times \quad\ 3 \\
\hline
7\ 2
\end{array}
$$
→
$$
\begin{array}{r}
1 \\
1\ 2\ 4 \\
\times \quad\ 3 \\
\hline
3\ 7\ 2
\end{array}
$$

4×3=12에서 2는 일의 자리에 쓰고 1은 십의 자리로 올림합니다.

2×3=6에 올림한 1을 더하여 7을 십의 자리에 씁니다.

1×3=3에서 3을 백의 자리에 씁니다.

● 일의 자리의 곱이 10이거나 10보다 크면 ☐ 의 자리에 올림한 수를 작게 쓰고, 십의 자리의 곱에 더합니다.

1 수 모형을 보고 227×3을 계산하려고 합니다. ☐ 안에 알맞은 수를 써넣으세요.

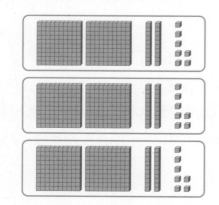

(1) 백 모형은 ☐×3= ☐ (개),
십 모형은 ☐×3= ☐ (개),
일 모형은 ☐×3= ☐ (개)입니다.

(2) 일 모형 21개는 십 모형 2개와 일 모형 ☐ 개와 같습니다.

(3) 227×3= ☐

2 ☐ 안에 알맞은 수를 써넣어 219×3을 계산해 보세요.

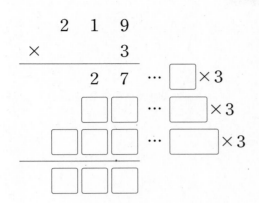

3 세 자리 수를 몇백으로 어림하여 계산해 보세요.

어림한 값을 씁니다.

$419 \times 2 = $ ☐ $\times 2$

$= $ ☐

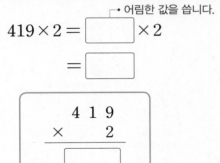

4 보기 와 같이 계산해 보세요.

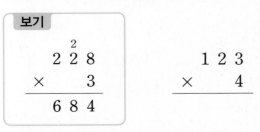

5 계산해 보세요.

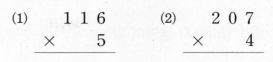

(1)   1 1 6
    ×   5

(2)   2 0 7
    ×   4

(3) 128×3

(4) 439×2

6 ☐ 안의 숫자 3이 실제로 나타내는 값은 얼마일까요?

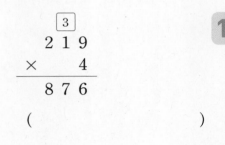

(   )

7 ☐ 안에 알맞은 수를 써넣으세요.

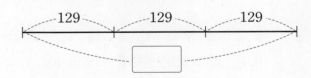

8 구슬이 한 상자에 325개씩 들어 있습니다. 2상자에 들어 있는 구슬은 모두 몇 개일까요?

식 _____

답 _____

3 (세 자리 수) × (한 자리 수)를 구해 볼까요(3)

● 십의 자리에서 올림이 있는 (세 자리 수)×(한 자리 수)

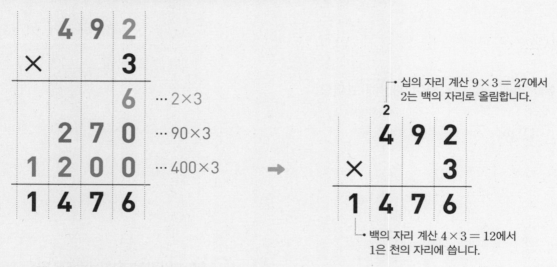

```
      1 6 2
    ×     4
          8  … 2×4
      2 4 0  … 60×4
      4 0 0  … 100×4
      6 4 8
```

┌ • 십의 자리 계산 6×4 = 24에서
  2는 백의 자리로 올림합니다.

```
        2
      1 6 2
    ×     4
      6 4 8
```

● 십의 자리, 백의 자리에서 올림이 있는 (세 자리 수)×(한 자리 수)

```
      4 9 2
    ×     3
          6  … 2×3
      2 7 0  … 90×3
    1 2 0 0  … 400×3
    1 4 7 6
```

┌ • 십의 자리 계산 9×3 = 27에서
  2는 백의 자리로 올림합니다.

```
        2
      4 9 2
    ×     3
    1 4 7 6
```

└ • 백의 자리 계산 4×3 = 12에서
  1은 천의 자리에 씁니다.

---

1 수 모형을 보고 263×3을 계산하려고 합니다. □ 안에 알맞은 수를 써넣으세요.

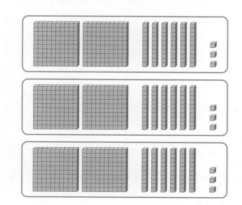

(1) 백 모형은 □ × 3 = □ (개),
   십 모형은 □ × 3 = □ (개),
   일 모형은 □ × 3 = □ (개)입니다.

(2) 십 모형 18개는 백 모형 1개와 십 모형 □ 개와 같습니다.

(3) 263 × 3 = □

2 □ 안에 알맞은 수를 써넣어 723×3을 계산해
보세요.

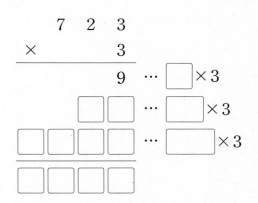

3 계산해 보세요.

(1)
$1 \times 4 = \boxed{}$

$40 \times 4 = \boxed{}$

$200 \times 4 = \boxed{}$

$241 \times 4 = \boxed{}$

(2)
$2 \times 3 = \boxed{}$

$90 \times 3 = \boxed{}$

$500 \times 3 = \boxed{}$

$592 \times 3 = \boxed{}$

4 보기 와 같이 계산해 보세요.

보기
$$\begin{array}{r} {\scriptstyle 2} \\ 3\,7\,2 \\ \times \quad 4 \\ \hline 1\,4\,8\,8 \end{array}$$

$$\begin{array}{r} 5\,4\,1 \\ \times \quad 7 \\ \hline \end{array}$$

5 계산해 보세요.

(1)
$$\begin{array}{r} 1\,9\,2 \\ \times \quad 3 \\ \hline \end{array}$$

(2)
$$\begin{array}{r} 8\,1\,2 \\ \times \quad 4 \\ \hline \end{array}$$

(3) 623×4

(4) 534×6

6 덧셈식을 곱셈식으로 나타내고 바르게 계산해
보세요.

$$581 + 581 + 581 + 581 + 581 + 581$$

식 _____

답 _____

7 빈칸에 알맞은 수를 써넣으세요.

353	$\times 2$	$\times 3$	$\times 4$

8 책이 250권씩 꽂힌 책꽂이가 7개 있습니다.
책은 모두 몇 권일까요?

식 _____

답 _____

1. 곱셈 **13**

1 (세 자리 수)×(한 자리 수)(1)

· 234 × 2의 계산

```
    2 3 4
  ×     2
  ─────────
    4 6 8
```
2×2=4   3×2=6   4×2=8

1 다음 곱셈식에서 빨간색 숫자 2가 나타내는 수는 얼마일까요?

```
    1 3 1
  ×     2
  ─────────
    2 6 2
```

(   )

2 ☐ 안에 알맞은 수를 써넣으세요.

$$3 \times 312 = \boxed{} \times 3$$

$$= \boxed{}$$

3 계산 결과를 비교하여 ○ 안에 >, =, <를 알맞게 써넣으세요.

(1) 431×2 ○ 424×2

(2) 210×2 ○ 210×4

4 한 변의 길이가 221 cm인 정사각형의 네 변의 길이의 합은 몇 cm일까요?

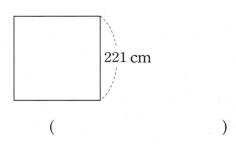

221 cm

(   )

5 하루에 인형을 213개씩 만드는 공장이 있습니다. 이 공장에서 3일 동안 만드는 인형은 모두 몇 개일까요?

(   )

2 (세 자리 수)×(한 자리 수)(2)

· 218 × 4의 계산

③ ← 일의 자리에서 올림한 수이므로 30을 나타냅니다.

```
    2 1 8
  ×     4
  ─────────
    8 7 2
```
2×4=8   7   8×4=32
1×4+3=7

6 ☐ 안에 알맞은 수를 써넣으세요.

324×3

$$= 300 \times 3 + 20 \times \boxed{} + 4 \times \boxed{}$$

$$= \boxed{} + \boxed{} + \boxed{}$$

$$= \boxed{}$$

7 ☐ 안에 알맞은 수를 써넣으세요.

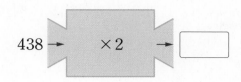

$$438 \rightarrow \boxed{\times 2} \rightarrow \boxed{}$$

서술형

8 ☐ 안의 숫자 2가 실제로 나타내는 값은 얼마인지 구하고 이유를 설명해 보세요.

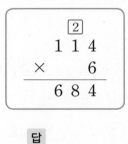

$$\begin{array}{r} \boxed{2} \\ 1\ 1\ 4 \\ \times 6 \\ \hline 6\ 8\ 4 \end{array}$$

답 _____

설명 _____

_____

_____

9 동화책 한 권은 104쪽입니다. 이 동화책 5권은 모두 몇 쪽일까요?

(   )

10 설명하는 수의 3배인 수를 구해 보세요.

100이 2개, 10이 1개, 1이 19개인 수

(   )

11 의자를 한 줄에 116개씩 4줄로 놓으려고 합니다. 의자가 500개 있다면 남는 의자는 몇 개일까요?

(   )

---

3 (세 자리 수)×(한 자리 수)(3)

· 572×4의 계산

백의 자리에서 올림한 수이므로 2000을 나타냅니다.

십의 자리에서 올림한 수이므로 200을 나타냅니다.

$$\begin{array}{r} ② \\ 5\ 7\ 2 \\ \times 4 \\ \hline ②\ 2\ 8\ 8 \end{array}$$

$5\times4+2=22$

$2\times4=8$

$7\times4=28$

---

12 ☐ 안에 들어갈 수는 실제로 어떤 수의 곱인지 찾아 기호를 써 보세요.

$$\begin{array}{r} 4\ 2\ 1 \\ \times 8 \\ \hline 8 \\ 1\ 6\ 0 \\ \boxed{} \\ \hline 3\ 3\ 6\ 8 \end{array}$$

㉠ 4×8
㉡ 20×8
㉢ 40×8
㉣ 400×8

(   )

13 641을 7번 더한 수는 얼마인지 곱셈식을 쓰고 답을 구해 보세요.

식 _____

답 _____

서술형

14 <u>잘못</u> 계산한 부분을 찾아 이유를 쓰고 바르게 계산해 보세요.

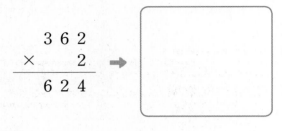

이유 _____

_____

15 눈금 한 칸의 길이가 모두 같을 때 ☐ 안에 알맞은 수를 써넣으세요.

452

16 곱이 가장 큰 것의 기호를 써 보세요.

⊙ 431×8 ⓒ 523×6 ⓒ 614×5

( )

17 지호는 줄넘기를 매일 180번씩 했습니다. 지호는 일주일 동안 줄넘기를 모두 몇 번 했을까요?

( )

18 수 카드를 한 번씩만 사용하여 만든 곱셈식입니다. 곱이 가장 큰 것의 기호를 써 보세요.

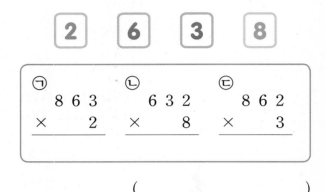

( )

19 윤아네 학교 3학년 반별 학생 수는 다음과 같습니다. 간식으로 초콜릿을 한 명에게 5개씩 주려고 할 때 초콜릿은 모두 몇 개 필요할까요?

반	1반	2반	3반	4반	5반
학생 수(명)	25	23	27	24	26

( )

20 나라마다 사용하는 돈의 가치는 서로 다릅니다. 어느 날 호주의 1달러가 856원이었다면 호주 돈 5달러는 몇 원일까요?

( )

21 분홍색 리본은 125 cm이고, 노란색 리본은 214 cm입니다. 분홍색 리본 6개와 노란색 리본 4개를 겹치지 않게 이어 붙이면 리본 전체의 길이는 몇 cm가 될까요?

( )

4 □ 안에 알맞은 수 찾기

$$\begin{array}{r} 3\ \square\ 8 \\ \times\qquad 4 \\ \hline 1\ 4\ 7\ 2 \end{array}$$

① 일의 자리 계산에서 $8 \times 4 = 32$이므로 십의 자리로 올림한 수는 3입니다.

② 백의 자리 계산에서 $3 \times 4 = 12$이므로 백의 자리로 올림한 수는 $14 - 12 = 2$입니다.

③ 십의 자리 계산에서 $\square \times 4 + 3 = 27$이므로 $\square \times 4 = 24$, $\square = 6$입니다.

④ □ 안에 6을 넣어 결과가 맞는지 확인합니다.

22 □ 안에 알맞은 수를 써넣으세요.

$$\begin{array}{r} 2\ 1\ \boxed{} \\ \times\qquad 4 \\ \hline 8\ 6\ 4 \end{array}$$

23 □ 안에 알맞은 수를 써넣으세요.

$$\begin{array}{r} 1\ \boxed{}\ 5 \\ \times\qquad 6 \\ \hline 1\ 0\ 5\ 0 \end{array}$$

24 곱셈식을 보고 ㉠, ㉡에 알맞은 수를 구해 보세요. (단, ㉠과 ㉡은 한 자리 수입니다.)

$$\begin{array}{r} ㉠\ ㉠\ ㉡ \\ \times\qquad ㉡ \\ \hline 1\ 6\ 5\ 9 \end{array}$$

㉠ (   ), ㉡ (   )

5 약속한 기호대로 계산하기

$$㉠ * ㉡ = \underbrace{\overbrace{㉠ \times ㉡}^{①} + ㉠}_{②}$$

곱셈을 먼저 계산합니다.

• $247 * 2$의 계산

① 약속에 따라 식 만들기
$247 * 2 = 247 \times 2 + 247$

② 앞에서부터 차례로 계산하기
$247 \times 2 + 247 = 494 + 247$
$= 741$

25 기호 ★에 대하여

$㉠ ★ ㉡ = ㉠ \times ㉡ + ㉡$

이라고 약속할 때 다음을 계산해 보세요.

$103 ★ 9$

(   )

26 기호 ◎에 대하여

$㉠ ◎ ㉡ = ㉠ \times ㉡ - ㉠$

이라고 약속할 때 다음을 계산해 보세요.

$114 ◎ 7$

(   )

27 보기 에서 규칙을 찾아 다음을 계산해 보세요.

보기
$8 ◎ 7 \Rightarrow 8 + 7 = 15,\ 15 \times 8 = 120$

$6 ◎ 209$

(   )

4 (몇십)×(몇십) 또는 (몇십몇)×(몇십)을 구해 볼까요

● (몇십)×(몇십)

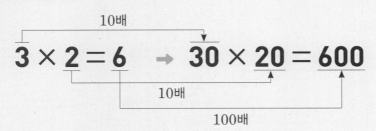

$$3 \times 2 = 6 \rightarrow 30 \times 20 = 600$$

● (몇십몇)×(몇십)

$$32 \times 3 = 96 \rightarrow 32 \times 30 = 960$$

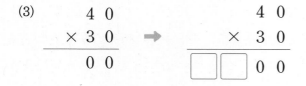

---

1 40×30을 어떻게 계산하는지 알아보려고 합니다. ☐ 안에 알맞은 수를 써넣으세요.

(1) $40 \times 30 = 4 \times 10 \times 3 \times \boxed{}$

$\qquad = 4 \times 3 \times 10 \times \boxed{}$

$\qquad = 12 \times \boxed{}$

$\qquad = \boxed{}$

(2) 40은 4의 ☐ 배, 30은 3의 ☐ 배이므로 40×30은 4×3의 ☐ 배입니다.

(3)
```
    4 0          4 0
  × 3 0    →   × 3 0
  ─────        ─────
    0 0      ☐ ☐ 0 0
```

2 12×20을 어떻게 계산하는지 알아보려고 합니다. ☐ 안에 알맞은 수를 써넣으세요.

(1)

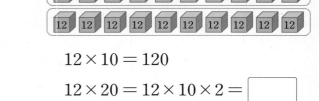

$12 \times 10 = 120$

$12 \times 20 = 12 \times 10 \times 2 = \boxed{}$

(2)

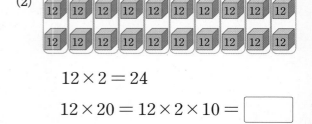

$12 \times 2 = 24$

$12 \times 20 = 12 \times 2 \times 10 = \boxed{}$

(3)
```
    1 2          1 2
  × 2 0    →   × 2 0
  ─────        ─────
      0      ☐ ☐ 0
```

3 ☐ 안에 알맞은 수를 써넣으세요.

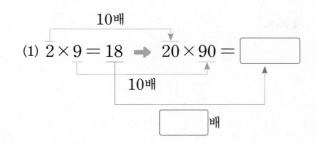

(1) $2 \times 9 = 18$ ➡ $20 \times 90 =$ ☐

☐ 배

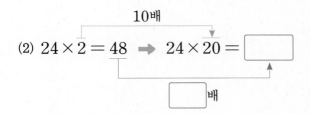

(2) $24 \times 2 = 48$ ➡ $24 \times 20 =$ ☐

☐ 배

4 빈 곳에 알맞은 수를 써넣으세요.

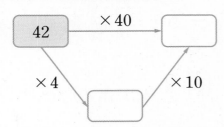

5 계산해 보세요.

(1) 3×2

30×2

3×20

30×20

33×20

(2) 4×5

40×5

4×50

40×50

44×50

6 계산해 보세요.

(1) 30×60

(2) 90×40

(3)
$$\begin{array}{r} 5\ 3 \\ \times\ 3\ 0 \\ \hline \end{array}$$

(4)
$$\begin{array}{r} 6\ 3 \\ \times\ 8\ 0 \\ \hline \end{array}$$

7 빈칸에 알맞은 수를 써넣으세요.

$\times 30$

20	
60	
90	

8 저금통에 50원짜리 동전이 30개 있습니다. 저금통에 있는 돈은 얼마일까요?

식 ....

답 ....

9 사탕이 한 봉지에 24개씩 들어 있습니다. 30봉지에 들어 있는 사탕은 모두 몇 개일까요?

식 ....

답 ....

5 (몇)×(몇십몇)을 구해 볼까요

● (몇)×(몇십몇)

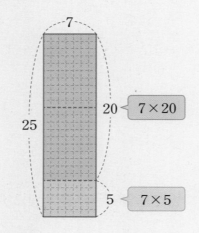

$$\begin{array}{r} 7 \\ \times\ 2\ 5 \\ \hline 3\ 5 \quad \cdots 7\times5 \\ 1\ 4\ 0 \quad \cdots 7\times20 \\ \hline 1\ 7\ 5 \end{array}$$

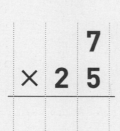 →  →

$7 \times 5 = 35$에서 5는 일의 자리에 쓰고 3은 십의 자리로 올림합니다.

$7 \times 2 = 14$에 올림한 3을 더하여 7은 십의 자리에 쓰고 1은 백의 자리에 씁니다.

• (몇)×(몇십몇)은 (몇)×(몇)과 (몇)×(□)을 각각 계산한 후 두 곱을 더합니다.

---

1 8×23은 얼마인지 모눈종이로 알아보려고 합니다. □ 안에 알맞은 수를 써넣으세요.

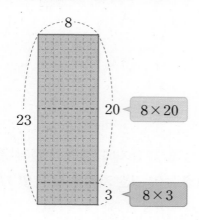

(1) 주황색 모눈은 8개씩 20줄이므로

$8 \times 20 =$ □ (개)입니다.

(2) 보라색 모눈은 8개씩 3줄이므로

$8 \times 3 =$ □ (개)입니다.

(3) 모눈은 모두 8개씩 23줄이므로

□ + □ = □ (개)입니다.

(4) $8 \times 23 = 8 \times 20 + 8 \times 3$

= □ + □

= □

2 ☐ 안에 알맞은 수를 써넣어 4×39를 계산해 보세요.

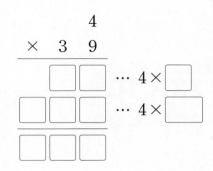

3 계산해 보세요.

(1) $9 \times \ 1 = $ ☐

$9 \times 50 = $ ☐

$9 \times 51 = $ ☐

(2) $5 \times \ 3 = $ ☐

$5 \times 70 = $ ☐

$5 \times 73 = $ ☐

4 보기 와 같이 계산해 보세요.

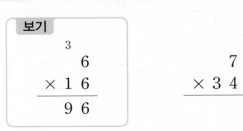

5 계산해 보세요.

(1)
```
     3
×  2 8
```

(2)
```
     5
×  4 3
```

(3) 2×65

(4) 4×26

6 ☐ 안에 알맞은 수를 써넣고 ○ 안에 $>$, $=$, $<$를 알맞게 써넣으세요.

```
      7              2 6
×  2 6            ×    7
```
☐ ○ ☐

7 잘못 계산한 부분을 찾아 바르게 계산해 보세요.

```
      3
×  2 7
      6
  2 1
  2 7
```
➡

8 재진이는 수학 문제집을 하루에 5쪽씩 15일 동안 풀었습니다. 재진이가 푼 수학 문제집은 모두 몇 쪽일까요?

식 _____

답 _____

6 (몇십몇) × (몇십몇)을 구해 볼까요 (1)

● 올림이 한 번 있는 (몇십몇) × (몇십몇)

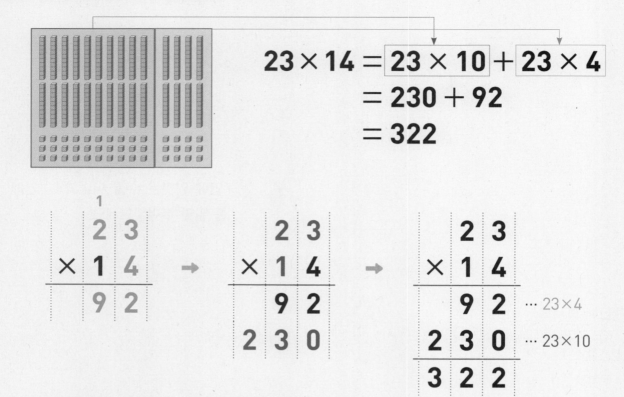

$$23 \times 14 = \boxed{23 \times 10} + \boxed{23 \times 4}$$
$$= 230 + 92$$
$$= 322$$

23과 일의 자리 수의 곱을 구합니다.

23과 십의 자리 수의 곱을 구합니다.

일의 자리 수의 곱과 십의 자리 수의 곱을 더합니다.

● 26 × 13을 계산할 때에는 26 × 10과 26 × ☐ 을 각각 계산한 후 두 곱을 더합니다.

1 17 × 15는 얼마인지 수 모형으로 알아보려고 합니다. ☐ 안에 알맞은 수를 써넣으세요.

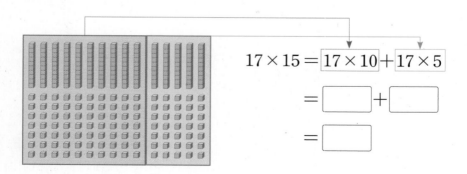

$$17 \times 15 = \boxed{17 \times 10} + \boxed{17 \times 5}$$
$$= \boxed{} + \boxed{}$$
$$= \boxed{}$$

2 ☐ 안에 알맞은 수를 써넣으세요.

(1) $35 \times 10 = $ ☐

    $35 \times 2 = $ ☐

    $35 \times 12 = $ ☐

(2) $42 \times 20 = $ ☐

    $42 \times 3 = $ ☐

    $42 \times 23 = $ ☐

3 ☐ 안에 알맞은 수를 써넣어 13×41을 계산해 보세요.

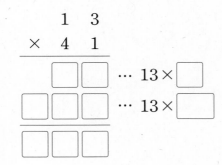

4 ☐ 안에 알맞은 수를 써넣으세요.

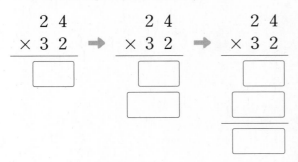

5 계산해 보세요.

(1)
$$\begin{array}{r} 3\;1 \\ \times\;2\;4 \\ \hline \end{array}$$

(2)
$$\begin{array}{r} 1\;2 \\ \times\;5\;3 \\ \hline \end{array}$$

(3) 17×21

(4) 42×13

6 ☐ 안에 들어갈 수는 실제로 어떤 수의 곱인지 찾아 기호를 써 보세요.

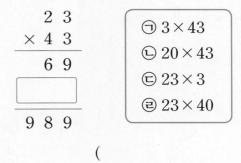

              (   )

7 ☐ 안에 알맞은 수를 써넣으세요.

$$35 \times 12 = \boxed{} \times 35$$
$$= \boxed{}$$

8 연필 한 타는 12자루입니다. 연필 36타는 모두 몇 자루일까요?

식 _____

        답 _____

7 (몇십몇) × (몇십몇)을 구해 볼까요 (2)

● 올림이 여러 번 있는 (몇십몇)×(몇십몇)

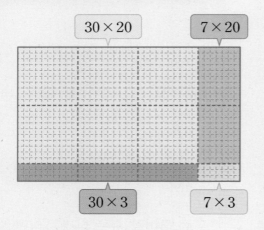

- 분홍색 모눈: $30 \times 20 = 600$(개)
- 보라색 모눈: $7 \times 20 = 140$(개)
- 초록색 모눈: $30 \times 3 = 90$(개)
- 노란색 모눈: $7 \times 3 = 21$(개)
- 전체 모눈: $600 + 140 + 90 + 21 = 851$(개)

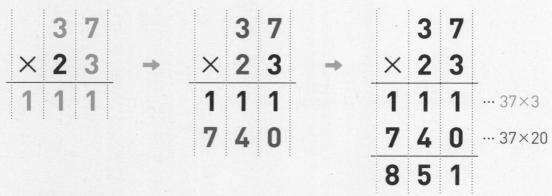

37과 일의 자리 수의 곱을 구합니다.

37과 십의 자리 수의 곱을 구합니다.

일의 자리 수의 곱과 십의 자리 수의 곱을 더합니다.

1 49×25는 얼마인지 모눈종이로 알아보려고 합니다. ☐ 안에 알맞은 수를 써넣으세요.

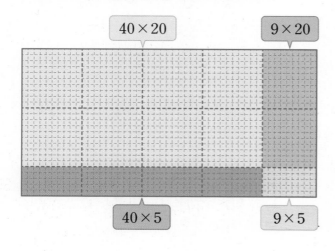

(1) 분홍색 모눈은 $40 \times 20 = $ ☐ (개),

보라색 모눈은 $9 \times 20 = $ ☐ (개),

초록색 모눈은 $40 \times 5 = $ ☐ (개),

노란색 모눈은 $9 \times 5 = $ ☐ (개)입니다.

(2) 모눈은 모두

☐ + ☐ + ☐ + ☐

= ☐ (개)입니다.

(3) $49 \times 25 = $ ☐

2 ☐ 안에 알맞은 수를 써넣으세요.

(1) $35 \times 24 = 35 \times 20 + 35 \times \boxed{}$

$\qquad = 700 + \boxed{}$

$\qquad = \boxed{}$

(2) $54 \times 38 = 54 \times 30 + 54 \times \boxed{}$

$\qquad = 1620 + \boxed{}$

$\qquad = \boxed{}$

3 ☐ 안에 알맞은 수를 써넣어 26×65를 계산해 보세요.

$$
\begin{array}{r}
2\ 6 \\
\times\ 6\ 5 \\
\hline
\boxed{\ }\ \boxed{\ }\ \boxed{\ } \cdots 26 \times \boxed{\ } \\
\boxed{\ }\ \boxed{\ }\ \boxed{\ } \cdots 26 \times \boxed{\ } \\
\hline
\boxed{\ }\ \boxed{\ }\ \boxed{\ }\ \boxed{\ }
\end{array}
$$

4 ☐ 안에 알맞은 수를 써넣으세요.

$$
\begin{array}{r}
4\ 7 \\
\times\ 3\ 4 \\
\hline
\boxed{}
\end{array}
\;\Rightarrow\;
\begin{array}{r}
4\ 7 \\
\times\ 3\ 4 \\
\hline
\boxed{} \\
\boxed{}
\end{array}
\;\Rightarrow\;
\begin{array}{r}
4\ 7 \\
\times\ 3\ 4 \\
\hline
\boxed{} \\
\boxed{}
\end{array}
$$

5 계산해 보세요.

(1)
$$
\begin{array}{r}
3\ 2 \\
\times\ 5\ 9 \\
\hline
\end{array}
$$

(2)
$$
\begin{array}{r}
5\ 3 \\
\times\ 4\ 8 \\
\hline
\end{array}
$$

(3) 67×45

(4) 28×93

6 잘못 계산한 부분을 찾아 바르게 계산해 보세요.

$$
\begin{array}{r}
7\ 4 \\
\times\ 3\ 6 \\
\hline
4\ 4\ 4 \\
2\ 2\ 2 \\
\hline
6\ 6\ 6
\end{array}
\;\Rightarrow\;
\boxed{}
$$

7 ☐ 안에 알맞은 수를 써넣으세요.

$25 \times 28 = 25 \times \boxed{\ } \times 7$

$\qquad = \boxed{\ } \times 7$

$\qquad = \boxed{\ }$

8 사과가 한 상자에 24개씩 들어 있습니다. 35상자에 들어 있는 사과는 모두 몇 개일까요?

식 ....

답 ....

6 (몇십)×(몇십), (몇십몇)×(몇십)

• 30×40의 계산

10배

$3 \times 4 = 12$ ➡ $30 \times 40 = 1200$

10배

100배

• 15×30의 계산

10배

$15 \times 3 = 45$ ➡ $15 \times 30 = 450$

10배

28 곱이 다른 하나는 어느 것일까요? (   )

① 20×90   ② 30×60   ③ 60×30

④ 50×40   ⑤ 90×20

29 ㉠과 ㉡에 알맞은 수의 합은 얼마일까요?

• 70×30 = ㉠00
• 40×60 = ㉡00

(   )

30 두 곱셈식의 계산 결과는 같습니다. ☐ 안에 알맞은 수를 구해 보세요.

| 90×40 | 60×☐ |

(   )

31 ☐ 안에 알맞은 수를 써넣으세요.

2배

$15 \times 80 = 30 \times$ ☐

32 ㉠과 ㉡의 곱을 구해 보세요.

㉠ 10이 9개, 1이 5개인 수
㉡ 10이 7개인 수

(   )

33 1시간은 60분이고, 1분은 60초입니다. 1시간은 몇 초인지 곱셈식을 쓰고 답을 구해 보세요.

식

답

34 딸기와 귤의 비타민 C 함유량입니다. 딸기 50개와 귤 70개 중 어느 것에 비타민 C가 몇 mg 더 많이 들어 있을까요?

┗▶무게의 단위로 밀리그램이라고 읽습니다.

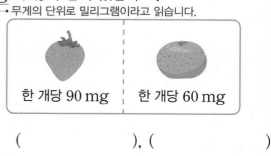

| 한 개당 90 mg | 한 개당 60 mg |

(   ), (   )

7 (몇)×(몇십몇)

· 7×27의 계산

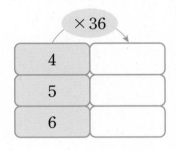

35 빈칸에 알맞은 수를 써넣으세요.

×36

4	
5	
6	

36 ☐ 안에 알맞은 수를 써넣으세요.

$$\begin{array}{r} 7 \\ \times\ 3\ \boxed{\ } \\ \hline 2\ \boxed{\ }\ 3 \end{array}$$

서술형
37 서연이는 수학 문제를 매일 9문제씩 풉니다. 서연이가 8월 한 달 동안 푼 수학 문제는 모두 몇 문제인지 풀이 과정을 쓰고 답을 구해 보세요.

풀이 _____

_____

_____

답 _____

38 ☐ 안에 들어갈 수 있는 자연수 중에서 가장 작은 수는 얼마일까요?

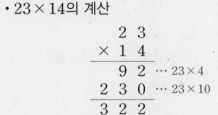

(   )

8 (몇십몇)×(몇십몇)(1)

· 23×14의 계산

$$\begin{array}{r} 2\ 3 \\ \times\ 1\ 4 \\ \hline 9\ 2 \quad \cdots 23×4 \\ 2\ 3\ 0 \quad \cdots 23×10 \\ \hline 3\ 2\ 2 \end{array}$$

39 색칠된 전체 모눈의 수를 곱셈식으로 나타내고 구해 보세요.

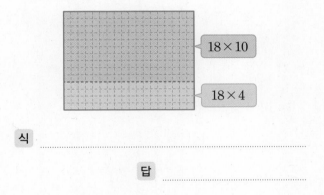

식 _____

답 _____

40 가장 큰 수와 가장 작은 수의 곱을 구해 보세요.

| 41 | 16 | 23 |

(   )

41 ☐ 안에 알맞은 수를 써넣으세요.

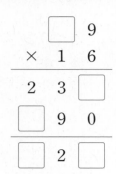

```
      □ 9
   ×  1 6
   ───────
   2 3 □
   □ 9 0
   ───────
   □   2 □
```

42 윤서는 매일 한자를 15자씩 외웁니다. 윤서가 2주일 동안 외우는 한자는 모두 몇 자일까요?

(   )

43 다음 식을 아래쪽으로 뒤집었을 때의 식을 계산하면 얼마일까요?

(   )

9 (몇십몇)×(몇십몇) ⑵

· 52×35의 계산

```
        5 2
     ×  3 5
     ───────
      2 6 0  … 52×5
    1 5 6 0  … 52×30
    ─────────
    1 8 2 0
```

44 ☐ 안에 알맞은 수를 써넣으세요.

$$28 \times 25 = 14 \times \boxed{} \times 25$$

$$= 14 \times \boxed{}$$

$$= \boxed{}$$

45 잘못 계산한 부분을 찾아 이유를 쓰고 바르게 계산해 보세요.

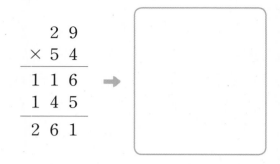

```
      2 9
   ×  5 4
   ───────
   1 1 6
   1 4 5
   ───────
   2 6 1
```

이유 _____

_____

_____

46 어느 장난감 공장에 한 시간에 85개씩 쉬지 않고 장난감을 만드는 기계가 있습니다. 이 기계가 하루 동안 만들 수 있는 장난감은 모두 몇 개일까요?

(   )

47 세 명의 학생들이 ♥의 규칙에 따라 계산한 것입니다. 규칙을 찾아 37♥43의 값을 구해 보세요.

```
은성: 5♥4 = 19
현지: 8♥6 = 47
태민: 2♥15 = 29
```

(   )

10 수 카드를 이용하여 곱셈식 만들기

4	1	7	6

만들 수 있는 가장 큰 두 자리 수: 76
만들 수 있는 가장 작은 두 자리 수: 14
➡ 두 수의 곱: $76 \times 14 = 1064$

48 수 카드를 한 번씩만 사용하여 만들 수 있는 두 자리 수 중에서 가장 큰 수와 가장 작은 수의 곱을 구해 보세요.

1	8	3	2	6

( )

49 수 카드 5 , 7 을 한 번씩만 사용하여 계산 결과가 가장 큰 곱셈식을 만들려고 합니다. ㉠, ㉡에 알맞은 수를 구해 보세요.

$$\begin{array}{r} ㉠ \\ \times\ \boxed{㉡}\ 6 \\ \hline \end{array}$$

㉠ ( ), ㉡ ( )

50 수 카드 4 , 5 , 9 를 한 번씩만 사용하여 다음 곱셈식이 바른 계산이 되도록 □ 안에 알맞은 수를 써넣으세요.

$$\begin{array}{r} \boxed{}\ \boxed{} \\ \times\ \boxed{}\ 6 \\ \hline 4\ 3\ 2\ 0 \end{array}$$

11 어떤 수를 구하여 바르게 계산하기

① 어떤 수를 □라 하여 잘못 계산한 식 세우기
② 잘못 계산한 식을 이용하여 어떤 수 구하기
③ 어떤 수를 이용하여 바르게 계산한 값 구하기

51 어떤 수에 14를 곱해야 할 것을 잘못하여 더했더니 52가 되었습니다. 바르게 계산하면 얼마일까요?

( )

52 어떤 수에 29를 곱해야 할 것을 잘못하여 더했더니 63이 되었습니다. 바르게 계산하면 얼마일까요?

( )

53 수학 시험을 마친 현서와 지호의 대화입니다. 지호가 틀린 마지막 문제의 답을 바르게 구하면 얼마일까요?

> 현서: 지호야, 시험 잘 봤어?
>
> 지호: 아니 망쳤어. 마지막 계산 문제가 주어진 수에 37을 곱하는 문제인데 잘못 보고 뺐지 뭐야. 그래서 답을 26이라고 썼어.
>
> 현서: 지금 그거 한 문제 틀렸다고 망쳤다는 거야?

( )

문제 풀이

색 테이프의 길이 구하기

길이가 154 cm인 색 테이프 3장을 그림과 같이 17 cm씩 겹치게 이어 붙였습니다. 이어 붙인 색 테이프의 전체 길이는 몇 cm일까요?

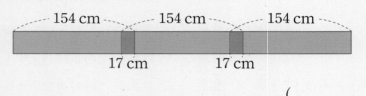

(   )

● 핵심 NOTE ㅤ이어 붙인 색 테이프의 전체 길이 구하기

① 색 테이프 ■장의 길이의 합을 구합니다.

② 이어 붙인 부분의 수를 구합니다. ➡ (■－1)군데

③ 색 테이프의 길이의 합에서 이어 붙인 부분의 길이의 합을 뺍니다.

1-1ㅤ길이가 38 cm인 색 테이프 40장을 그림과 같이 3 cm씩 겹치게 이어 붙였습니다. 이어 붙인 색 테이프의 전체 길이는 몇 cm일까요?

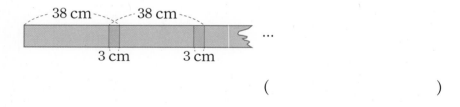

(   )

1-2ㅤ미술 시간에 진선이는 길이가 14 cm인 색 테이프 27장을 3 cm씩 겹치게 이어 붙였습니다. 이 색 테이프를 똑같은 길이로 나누어 장식 15개를 만들었습니다. 장식 한 개를 만드는 데 사용한 색 테이프는 몇 cm일까요?

(   )

심화유형 2 크기를 비교하여 □ 안에 들어갈 수 있는 수 구하기

1부터 9까지의 수 중에서 □ 안에 들어갈 수 있는 수를 모두 구해 보세요.

$$32 \times \square 0 < 1300$$

(   )

● **핵심 NOTE** 곱셈의 계산 결과를 예상하여 □ 안에 수를 넣어 보고 조건에 맞는 수를 모두 찾아 문제를 해결합니다.

2-1 1부터 9까지의 수 중에서 □ 안에 들어갈 수 있는 수를 모두 구해 보세요.

$$73 \times \square 0 < 1500$$

(   )

2-2 □ 안에 들어갈 수 있는 자연수 중에서 가장 작은 수를 구해 보세요.

$$58 \times \square > 30 \times 70$$

(   )

3 심화유형 곱이 가장 크거나 가장 작은 곱셈식 만들기

수 카드를 한 번씩만 사용하여 곱이 가장 작은 (세 자리 수)×(한 자리 수)를 만들고, 곱을 구해 보세요.

| 3 | 2 | 4 | 8 |

식 □□□ × □

답

● 핵심 NOTE   곱이 가장 작은 (세 자리 수)×(한 자리 수)를 만들려면 가장 작은 숫자를 한 자리 수로 놓고 나머지 세 숫자로 만든 가장 작은 수를 세 자리 수로 놓아야 합니다.

3-1 수 카드를 한 번씩만 사용하여 곱이 가장 큰 (세 자리 수)×(한 자리 수)를 만들고, 곱을 구해 보세요.

| 1 | 9 | 5 | 3 |

식 □□□ × □

답

3-2 수 카드를 한 번씩만 사용하여 곱이 가장 큰 (두 자리 수)×(두 자리 수)를 만들고, 곱을 구해 보세요.

| 3 | 7 | 4 | 6 |

식 □□ × □□

답

열량 구하기

융합유형 4
수학 + 가정

식품을 먹었을 때 몸속에서 발생하는 에너지의 양을 '열량'이라고 합니다. 식품별 열량은 다음과 같습니다. 성아네 가족이 간식으로 딸기 36개, 옥수수 5개, 초콜릿 20개를 먹었을 때 성아네 가족이 먹은 간식의 열량을 구해 보세요.

간식	열량(킬로칼로리)	간식	열량(킬로칼로리)
딸기 1개	12	초콜릿 1개	23
사과 1개	114	오렌지 주스 1컵	124
삶은 달걀 1개	80	삶은 고구마 1개	210
옥수수 1개	156	토마토 1개	28

1단계 간식의 열량을 각각 구하기

....

2단계 간식의 열량의 합 구하기

....

....

(   )

● **핵심 NOTE**   **1단계** 성아네 가족이 먹은 간식의 열량을 각각 구합니다.

           2단계 성아네 가족이 먹은 간식의 열량의 합을 구합니다.

4-1   민하는 사과 2개와 초콜릿 14개를 먹고 언니는 삶은 고구마 3개와 딸기 16개를 먹었습니다. 위 표를 보고 두 사람이 먹은 간식의 열량은 누가 몇 킬로칼로리 더 많은지 구해 보세요.

(   ), (   )

단원 평가 Level ❶

1 ☐ 안에 알맞은 수를 써넣으세요.

$3 \times 9 =$ ☐ ➡ $30 \times 90 =$ ☐

2 빈 곳에 알맞은 수를 써넣으세요.

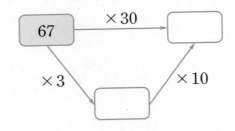

3 계산해 보세요.

$7 \times 4 =$ ☐

$30 \times 4 =$ ☐

$200 \times 4 =$ ☐

$237 \times 4 =$ ☐

4 ☐ 안에 알맞은 수를 써넣으세요.

$$\begin{array}{r} 3\ 4 \\ \times\ 1\ 9 \\ \hline \end{array}$$

5 계산해 보세요.

(1)
$$\begin{array}{r} 5 \\ \times\ 7\ 3 \\ \hline \end{array}$$

(2)
$$\begin{array}{r} 2\ 8 \\ \times\ 3\ 5 \\ \hline \end{array}$$

6 다음 곱셈에서 ㉠은 어떤 두 수의 곱일까요?

(   )

$$\begin{array}{r} 3\ 6 \\ \times\ 2\ 4 \\ \hline 1\ 4\ 4 \\ 7\ 2\ 0\ \cdots ㉠ \\ \hline 8\ 6\ 4 \end{array}$$

① 36×4
② 36×20
③ 24×3
④ 24×6
⑤ 24×30

7 ☐ 안의 숫자 2가 실제로 나타내는 값은 얼마일까요?

$$\begin{array}{r} \boxed{2} \\ 3\ 2\ 7 \\ \times\ \quad 3 \\ \hline 9\ 8\ 1 \end{array}$$

(   )

8 두 수의 곱을 빈칸에 써넣으세요.

623	5

9 곱이 가장 큰 것을 찾아 기호를 써 보세요.

> ㉠ 90×40 ㉡ 50×50
> ㉢ 30×70 ㉣ 80×60

( )

10 나타내는 수가 다른 하나는 어느 것일까요?

( )

① 358×6
② 358과 6의 곱
③ 358과 6의 합
④ 300×6+50×6+8×6
⑤ 358+358+358+358+358+358

11 빈 곳에 알맞은 수를 써넣으세요.

12 색칠된 전체 모눈의 수를 곱셈식으로 나타내고 답을 구해 보세요.

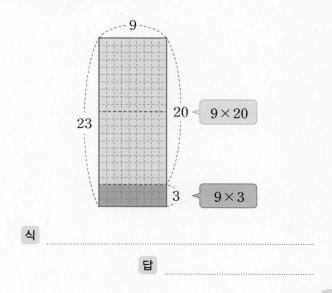

식 _____

답 _____

13 재현이의 키는 149 cm이고, 나무의 키는 재현이 키의 3배입니다. 나무의 키는 몇 cm일까요?

( )

14 어느 공장에서 장난감을 1분에 28개씩 만든다고 합니다. 이 공장에서 1시간 동안 만들 수 있는 장난감은 모두 몇 개일까요?

( )

15 ☐ 안에 알맞은 수를 써넣으세요.

$$
\begin{array}{r}
5\ \square\ 8 \\
\times\qquad 4 \\
\hline
2\ 2\ 7\ 2
\end{array}
$$

16 연우네 학교 학생들과 선생님이 현장학습을 가려고 45인승 버스 14대에 나누어 탔습니다. 버스마다 6자리씩 비어 있다면 연우네 학교 학생들과 선생님은 모두 몇 명일까요?

(   )

17 어떤 수에 17을 곱해야 할 것을 잘못하여 **뺐더니** 35가 되었습니다. 바르게 계산하면 얼마일까요?

(   )

18 ☐ 안에 들어갈 수 있는 자연수 중에서 가장 작은 수를 구해 보세요.

$$42 \times \square\,1 > 3000$$

(   )

19 한 봉지에 20개씩 들어 있는 초콜릿 30봉지와 30개씩 들어 있는 사탕 15봉지가 있습니다. 초콜릿과 사탕은 모두 몇 개인지 풀이 과정을 쓰고 답을 구해 보세요.

풀이

답

20 수 카드를 한 번씩만 사용하여 가장 큰 두 자리 수와 가장 작은 두 자리 수를 만들었습니다. 두 수의 곱은 얼마인지 풀이 과정을 쓰고 답을 구해 보세요.

3   5   6   8

풀이

답

단원 평가 Level ❷

1 □ 안에 들어갈 수는 실제로 어떤 수의 곱인지 찾아 기호를 써 보세요.

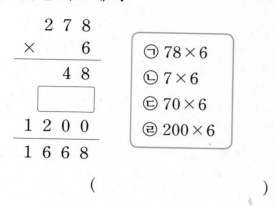

$$
\begin{array}{r}
2\ 7\ 8 \\
\times\qquad 6 \\
\hline
4\ 8 \\
\boxed{} \\
1\ 2\ 0\ 0 \\
\hline
1\ 6\ 6\ 8
\end{array}
$$

㉠ 78×6
㉡ 7×6
㉢ 70×6
㉣ 200×6

( )

2 곱이 가장 큰 것은 어느 것일까요? ( )

① 20×80 ② 30×50 ③ 40×70
④ 50×50 ⑤ 90×30

3 □ 안에 알맞은 수를 써넣으세요.

$7 \times 108 = \boxed{} \times 7$

$= \boxed{}$

4 계산 결과를 비교하여 ○ 안에 >, =, <를 알맞게 써넣으세요.

$7 \times 86 \bigcirc 8 \times 76$

5 ㉠과 ㉡의 차를 구해 보세요.

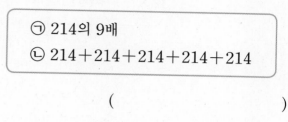

㉠ 214의 9배
㉡ $214 + 214 + 214 + 214 + 214$

( )

6 잘못 계산한 사람의 이름을 써 보세요.

지현	혜나
$\begin{array}{r} 4\ 0\ 9 \\ \times\quad 6 \\ \hline 2\ 4\ 0\ 4 \end{array}$	$\begin{array}{r} 3\ 5\ 0 \\ \times\quad 7 \\ \hline 2\ 4\ 5\ 0 \end{array}$

( )

7 지하철이 하루에 247번씩 지나가는 역이 있습니다. 일주일 동안 이 역에는 지하철이 모두 몇 번 지나갈까요?

( )

8 현서네 학교 3학년 반별 학생 수는 다음과 같습니다. 수업 준비물로 색종이를 한 명에게 3 묶음씩 주려고 할 때 색종이는 모두 몇 묶음 필요할까요?

반	1반	2반	3반	4반	5반
학생 수(명)	27	29	28	29	28

( )

9 □ 안에 알맞은 수를 써넣으세요.

$$132 \times \boxed{} = 22 \times 54$$

10 ㉠과 ㉡의 곱을 구해 보세요.

㉠ 10이 5개, 1이 17개인 수
㉡ 10이 2개, 1이 6개인 수

( )

11 □ 안에 알맞은 수를 써넣으세요.

```
        6 □
    ×   □ 3
    ─────────
      2 0 1
    6 □ 3 0
    ─────────
    6 □ 3 1
```

12 도로의 한쪽에 처음부터 끝까지 나무 9그루가 87 m 간격으로 심어져 있습니다. 나무가 심어져 있는 도로의 길이는 몇 m일까요? (단, 나무의 두께는 생각하지 않습니다.)

( )

13 5월 1일부터 5월 4일까지 4일 동안은 모두 몇 분일까요?

( )

14 지수가 문구점에서 학용품을 사고 받은 영수증의 일부입니다. 영수증의 찢어진 부분에 적힌 금액은 얼마인지 구해 보세요.

연필	450원짜리	8자루
도화지	80원짜리	14장
지우개	350원짜리	3개
합계		

( )

15 유영이네 학교에서 도서관을 만들기 위하여 책 2500권을 모았습니다. 이 중 동화책은 36권씩 42상자, 위인전은 25권씩 18상자이고, 나머지는 참고서입니다. 참고서는 몇 권일까요?

( )

16 ㉠★㉡을 보기 와 같이 계산할 때 64★25를 계산해 보세요.

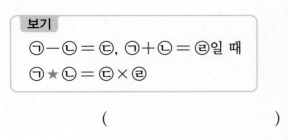

보기

㉠−㉡=㉢, ㉠+㉡=㉣일 때
㉠★㉡=㉢×㉣

(   )

17 1부터 9까지의 수 중에서 ☐ 안에 들어갈 수 있는 가장 큰 수를 구해 보세요.

$$73 \times \boxed{}0 < 4000$$

(   )

18 수 카드를 한 번씩만 사용하여 곱이 가장 큰 (두 자리 수)×(두 자리 수)를 만들고, 곱을 구해 보세요.

| 2 | 4 | 7 | 9 |

식

답

19 어떤 수에 27을 곱해야 할 것을 잘못하여 뺐더니 49가 되었습니다. 바르게 계산하면 얼마인지 풀이 과정을 쓰고 답을 구해 보세요.

풀이

답

20 길이가 34 cm인 색 테이프 16장을 그림과 같이 3 cm씩 겹치게 이어 붙였습니다. 이어 붙인 색 테이프의 전체 길이는 몇 cm인지 풀이 과정을 쓰고 답을 구해 보세요.

34 cm   34 cm   ...
3 cm   3 cm

풀이

답

2 나눗셈

같은 수로 나누었는 데

나누어떨어지지 않는 나눗셈도 있어.

뺄셈을 하고 남은 것이 나머지야!

16개를 5군데로 똑같이 나누면 3개씩 놓이게 되고 1개가 남습니다.

$$16 \div 5 = 3 \cdots 1$$

16개를 5개씩 덜어 내면 3묶음이 되고 1개가 남습니다.

$$16 - 5 - 5 - 5 - 1 = 0$$

$$\rightarrow 16 \div 5 = 3 \cdots 1$$

① (몇십)÷(몇)을 구해 볼까요(1)

개념 강의

● 내림이 없는 (몇십)÷(몇)

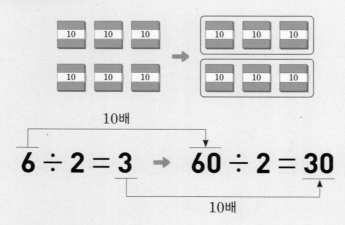

10배

$$6 \div 2 = 3 \rightarrow 60 \div 2 = 30$$

10배

● 나눗셈식을 세로로 쓰는 방법

$$60 \div 2 = 30 \rightarrow 2\overline{)60} = 30$$

세로 형식 나눗셈

나누는 수 → $2\overline{)60}$ ← 몫

나누어지는 수

• 기호 $\overline{)}$ 을 이용합니다.
• 나누어지는 수는 $\overline{)}$ 의 아래쪽에 씁니다.
• 나누는 수는 $\overline{)}$ 의 왼쪽에 씁니다.
• 몫은 $\overline{)}$ 의 위쪽에 씁니다.

60÷2를 세로로 계산하기

$$2\overline{)60}^{3} \rightarrow 2\overline{)60}^{3}_{6} \rightarrow 2\overline{)60}^{30}_{\underline{6}\ 0}$$

● $40 \div 2$의 몫은 $4 \div 2$의 몫의 ☐ 배입니다.

1 수수깡이 10개씩 8묶음 있습니다. 이 수수깡을 4명이 똑같이 나누어 가지려고 합니다. 물음에 답하세요.

(1) 수수깡 80개를 똑같이 4묶음으로 나누어 보세요.

(2) 한 명이 수수깡을 몇 묶음씩 가질 수 있을까요?

$$8 \div 4 = \boxed{} (묶음)$$

(3) 한 명이 수수깡을 몇 개씩 가질 수 있을까요?

$$80 \div 4 = \boxed{} (개)$$

2 수 모형을 보고 ☐ 안에 알맞은 수를 써넣으세요.

(1)
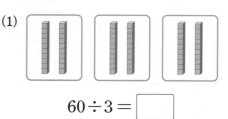

$$60 \div 3 = \boxed{}$$

(2)
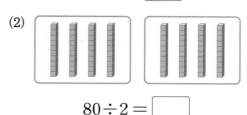

$$80 \div 2 = \boxed{}$$

(3)
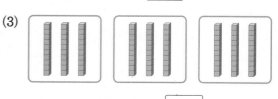

$$90 \div 3 = \boxed{}$$

3 □ 안에 알맞은 수를 써넣으세요.

(1)
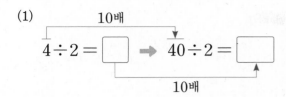

$4 \div 2 =$ □ ➡ $40 \div 2 =$ □

(2)
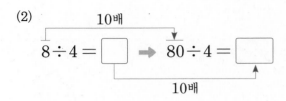

$8 \div 4 =$ □ ➡ $80 \div 4 =$ □

4 계산해 보세요.

(1) $40 \div 4$　　　(2) $60 \div 2$

5 □ 안에 알맞은 수를 써넣으세요.

(1)

$80 \div 2 = 40$ ➡ □)‾□‾

(2)

$\begin{array}{r} 1\,0 \\ 2\,)\overline{2\,0} \end{array}$ ➡ □ $\div$ □ $=$ □

6 □ 안에 알맞은 수를 써넣으세요.

(1) □
$7\,)\overline{7\,0}$

(2) □
$3\,)\overline{6\,0}$

7 빈 곳에 알맞은 수를 써넣으세요.

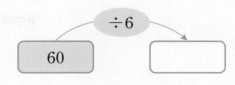

60 →(÷6)→ □

8 관계있는 것끼리 이어 보세요.

$50 \div 5$ ·　　　· 10

　　　　　　　· 20

$80 \div 4$ ·　　　· 30

9 □ 안에 알맞은 수를 써넣으세요.

$80 \div 2 =$ □

$80 \div 4 =$ □

$80 \div 8 =$ □

10 색종이 90장을 3명에게 똑같이 나누어 주려고 합니다. 한 사람에게 몇 장씩 나누어 줄 수 있을 까요?

식
....

답
....

2 (몇십)÷(몇)을 구해 볼까요(2)

● 내림이 있는 (몇십)÷(몇)

$$
\begin{array}{r} 1 \\ 5 \overline{)7\ 0} \end{array}
\rightarrow
\begin{array}{r} 1 \\ 5 \overline{)7\ 0} \\ 5 \\ \hline 2 \end{array}
\rightarrow
\begin{array}{r} 1 \\ 5 \overline{)7\ 0} \\ 5 \\ \hline 2\ 0 \end{array}
\rightarrow
\begin{array}{r} 1\ 4 \\ 5 \overline{)7\ 0} \\ 5 \\ \hline 2\ 0 \\ 2\ 0 \\ \hline 0 \end{array}
$$

| 7 나누기 5의 몫은 1 | 5 곱하기 1은 5, 7 빼기 5는 2 | 0은 그대로 내려 쓰고 | 20 나누기 5의 몫은 4, 5 곱하기 4는 20, 20 빼기 20은 0 |

$$70 \div 5 = 14$$

확인 $5 \times 14 = 70$

나누는 수와 몫의 곱은 나누어지는 수가 되어야 합니다.

---

1 60÷5를 알아보려고 합니다. 수 모형을 보고 □ 안에 알맞은 수를 써넣으세요.

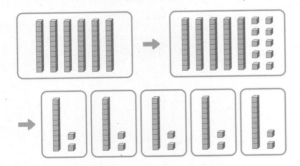

(1) 수 모형을 5묶음으로 똑같이 나누면 한 묶음 에는 십 모형이 □ 개, 일 모형이 □ 개 있습니다.

(2) 60÷5 = □

2 계산해 보세요.

(1) 40÷4 = □
    20÷4 = □
    ─────────
    60÷4 = □

(2) 80÷2 = □
    10÷2 = □
    ─────────
    90÷2 = □

3 ☐ 안에 알맞은 수를 써넣으세요.

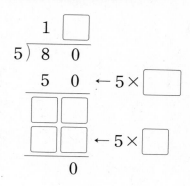

4 ☐ 안에 알맞은 수를 써넣으세요.

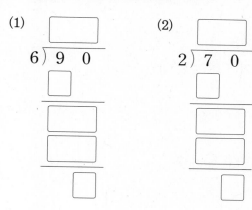

5 계산해 보세요.

(1)
$2 \overline{)5\ 0}$

(2)
$5 \overline{)9\ 0}$

6 계산해 보고 계산이 맞는지 확인해 보세요.

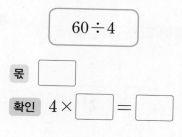

7 ☐ 안에 알맞은 수를 써넣으세요.

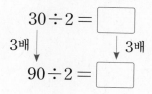

$30 \div 2 = \boxed{}$

3배 ↓   ↓ 3배

$90 \div 2 = \boxed{}$

8 몫의 크기를 비교하여 ○ 안에 >, =, <를 알맞게 써넣으세요.

$60 \div 4 \bigcirc 60 \div 5$

9 귤 70개를 5봉지에 똑같이 나누어 담으려고 합니다. 한 봉지에 몇 개씩 담아야 할까요?

식

답

2. 나눗셈 **45**

3 (몇십몇)÷(몇)을 구해 볼까요(1)

● 내림이 없는 (몇십몇)÷(몇)

$$
4 \overline{)48} \quad\rightarrow\quad 4 \overline{\begin{array}{c} 1 \\ 48 \\ 4 \\ \hline 0 \end{array}} \quad\rightarrow\quad 4 \overline{\begin{array}{c} 1 \\ 48 \\ 4 \\ \hline 8 \end{array}} \quad\rightarrow\quad 4 \overline{\begin{array}{c} 12 \\ 48 \\ 4 \\ \hline 8 \\ 8 \\ \hline 0 \end{array}}
$$

| 4 나누기 4의 몫은 1 | 4 곱하기 1은 4, 4 빼기 4는 0 | 8은 그대로 내려 쓰고 | 8 나누기 4의 몫은 2, 4 곱하기 2는 8, 8 빼기 8은 0 |

48 ÷ 4 = 12

확인   4 × 12 = 48

나누는 수와 몫의 곱은 나누어지는 수가 되어야 합니다.

---

1 39÷3을 알아보려고 합니다. 수 모형을 보고 ☐ 안에 알맞은 수를 써넣으세요.

(1) 수 모형을 3묶음으로 똑같이 나누면 한 묶음에는 십 모형이 ☐ 개, 일 모형이 ☐ 개 있습니다.

(2) 39÷3 = ☐

2 계산해 보세요.

(1)　2÷2 = ☐

　　40÷2 = ☐

　　42÷2 = ☐

(2)　6÷3 = ☐

　　90÷3 = ☐

　　96÷3 = ☐

3 ☐ 안에 알맞은 수를 써넣으세요.

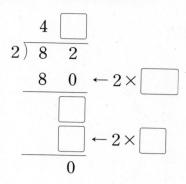

4 ☐ 안에 알맞은 수를 써넣으세요.

(1)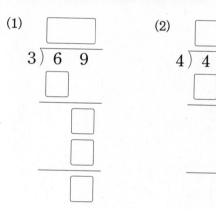

(2)

5 계산해 보세요.

(1)
$$2\overline{)4\,8}$$

(2)
$$3\overline{)9\,3}$$

6 계산해 보고 계산이 맞는지 확인해 보세요.

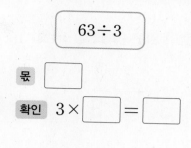

몫 ☐

확인 $3 \times$ ☐ $=$ ☐

7 ☐ 안에 알맞은 수를 써넣으세요.

28 → $\div 2$ → ☐

8 ☐ 안에 알맞은 수를 써넣으세요.

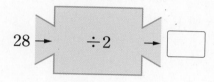

$42 \div 2 =$ ☐

2배 ↓　　　↓ 2배

$84 \div 2 =$ ☐

9 탁구공 64개를 상자 2개에 똑같이 나누어 담으려고 합니다. 상자 한 개에 몇 개씩 담아야 할까요?

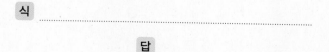

식 _____

답 _____

4 (몇십몇)÷(몇)을 구해 볼까요(2)

● 내림이 있는 (몇십몇)÷(몇)

$$3)\overline{45} \quad \rightarrow \quad 3)\overline{45} \atop \underline{3} \atop 1 \quad \rightarrow \quad 3)\overline{45} \atop \underline{3} \atop 15 \quad \rightarrow \quad 3)\overline{45} \atop \underline{3} \atop 15 \atop \underline{15} \atop 0$$

| 4 나누기 3의 몫은 1 | 3 곱하기 1은 3, 4 빼기 3은 1 | 5는 그대로 내려 쓰고 | 15 나누기 3의 몫은 5, 3 곱하기 5는 15, 15 빼기 15는 0 |

$$45 \div 3 = 15$$
확인 $3 \times 15 = 45$

● 십의 자리부터 계산하고 남은 수는 내림하여 ☐ 의 자리 수와 함께 계산합니다.

---

1 42÷3을 알아보려고 합니다. 수 모형을 보고 ☐ 안에 알맞은 수를 써넣으세요.

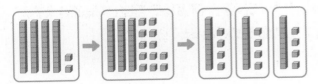

(1) 십 모형 1개는 일 모형 ☐ 개로 바꿀 수 있습니다.

(2) 수 모형을 똑같이 3묶음으로 나누면 한 묶음에는 십 모형이 ☐ 개, 일 모형이 ☐ 개 있습니다.

(3) 42÷3 = ☐

2 계산해 보세요.

(1) 25÷5 = ☐
    50÷5 = ☐
    ───────
    75÷5 = ☐

(2) 12÷3 = ☐
    60÷3 = ☐
    ───────
    72÷3 = ☐

3 ☐ 안에 알맞은 수를 써넣으세요.

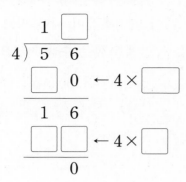

4 ☐ 안에 알맞은 수를 써넣으세요.

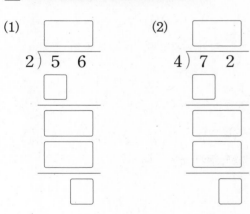

5 계산해 보세요.

(1)
$$5\overline{)6\ 5}$$

(2)
$$7\overline{)8\ 4}$$

6 계산해 보고 계산이 맞는지 확인해 보세요.

$$52 \div 4$$

몫 ☐

확인 $4 \times \boxed{} = \boxed{}$

7 ☐ 안에 알맞은 수를 써넣으세요.

$$96 \div 2 = \boxed{}$$
$$96 \div 4 = \boxed{}$$
$$96 \div 8 = \boxed{}$$

8 ☐ 안에 알맞은 수를 써넣으세요.

$$32 \div 2 = \boxed{}$$

2배 ↓   2배 ↓

$$64 \div 4 = \boxed{}$$

9 붙임딱지 52장을 2명이 똑같이 나누어 가지려고 합니다. 한 사람이 몇 장씩 가져야 할까요?

식 ·····

답 ·····

1 (몇십)÷(몇)(1)

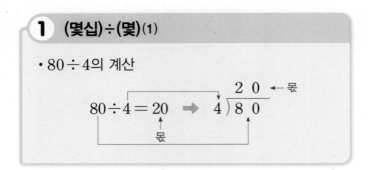

• 80÷4의 계산

$$80÷4=20 \Rightarrow 4\overline{)80} \quad \leftarrow 몫$$

1 ☐ 안에 알맞은 수를 써넣으세요.

(1) $6÷2=$ ☐ ➡ $60÷2=$ ☐

(2) $9÷9=$ ☐ ➡ $90÷9=$ ☐

2 계산이 옳은 것에 ◯표 하세요.

$$7\overline{)70} \quad 1$$
$$(\quad)$$

$$7\overline{)70} \quad 10$$
$$(\quad)$$

3 ☐ 안에 알맞은 수를 써넣으세요.

$$40÷2=$$ ☐
2배 ↓ ↓ 2배
$$80÷4=$$ ☐

4 몫이 가장 큰 것의 기호를 써 보세요.

| ㉠ $40÷4$ | ㉡ $80÷2$ | ㉢ $90÷3$ |

( )

5 색 테이프를 똑같이 세 도막으로 나누었습니다. ☐ 안에 알맞은 수를 써넣으세요.

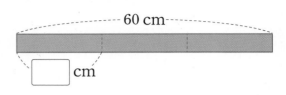

60 cm

☐ cm

6 주하의 일기를 보고 한 바구니에 귤을 몇 개씩 담았는지 구해 보세요.

> 9월 2일   날씨: 맑음
>
> 우리 가족은 제주도에 있는 감귤농장에 다녀왔다.
> 귤을 50개 따서 바구니 5개에 똑같이 나누어
> 담았다. 직접 딴 귤이 담긴 바구니를 보니 너무
> 뿌듯했다.

( )

서술형

7 사탕 80개를 4봉지에 똑같이 나누어 담고, 한 봉지에 담은 사탕을 다시 2명에게 똑같이 나누어 주려고 합니다. 사탕을 한 명에게 몇 개씩 줄 수 있을지 풀이 과정을 쓰고 답을 구해 보세요.

풀이

답

2 (몇십)÷(몇)(2)

• 70÷5의 계산

$$\begin{array}{r} 14 \\ 5\overline{)\,70} \\ \underline{50} \leftarrow 5\times10 \\ 7-5 \rightarrow ②0 \\ \underline{20} \leftarrow 5\times4 \\ 0 \end{array}$$

확인 $5\times14=70$

(5: 나누는 수, 14: 몫, 70: 나누어지는 수)

8 몫이 작은 것부터 차례로 기호를 써 보세요.

㉠ 80÷5	㉡ 90÷6	㉢ 50÷2

( )

9 □ 안에 알맞은 수를 써넣으세요.

(1) □÷2=45

(2) 60÷□=12

10 연료 5 L로 70 km를 달리는 하이브리드 자동차가 있습니다. 이 하이브리드 자동차는 1 L의 연료로 몇 km를 갈 수 있을까요?

( )

서술형

11 네 변의 길이의 합이 60 cm인 정사각형의 한 변의 길이는 몇 cm인지 풀이 과정을 쓰고 답을 구해 보세요.

풀이

답

12 도화지가 한 묶음에 10장씩 9묶음 있습니다. 도화지를 한 명에게 5장씩 준다면 몇 명에게 나누어 줄 수 있을까요?

( )

2

3 (몇십몇)÷(몇)(1)

• 84÷2의 계산

$$\begin{array}{r} 42 \\ 2\overline{)\,84} \\ \underline{80} \leftarrow 2\times40 \\ 4 \\ \underline{4} \leftarrow 2\times2 \\ 0 \end{array}$$

확인 $2\times42=84$

13 몫의 크기를 비교하여 ○ 안에 >, =, <를 알맞게 써넣으세요.

(1) 48÷2 ○ 48÷4

(2) 63÷3 ○ 93÷3

14 계산을 바르게 한 사람을 찾아 ○표 하세요.

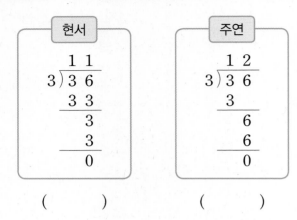

(   )   (   )

15 빈 곳에 알맞은 수를 써넣으세요.

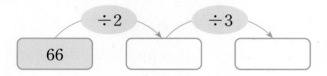

서술형
16 사과 48개와 배 40개를 한 봉지에 4개씩 담으려고 합니다. 봉지는 모두 몇 개 필요한지 풀이 과정을 쓰고 답을 구해 보세요.

풀이

답

17 □ 안에 들어갈 수 있는 가장 작은 자연수를 구해 보세요.

$$69 \div 3 < \square$$

(   )

18 정아는 종이꽃 8개를 만드는 데 1시간 28분이 걸렸습니다. 종이꽃 한 개를 만드는 데 걸린 시간은 몇 분일까요?

(   )

4 (몇십몇)÷(몇)(2)

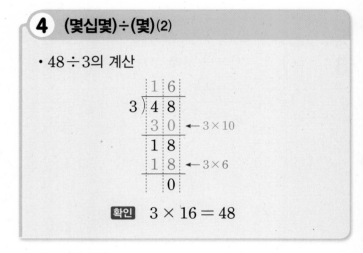

19 몫이 같은 것끼리 이어 보세요.

78÷6   75÷5

91÷7   96÷8   45÷3

20 가장 큰 수를 가장 작은 수로 나눈 몫을 구해 보세요.

| 84 | 6 | 4 | 96 | 72 |

(   )

21 ㉠과 ㉡에 알맞은 수를 각각 구해 보세요.

$$\cdot 72 \div 2 = ㉠$$
$$\cdot ㉠ \div 3 = ㉡$$

㉠ (   ), ㉡ (   )

22 ☐ 안에 알맞은 수를 써넣으세요.

(1) $68 \div 4 = \boxed{}$ ➡ $4 \times \boxed{} = 68$

(2) $\boxed{} \div 3 = 19$ ➡ $3 \times \boxed{} = \boxed{}$

23 구슬 75개를 5명이 똑같이 나누어 가지려고 합니다. 한 사람이 몇 개씩 가지면 될까요?

식 _____

답 _____

24 84쪽짜리 동화책을 일주일 동안 똑같이 나누어 읽으려고 합니다. 하루에 몇 쪽씩 읽어야 하는지 풀이 과정을 쓰고 답을 구해 보세요.

풀이 _____

_____

답 _____

---

5 **약속한 기호대로 계산하기**

$$㉠ \blacklozenge ㉡ = \underset{②}{\underline{\underset{①}{\underline{㉠ \div ㉡}} + ㉠}}$$

나눗셈을 먼저 계산합니다.

· $80 \blacklozenge 5$의 계산
① 주어진 약속대로 쓰기
$$80 \blacklozenge 5 = 80 \div 5 + 80$$
② 앞에서부터 차례로 계산하기
$$80 \div 5 + 80 = 16 + 80$$
$$= 96$$

25 기호 ●에 대하여

$$㉠ ● ㉡ = ㉠ \div 3 + ㉡$$

이라고 약속할 때 다음을 계산해 보세요.

$$66 ● 55$$

(   )

26 기호 ◆에 대하여

$$㉠ \blacklozenge ㉡ = ㉠ \div ㉡ \div 5$$

라고 약속할 때 다음을 계산해 보세요.

$$70 \blacklozenge 2$$

(   )

27 ㉠★㉡을 다음과 같이 계산할 때 84★4를 계산해 보세요.

$$㉠ \times ㉡ = ㉢, \; ㉠ \div ㉡ = ㉣일 \text{ 때}$$
$$㉠ ★ ㉡ = ㉢ - ㉣$$

(   )

개념 강의

5 (몇십몇)÷(몇)을 구해 볼까요(3)

● 내림이 없고 나머지가 있는 (몇십몇)÷(몇)

$$3\overline{)38}^{1} \quad\rightarrow\quad 3\overline{)\begin{matrix}1\\38\\3\\\hline0\end{matrix}} \quad\rightarrow\quad 3\overline{)\begin{matrix}1\\38\\3\\\hline8\end{matrix}} \quad\rightarrow\quad 3\overline{)\begin{matrix}1\;2\\38\\3\\\hline8\\6\\\hline2\end{matrix}}$$

| 3 나누기 3의 몫은 1 | 3 곱하기 1은 3, 3 빼기 3은 0 | 8은 그대로 내려 쓰고 | 8 나누기 3의 몫은 2, 3 곱하기 2는 6, 8 빼기 6은 2 |

38을 3으로 나누면 **몫**은 12이고 2가 남습니다.

이때 2를 38÷3의 **나머지**라고 합니다. ←• 나머지는 항상 나누는 수보다 작아야 합니다.

$$38÷3 = 12\cdots2$$

나머지가 없으면 나머지가 0이라고 말할 수 있습니다.

나머지가 0일 때, **나누어떨어진다**고 합니다.

$$38 ÷ 3 = 12 \cdots 2$$

확인 $3 × 12 = 36,\ 36 + 2 = 38$

나누는 수와 몫의 곱에 나머지를 더하면 나누어지는 수가 되어야 합니다.

---

1 25÷2를 알아보려고 합니다. 수 모형을 보고 ☐ 안에 알맞은 수를 써넣으세요.

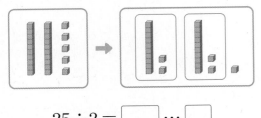

$$25÷2 = \boxed{} \cdots \boxed{}$$

2 나눗셈식을 보고 ☐ 안에 알맞은 말을 써넣으세요.

$$37÷5 = 7 \cdots 2$$

37을 5로 나누면 ☐은/는 7이고 2가 남습니다. 이때 2를 37÷5의 ☐(이)라고 합니다.

3 ☐ 안에 알맞은 수를 써넣으세요.

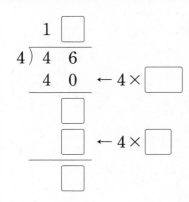

4 ☐ 안에 알맞은 수를 써넣으세요.

(1)

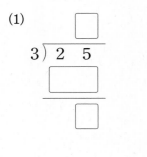

(2)

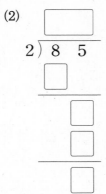

5 계산해 보세요.

(1)

$$9 \overline{)2\,8}$$

(2)

$$3 \overline{)6\,5}$$

6 나눗셈이 나누어떨어지면 ○표, 나누어떨어지지 않으면 ×표 하세요.

(1) $49 \div 4$ (   )

(2) $84 \div 4$ (   )

7 계산해 보고 계산이 맞는지 확인해 보세요.

$$87 \div 4$$

몫   나머지

확인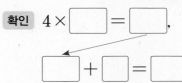

8 어떤 수를 7로 나누었을 때 나머지가 될 수 없는 수에 ○표 하세요.

| 2 | 3 | 5 | 8 |

9 과자 57개를 5명이 똑같이 나누어 먹으려고 합니다. 한 사람이 몇 개씩 먹을 수 있고 남는 과자는 몇 개일까요?

식 _____

답 _____ , _____

6 (몇십몇)÷(몇)을 구해 볼까요(4)

● 내림이 있고 나머지가 있는 (몇십몇)÷(몇)

$$
\begin{array}{r} 1 \\ 3\overline{)4\ 9} \end{array}
\rightarrow
\begin{array}{r} 1 \\ 3\overline{)4\ 9} \\ 3 \\ \hline 1 \end{array}
\rightarrow
\begin{array}{r} 1 \\ 3\overline{)4\ 9} \\ 3 \\ \hline 1\ 9 \end{array}
\rightarrow
\begin{array}{r} 1\ 6 \\ 3\overline{)4\ 9} \\ 3 \\ \hline 1\ 9 \\ 1\ 8 \\ \hline 1 \end{array}
$$

4 나누기 3의 몫은 1	3 곱하기 1은 3, 4 빼기 3은 1	9는 그대로 내려 쓰고	19 나누기 3의 몫은 6, 3 곱하기 6은 18, 19 빼기 18은 1, 나머지는 1

$49 \div 3 = 16 \cdots 1$

확인 $3 \times 16 = 48,\ 48 + 1 = 49$

---

1 33÷2를 알아보려고 합니다. 수 모형을 보고 ☐ 안에 알맞은 수를 써넣으세요.

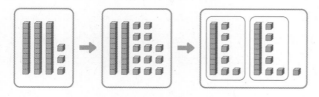

(1) 십 모형 1개는 일 모형 ☐개로 바꿀 수 있습니다.

(2) 수 모형을 똑같이 2묶음으로 나누면 한 묶음에는 십 모형 ☐개와 일 모형 ☐개가 있고 일 모형 ☐개가 남습니다.

(3) 33÷2 = ☐ … ☐

2 ☐ 안에 알맞은 수를 써넣으세요.

(1)
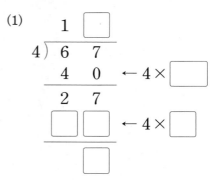

$$
\begin{array}{r} 1\ \boxed{} \\ 4\overline{)6\ 7} \\ 4\ 0 \quad \leftarrow 4 \times \boxed{} \\ \hline 2\ 7 \\ \boxed{}\ \boxed{} \quad \leftarrow 4 \times \boxed{} \\ \hline \boxed{} \end{array}
$$

(2)
$$
\begin{array}{r} 1\ \boxed{} \\ 5\overline{)7\ 4} \\ \boxed{}\ 0 \quad \leftarrow 5 \times \boxed{} \\ \hline 2\ 4 \\ \boxed{}\ \boxed{} \quad \leftarrow 5 \times \boxed{} \\ \hline \boxed{} \end{array}
$$

3 □ 안에 알맞은 수를 써넣으세요.

(1)
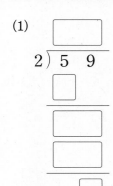

(2)
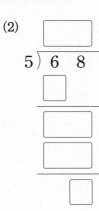

4 계산해 보세요.

(1)
$2\overline{)7\,5}$

(2)
$6\overline{)9\,2}$

(3) 59 ÷ 3

(4) 85 ÷ 7

5 나눗셈의 몫과 나머지를 구해 보세요.

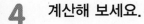

78 ÷ 4

몫 (   )

나머지 (   )

6 6■ ÷ 5에서 나머지가 될 수 있는 수를 모두 찾아 기호를 써 보세요.

⊙ 3   ⓒ 5   ⓒ 4   ⓔ 8

(   )

7 잘못 계산한 부분을 찾아 바르게 계산해 보세요.

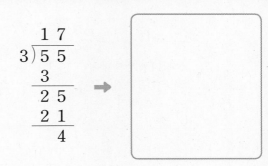

8 계산해 보고 계산이 맞는지 확인해 보세요.

84 ÷ 5

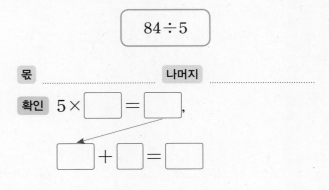

9 야구공 75개를 한 상자에 6개씩 담으려고 합니다. 몇 상자가 되고 남는 야구공은 몇 개일까요?

식 ....

답 .... , ...

7 (세 자리 수)÷(한 자리 수)를 구해 볼까요(1)

● 나머지가 없는 (몇백몇십)÷(몇)

$$
\begin{array}{r}
1 \\
5\overline{)650} \\
5 \\
\hline
1
\end{array}
\quad\rightarrow\quad
\begin{array}{r}
13 \\
5\overline{)650} \\
5 \\
\hline
15 \\
15 \\
\hline
0
\end{array}
\quad\rightarrow\quad
\begin{array}{r}
130 \\
5\overline{)650} \\
5 \\
\hline
15 \\
15 \\
\hline
0
\end{array}
$$

6 나누기 5의 몫은 1,
5 곱하기 1은 5,
6 빼기 5는 1

5는 그대로 내려 쓰고,
15 나누기 5의 몫은 3,
5 곱하기 3은 15,
15 빼기 15는 0

0은 그대로
내려 쓰기

$$650 \div 5 = 130 \qquad \boxed{확인}\ 5 \times 130 = 650$$

● 나머지가 없는 (몇백몇십몇)÷(몇)

$$
\begin{array}{r}
\\
4\overline{)232} \\
\end{array}
\quad\rightarrow\quad
\begin{array}{r}
5 \\
4\overline{)232} \\
20 \\
\hline
3
\end{array}
\quad\rightarrow\quad
\begin{array}{r}
58 \\
4\overline{)232} \\
20 \\
\hline
32 \\
32 \\
\hline
0
\end{array}
$$

백의 자리 숫자가
나누는 수보다 작으면
몫은 두 자리 수가 됩니다.

23 나누기 4의 몫은 5,
4 곱하기 5는 20,
23 빼기 20은 3

2는 그대로 내려 쓰고,
32 나누기 4의 몫은 8,
4 곱하기 8은 32,
32 빼기 32는 0

$$232 \div 4 = 58 \qquad \boxed{확인}\ 4 \times 58 = 232$$

1 □ 안에 알맞은 수를 써넣으세요.

$$6 \div 2 = \boxed{}$$

$$60 \div 2 = \boxed{}$$

$$600 \div 2 = \boxed{}$$

2 □ 안에 알맞은 수를 써넣으세요.

(1)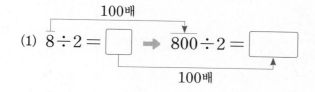

(2)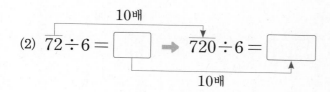

3 □ 안에 알맞은 수를 써넣으세요.

(1)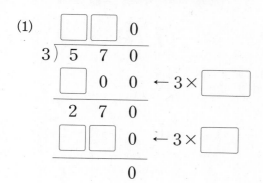

(2)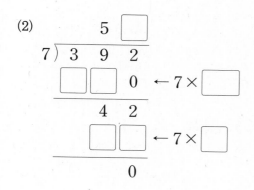

4 □ 안에 알맞은 수를 써넣으세요.

(1) $4\,)\,9\;6\;0$ (2) $9\,)\,4\;7\;7$

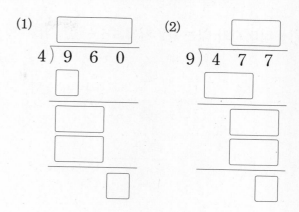

5 계산해 보세요.

(1) $5\,)\,7\;5\;0$ (2) $3\,)\,1\;7\;1$

(3) $600 \div 3$ (4) $738 \div 6$

6 계산해 보고 계산이 맞는지 확인해 보세요.

$$375 \div 5$$

몫 $\boxed{}$

확인 $5 \times \boxed{} = \boxed{}$

7 150쪽짜리 수학 문제집을 하루에 6쪽씩 풀려고 합니다. 모두 풀려면 며칠이 걸릴까요?

식 ....

답 ....

(세 자리 수)÷(한 자리 수)를 구해 볼까요 (2)

● 나머지가 있는 (세 자리 수)÷(한 자리 수)

$$
\begin{array}{r}
2 \\
3\,)\overline{8\ 5\ 7} \\
6 \\ \hline
2
\end{array}
\quad\rightarrow\quad
\begin{array}{r}
2\ 8 \\
3\,)\overline{8\ 5\ 7} \\
6 \\ \hline
2\ 5 \\
2\ 4 \\ \hline
1
\end{array}
\quad\rightarrow\quad
\begin{array}{r}
2\ 8\ 5 \\
3\,)\overline{8\ 5\ 7} \\
6 \\ \hline
2\ 5 \\
2\ 4 \\ \hline
1\ 7 \\
1\ 5 \\ \hline
2
\end{array}
$$

| 8 나누기 3의 몫은 2, 3 곱하기 2는 6, 8 빼기 6은 2 | 25 나누기 3의 몫은 8, 3 곱하기 8은 24, 25 빼기 24는 1 | 17 나누기 3의 몫은 5, 3 곱하기 5는 15, 17 빼기 15는 2 |

$$857 \div 3 = 285 \cdots 2 \qquad \boxed{확인}\ 3 \times 285 = 855,\ 855 + 2 = 857$$

$$
\begin{array}{r}
 \\
7\,)\overline{3\ 1\ 9} \\

\end{array}
\quad\rightarrow\quad
\begin{array}{r}
4 \\
7\,)\overline{3\ 1\ 9} \\
2\ 8 \\ \hline
3
\end{array}
\quad\rightarrow\quad
\begin{array}{r}
4\ 5 \\
7\,)\overline{3\ 1\ 9} \\
2\ 8 \\ \hline
3\ 9 \\
3\ 5 \\ \hline
4
\end{array}
$$

백의 자리 숫자가 나누는 수보다 작으면 몫은 두 자리 수가 됩니다.

| 31 나누기 7의 몫은 4, 7 곱하기 4는 28, 31 빼기 28은 3 | 39 나누기 7의 몫은 5, 7 곱하기 5는 35, 39 빼기 35는 4 |

$$319 \div 7 = 45 \cdots 4 \qquad \boxed{확인}\ 7 \times 45 = 315,\ 315 + 4 = 319$$

1 ☐ 안에 알맞은 수를 써넣으세요.

(1)
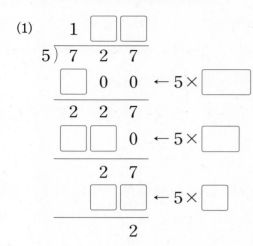

(2)
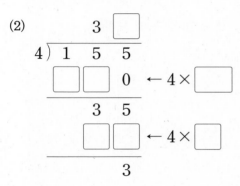

2 ☐ 안에 알맞은 수를 써넣으세요.

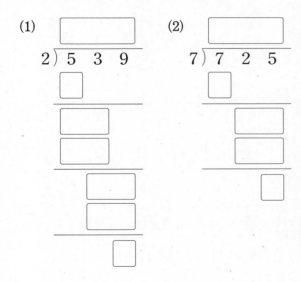

3 계산해 보세요.

(1)
$$6\overline{)752}$$

(2)
$$3\overline{)421}$$

(3) $515 \div 9$

(4) $819 \div 4$

4 계산해 보고 계산이 맞는지 확인해 보세요.

$$522 \div 8$$

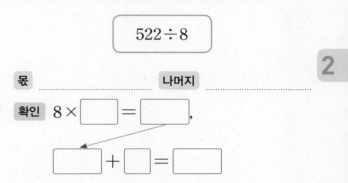

5 $57\blacksquare \div 6$에서 나머지가 될 수 있는 수를 모두 찾아 ○표 하세요.

| 3 | 4 | 5 | 6 | 7 | 8 |

6 구슬 138개를 5명에게 똑같이 나누어 주려고 합니다. 한 사람에게 몇 개씩 줄 수 있고 남는 구슬은 몇 개일까요?

식 ....

답 .... ,

6 **(몇십몇)÷(몇)(3)**

• 57을 5로 나누면 몫은 11이고 2가 남습니다. 이때 2를 57÷5의 나머지라고 합니다.

$$57÷5 = 11 \cdots 2$$

확인 $5 × 11 = 55, 55 + 2 = 57$

이때 나머지는 나누는 수보다 항상 작습니다.

• 나머지가 없으면 나머지가 0이라고 말할 수 있습니다.

나머지가 0일 때, 나누어떨어진다고 합니다.

28 나눗셈의 몫과 나머지를 구해 보세요.

(1) $74÷9 = $ ☐ $\cdots$ ☐

(2) $49÷4 = $ ☐ $\cdots$ ☐

29 나머지가 4가 될 수 <u>없는</u> 식은 어느 것일까요?

(   )

① ■÷6   ② ■÷5   ③ ■÷4

④ ■÷7   ⑤ ■÷9

30 ■에 알맞은 수를 구해 보세요.

$$■÷3 = 22 \cdots 1$$

(   )

31 6개씩 포장된 쿠키가 7상자 있습니다. 이 쿠키를 한 명에게 5개씩 나누어 준다면 몇 명에게 주고 몇 개가 남을까요?

➡ ☐ 명에게 주고 ☐ 개가 남습니다.

서술형

32 동화책 47권과 위인전 38권을 책꽂이에 모두 꽂으려고 합니다. 책꽂이 한 칸에 9권씩 꽂는다면 책꽂이는 모두 몇 칸이 필요한지 풀이 과정을 쓰고 답을 구해 보세요.

풀이 _____

_____

_____

답 _____

7 **(몇십몇)÷(몇)(4)**

• 98÷4의 계산

확인 $4 × 24 = 96, 96 + 2 = 98$

33 몫의 크기를 비교하여 ○ 안에 >, =, <를 알맞게 써넣으세요.

(1) $50÷3$ ◯ $57÷4$

(2) $90÷7$ ◯ $72÷5$

34 <u>잘못</u> 계산한 부분을 찾아 바르게 계산해 보세요.

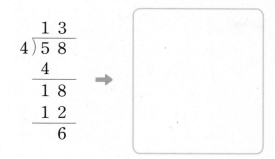

$$
\begin{array}{r}
1\ 3 \\
4\overline{)5\ 8} \\
4 \\
\hline
1\ 8 \\
1\ 2 \\
\hline
6
\end{array}
$$

➡

35 9■÷8에서 나머지가 될 수 있는 수 중 가장 큰 자연수를 구해 보세요.

( )

36 나눗셈이 나누어떨어질 때 1부터 9까지의 수 중 □ 안에 들어갈 수 있는 수를 모두 구해 보세요.

$$3\overline{)7\square}$$

( )

37 빵을 한 접시에 3개씩 담을 수 있습니다. 빵 53개를 접시에 모두 담으려면 필요한 접시는 적어도 몇 개일까요?

( )

8 (세 자리 수)÷(한 자리 수)⑴

· 650÷5의 계산

$$
\begin{array}{r}
1\ 3\ 0 \\
5\overline{)6\ 5\ 0} \\
5\ 0\ 0 \quad\leftarrow 5\times100 \\
\hline
1\ 5\ 0 \\
1\ 5\ 0 \quad\leftarrow 5\times30 \\
\hline
0
\end{array}
$$

확인 $5 \times 130 = 650$

38 □ 안에 알맞은 수를 써넣으세요.

$78 \div 6 = \boxed{}$ ➡ $780 \div 6 = \boxed{}$

39 □ 안에 알맞은 수를 써넣으세요.

$$300 \div 3 = \boxed{}$$
$$42 \div 3 = \boxed{}$$
$$\overline{342 \div 3 = \boxed{}}$$

40 □ 안에 알맞은 수를 써넣으세요.

$3 \times \boxed{} = 984 \div 4$

41 색종이 280장을 7명에게 똑같이 나누어 주려고 합니다. 한 명에게 색종이를 몇 장씩 주어야 할까요?

식 _____

답 _____

42 다음 나눗셈을 나누어떨어지게 하려고 합니다. ☐ 안에 들어갈 수 있는 수를 모두 찾아 ○표 하세요.

$$83\square \div 4$$

(1 , 2 , 4 , 6)

^{서술형}
43 쌓기나무가 한 상자에 16개씩 8상자와 낱개 7개가 있습니다. 이 쌓기나무를 한 명에게 5개씩 나누어 주려고 합니다. 몇 명에게 나누어 줄 수 있는지 풀이 과정을 쓰고 답을 구해 보세요.

풀이 ....

....

....

....

답 ....

9 (세 자리 수)÷(한 자리 수)(2)

• 395÷2의 계산

```
      1 9 7
  2 ) 3 9 5
      2 0 0   ← 2×100
      1 9 5
      1 8 0   ← 2×90
        1 5
        1 4   ← 2×7
          1
```

확인 $2 \times 197 = 394, \ 394 + 1 = 395$

44 ☐ 안에 알맞은 수를 써넣으세요.

$$805 \div 4 = \boxed{} \cdots \boxed{}$$

45 나머지가 가장 작은 것을 찾아 ○표 하세요.

| $564 \div 5$ | $746 \div 8$ | $681 \div 6$ |

(   )   (   )   (   )

46 <u>잘못</u> 계산한 부분을 찾아 바르게 계산해 보세요.

```
      2 1 0
  3 ) 6 0 4
      6
      ───
        4
        3
      ───
        1
```
→ ☐

47 철사 228 cm를 7명이 똑같이 나누어 가지려고 합니다. 한 명이 철사를 몇 cm씩 가질 수 있고 몇 cm가 남는지 구해 보세요.

식 ....

한 명이 ☐ cm씩 가질 수 있고 ☐ cm가 남습니다.

48 수 카드 중 3장을 골라 만든 가장 작은 세 자리 수를 남은 한 수로 나누었을 때 몫과 나머지를 각각 구해 보세요.

9   4   3   7

몫 (   ), 나머지 (   )

10 어떤 수를 구하고 몫과 나머지 구하기

① 어떤 수를 □로 하여 나눗셈식을 세웁니다.
② 계산이 맞는지 확인하는 식을 이용하여 □를 구합니다.
③ □의 값을 이용하여 몫과 나머지를 구합니다.

49 어떤 수를 6으로 나누었더니 몫이 16이고 나머지가 2였습니다. 어떤 수는 얼마일까요?

( )

50 어떤 수를 7로 나누었더니 몫이 130으로 나누어떨어졌습니다. 어떤 수를 8로 나누었을 때의 몫과 나머지를 각각 구해 보세요.

몫 ( )
나머지 ( )

51 어떤 수를 9로 나누었더니 몫이 16이고 나머지가 있었습니다. 어떤 수 중 가장 큰 자연수를 구해 보세요.

( )

11 조건을 만족하는 수 구하기

수의 범위 알아보기 ➡ 범위 안에서 조건에 맞는 수 찾기

52 조건을 만족하는 수 중에서 가장 큰 수를 구해 보세요.

- 두 자리 수입니다.
- 6으로 나누면 나머지가 2입니다.

( )

53 조건을 만족하는 수를 모두 구해 보세요.

- 50보다 크고 60보다 작습니다.
- 3으로 나누면 나누어떨어집니다.

( )

54 조건을 만족하는 수를 구해 보세요.

- 70보다 크고 80보다 작습니다.
- 6으로 나누면 나누어떨어집니다.
- 5로 나누면 나머지가 3입니다.

( )

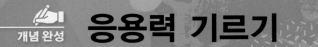

 심화유형 **1** **남는 것이 없도록 더 필요한 개수 구하기**

공책 94권을 8명에게 똑같이 나누어 주려고 합니다. 남는 것이 없도록 주려면 공책은 적어도 몇 권이 더 필요한지 구해 보세요.

( )

● 핵심 NOTE   나눗셈을 했을 때 남은 수에 얼마를 더해야 나누어떨어지는지 생각해 봅니다.

1-1   귤 86개를 6개의 봉지에 똑같이 나누어 담으려고 합니다. 남는 것이 없도록 하려면 귤은 적어도 몇 개가 더 필요한지 구해 보세요.

( )

1-2   연필 110자루와 색연필 60자루를 각각 7명에게 똑같이 나누어 주려고 합니다. 각각 남는 것이 없도록 하려면 연필과 색연필은 적어도 몇 자루가 더 필요한지 구해 보세요.

연필 ( )

색연필 ( )

2 □ 안에 알맞은 수 구하기

심화유형

□ 안에 알맞은 수를 써넣으세요.

● **핵심 NOTE**   세로 형식의 나눗셈식에서 모르는 숫자가 있는 경우에는 모르는 숫자를 ㉠, ㉡, ㉢, …과 같이 나타내어 각 자리의 나눗셈 과정을 ㉠, ㉡, ㉢, …을 이용한 식으로 나타내어 구합니다.

2-1   □ 안에 알맞은 수를 써넣으세요.

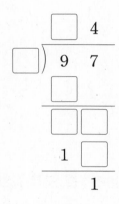

2

2-2
윤아는 (두 자리 수)÷(한 자리 수)의 나눗셈 문제를 풀고 있는 도중 잉크를 떨어뜨렸습니다. 잉크가 떨어진 부분에 들어갈 수 있는 숫자를 모두 구해 보세요.

(   )

3 수 카드를 사용하여 나눗셈식 만들고 계산하기

심화유형수 카드 3 , 7 , 6 을 한 번씩만 사용하여 몫이 가장 큰 (두 자리 수)÷(한 자리 수)를 만들고, 몫과 나머지를 구해 보세요.

● 핵심 NOTE 몫이 가장 큰 (두 자리 수)÷(한 자리 수)는 (가장 큰 두 자리 수)÷(가장 작은 한 자리 수)로 만들어야 합니다.

3-1 수 카드 2 , 5 , 8 을 한 번씩만 사용하여 몫이 가장 큰 (두 자리 수)÷(한 자리 수)를 만들고, 몫과 나머지를 구해 보세요.

□□÷□=□…□

3-2 수 카드를 한 번씩만 사용하여 나머지가 가장 큰 (두 자리 수)÷(한 자리 수)를 만들고, 몫과 나머지를 구해 보세요.

□□÷□=□…□

융합유형 4 수학 + 사회 환경 보호를 위한 나무 심기 운동에서 필요한 나무 수 구하기

최근 전 세계에서는 숲이 사라지고 토지가 사막으로 변하는 사막화 현상이 빠르게 진행되고 있습니다. 사막화가 이대로 진행되면 지구의 생태계가 파괴되어 생물들이 숨을 쉬고 살기 어려운 환경이 됩니다. 사막화 방지 운동의 일환으로 우리나라 환경 단체와 자원봉사자들은 다음과 같이 '몽골 나무 심기' 운동을 추진하고 있습니다. 필요한 나무는 모두 몇 그루일까요?

(단, 나무의 두께는 생각하지 않습니다.)

〈나무 심기 프로젝트〉

장소 ▶ 길이 96 m의 몽골 초원의 도로

계획 ▶ 도로의 양쪽에 처음부터 끝까지
8 m 간격으로 나무 심기

1단계 도로 한쪽에서 나무와 나무 사이인 8 m 간격이 몇 군데인지 구하기

2단계 필요한 나무의 수 구하기

(   )

● 핵심 NOTE   1단계 도로 한쪽에서 나무와 나무 사이의 간격이 몇 군데인지 구합니다.
2단계 필요한 나무의 수를 구합니다.

4-1   도로에 가로수를 심으면 도시 경관을 아름답게 하고 매연을 빨아들여 공기를 맑게 해 줍니다. 또 바람의 영향을 적게 하고 기후 조절의 기능을 하여 사람들에게 쾌적한 느낌을 줍니다. 길이가 91 m인 도로의 양쪽에 처음부터 끝까지 7 m 간격으로 가로수를 심으려면 필요한 가로수는 모두 몇 그루일까요? (단, 가로수의 두께는 생각하지 않습니다.)

(   )

단원 평가 Level ❶

1 수 모형을 보고 ☐ 안에 알맞은 수를 써넣으세요.

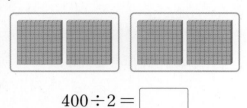

$$400 \div 2 = \boxed{}$$

2 ☐ 안에 알맞은 수를 써넣으세요.

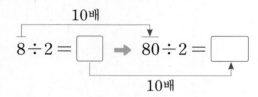

3 ☐ 안에 알맞은 수를 써넣으세요.

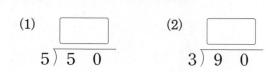

4 ☐ 안에 알맞은 수를 써넣으세요.

(1)
$$5 \overline{\smash{)}\,5\ 0}$$

(2)
$$3 \overline{\smash{)}\,9\ 0}$$

5 ☐ 안에 알맞은 수를 써넣으세요.

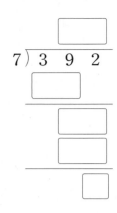

6 계산해 보세요.

(1)
$$3 \overline{\smash{)}\,7\ 6}$$

(2)
$$5 \overline{\smash{)}\,8\ 9\ 5}$$

7 ☐ 안에 알맞은 수를 써넣으세요.

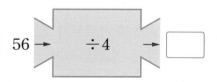

8 계산해 보고 계산이 맞는지 확인해 보세요.

$$65 \div 9 = \boxed{} \cdots \boxed{}$$

확인 $9 \times \boxed{} = \boxed{}$,

$\boxed{} + \boxed{} = \boxed{}$

9 □÷9에서 나머지가 될 수 있는 가장 큰 자연수는 얼마일까요?

( )

10 잘못 계산한 부분을 찾아 바르게 계산해 보세요.

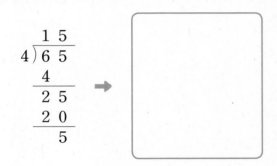

→

11 감자 95개를 다섯 가구가 똑같이 나누어 먹으려고 합니다. 한 가구가 먹을 수 있는 감자는 몇 개일까요?

( )

12 귤 118개를 한 봉지에 8개씩 담으려고 합니다. 몇 봉지가 되고 몇 개가 남을까요?

( ), ( )

13 빈 곳에 알맞은 수를 써넣으세요.

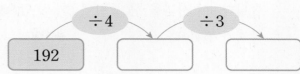

14 몫이 가장 큰 것을 찾아 기호를 써 보세요.

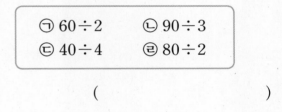

( )

15 어떤 수를 8로 나누었더니 몫이 12이고 나머지가 3이 되었습니다. 어떤 수를 구해 보세요.

( )

16 한 봉지에 4개씩 들어 있는 사과가 21봉지 있습니다. 이 사과를 한 봉지에 6개씩 담으면 몇 봉지가 될까요?

(   )

17 ☐ 안에 알맞은 수를 써넣으세요.

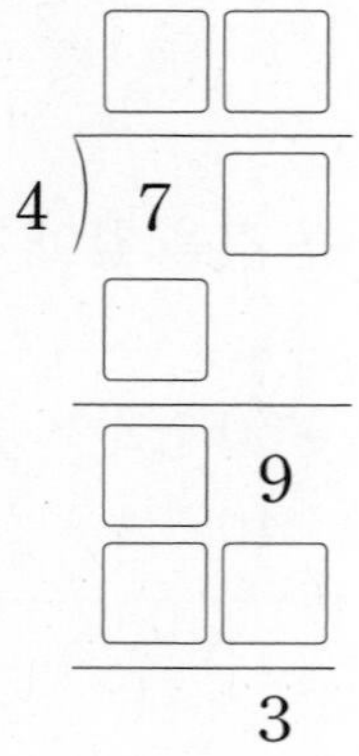

$$4\overline{)\,7\,\square}$$

18 다음 나눗셈식은 나누어떨어집니다. 0부터 9까지의 수 중 ☐ 안에 들어갈 수 있는 수를 모두 구해 보세요.

$$9\square \div 6$$

(   )

19 달걀 80개를 한 팩에 6개씩 담아서 팔려고 합니다. 팔 수 있는 달걀은 몇 팩인지 풀이 과정을 쓰고 답을 구해 보세요.

풀이

답

20 수 카드 중 두 장을 골라 만든 가장 큰 두 자리 수를 나머지 한 수로 나눈 몫과 나머지를 구하려고 합니다. 풀이 과정을 쓰고 답을 구해 보세요.

5   6   9

풀이

답 몫: , 나머지:

단원 평가 Level ❷

1 □ 안에 알맞은 수를 써넣으세요.

$$60 \div 3 = \boxed{}$$

$$120 \div 6 = \boxed{}$$

$$180 \div 9 = \boxed{}$$

2 $400 \div 2$의 몫은 $4 \div 2$의 몫의 몇 배일까요?

( )

3 몫이 같은 것끼리 이어 보세요.

26÷2 •	• 60÷3
54÷3 •	• 90÷5
80÷4 •	• 39÷3

4 잘못 계산한 부분을 찾아 바르게 계산해 보세요.

```
    1
5)5 3
  5
    3
```
→ □

5 어떤 수를 8로 나누었을 때 나머지가 될 수 <u>없는</u> 수를 모두 고르세요. ( )

① 4   ② 6   ③ 8
④ 2   ⑤ 9

6 나눗셈의 몫과 나머지를 구하고 계산이 맞는지 확인해 보세요.

$$853 \div 8$$

몫 ( ), 나머지 ( )

 확인

7 몫의 크기를 비교하여 ○ 안에 >, =, <를 알맞게 써넣으세요.

$$49 \div 3 \quad \bigcirc \quad 78 \div 5$$

8 □ 안에 알맞은 수를 써넣으세요.

$$\boxed{} \div 7 = 13 \cdots 4$$

9 다음 나눗셈에서 나올 수 있는 나머지 중 가장 큰 수가 6입니다. ◆에 알맞은 한 자리 수는 얼마일까요?

$$\boxed{} \div \blacklozenge$$

(   )

10 동화책이 80권 있습니다. 책꽂이 한 칸에 7권씩 꽂을 때 동화책을 모두 꽂으려면 책꽂이는 모두 몇 칸이 필요할까요?

(   )

11 ☐ 안에 알맞은 수를 써넣으세요.

$$3 \times \boxed{} = 552 \div 8$$

12 색종이가 한 묶음에 10장씩 16묶음 있습니다. 색종이를 9명에게 똑같이 나누어 주려고 합니다. 한 명에게 몇 장씩 줄 수 있고 몇 장이 남을까요?

(   ), (   )

13 ☐ 안에 알맞은 수를 써넣으세요.

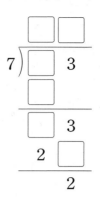

14 48을 1부터 9까지의 수 중 어떤 수로 나누면 나누어떨어지는지 모두 구해 보세요.

(   )

15 연필 95자루를 7명에게 똑같이 나누어 주려고 합니다. 남는 것이 없도록 하려면 연필은 적어도 몇 자루가 더 필요할까요?

(   )

16 식을 만족하는 ★의 값을 구해 보세요.

- ◆ × 2 = 84
- ◆ ÷ 6 = ●
- 924 ÷ ● = ★

(   )

17 수 카드를 한 번씩만 사용하여 몫이 가장 큰 (두 자리 수)÷(한 자리 수)를 만들고, 몫과 나머지를 구해 보세요.

[3]   [4]   [7]

□□ ÷ □ = □ … □

18 한 묶음에 들어 있는 물건의 수가 각각 같을 때 묶음의 수와 물건의 수를 나타낸 표입니다. 지우개 2묶음은 수수깡 2묶음보다 몇 개 더 많을까요?

물건	지우개	수수깡
묶음 수	3묶음	4묶음
물건 수	51개	52개

(   )

19 어떤 수를 6으로 나누어야 할 것을 잘못하여 7로 나누었더니 몫이 46이고 나머지는 4였습니다. 바르게 계산했을 때의 몫과 나머지는 얼마인지 풀이 과정을 쓰고 답을 구해 보세요.

풀이

답   몫: , 나머지:

20 그림과 같은 직사각형 모양의 종이를 가로가 5 cm, 세로가 4 cm인 직사각형 모양으로 자르려고 합니다. 될 수 있는 대로 많이 자르려면 직사각형 모양의 종이는 몇 장까지 자를 수 있는지 풀이 과정을 쓰고 답을 구해 보세요.

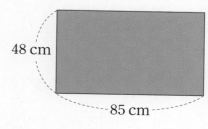

48 cm   85 cm

풀이

답

3 원

언제까지 원을 본떠 그릴 거야?

컴퍼스로 원을 그려 보자.

한 점에서 같은 거리의 점들로 이루어진 곡선!

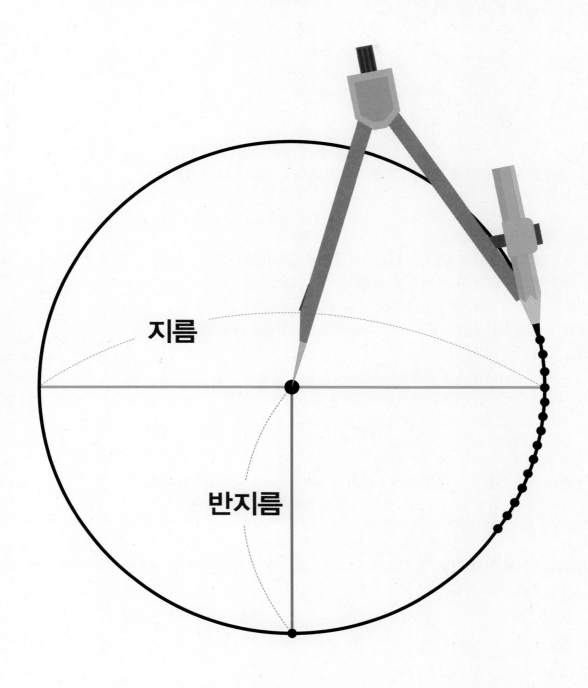

❶ 원의 중심, 반지름, 지름을 알아볼까요

개념 강의

● **누름 못과 띠 종이를 이용하여 원 그리기**

➡ 띠 종이를 누름 못으로 고정한 후 연필을 띠 종이의 구멍에 넣어 원을 그립니다.

● **원의 중심, 반지름, 지름**

• 누름 못이 꽂힌 점에서 원 위의 한 점까지의 길이는 모두 같습니다.
• 원을 그릴 때에 누름 못이 꽂혔던 점 ㅇ을 **원의 중심**이라고 합니다.
• 원의 중심 ㅇ과 원 위의 한 점을 이은 선분을 원의 **반지름**이라고 합니다.
• 원 위의 두 점을 이은 선분이 원의 중심 ㅇ을 지날 때, 이 선분을 원의 **지름**이라고 합니다.

➡ 선분 ㅇㄱ과 선분 ㅇㄴ은 원의 반지름이고, 선분 ㄱㄴ은 원의 지름입니다.

➕ 누름 못이 꽂힌 점에서 연필을 넣은 구멍까지의 거리가 멀수록 원이 커집니다.

➖ 한 원에서 원의 중심은 한 개이지만 원의 반지름은 셀 수 없이 많습니다.

➖ 원 위의 두 점을 이은 선분 중 원의 중심을 지나는 선분만이 원의 지름입니다.

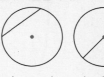

(×)   (○)

---

1 자를 이용하여 점을 찍어 원을 완성해 보세요.

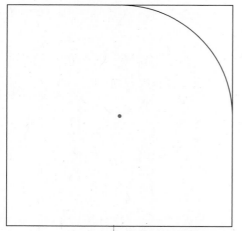

• 점을 많이 찍을수록 원을 정확하게 그릴 수 있습니다.

2 누름 못과 띠 종이를 이용하여 원을 그려 보세요.

• 점을 찍어 원을 그리는 것보다 더 정확하게 그릴 수 있습니다.

3 ☐ 안에 알맞은 말을 써넣으세요.

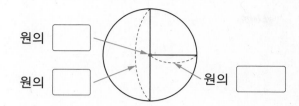

원의 ☐

원의 ☐

원의 ☐

4 원의 중심을 찾아 써 보세요.

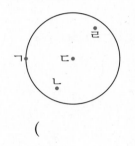

( )

5 원에 반지름을 4개 그어 보세요.

6 ☐ 안에 알맞은 수를 써넣으세요.

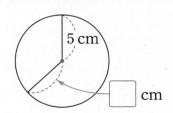

5 cm

☐ cm

7 원의 지름을 나타내는 선분을 찾아 써 보세요.

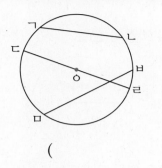

( )

8 그림을 보고 물음에 답하세요.

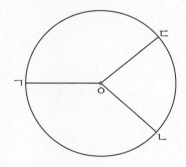

(1) 원의 중심을 찾아 써 보세요.

( )

(2) 한 원에는 원의 중심이 몇 개 있을까요?

( )

(3) 원의 반지름을 나타내는 선분을 찾아 길이를 재어 보세요.

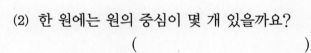

반지름	선분 ㅇㄱ		
길이(cm)	2		

(4) 알맞은 말에 ◯표 하세요.

> 한 원에서 원의 반지름은 모두
> (같습니다 , 다릅니다).

3. 원 **79**

② 원의 성질을 알아볼까요

● **원의 지름의 성질**

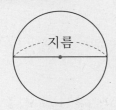

지름은 원을 똑같이 둘로 나눕니다.

지름은 원 안에 그을 수 있는 선분 중 가장 깁니다.

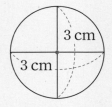

한 원에서 원의 지름은 모두 같습니다.

● **원의 지름과 반지름 사이의 관계**

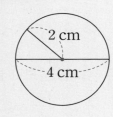

➡ (원의 지름) = (원의 반지름) × 2
(원의 반지름) = (원의 지름) ÷ 2

- 원 안에 그을 수 있는 선분 중 가장 긴 선분은 원의 □ 입니다.
- 한 원에서 지름은 반지름의 □ 배입니다.

---

1 그림을 보고 □ 안에 알맞은 말을 써넣으세요.

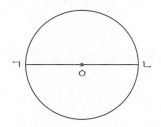

(1) 원 위의 두 점을 이은 선분이 원의 중심을 지날 때 이 선분 ㄱㄴ을 원의 □ (이)라고 합니다.

(2) 원의 □ 은/는 원을 똑같이 둘로 나눕니다.

2 그림을 보고 물음에 답하세요.

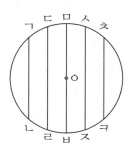

(1) 길이가 가장 긴 선분은 어느 것일까요?

( )

(2) 원의 지름을 나타내는 선분은 어느 것일까요?

( )

3 원에 지름을 3개 긋고 물음에 답하세요.

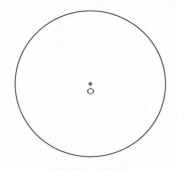

(1) 원의 지름은 몇 cm일까요?

(   )

(2) 알맞은 말에 ◯표 하세요.

> 한 원에서 원의 지름은 모두
> (같습니다 , 다릅니다).

4 선분의 길이를 재어 ☐ 안에 알맞은 수를 써넣으세요.

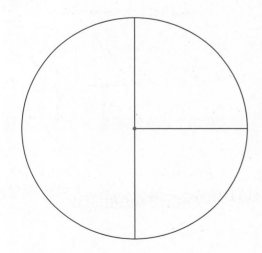

(1) 원의 지름은 ☐ cm입니다.

(2) 원의 반지름은 ☐ cm입니다.

(3) 원의 지름은 반지름의 ☐ 배입니다.

5 ☐ 안에 알맞은 수를 써넣으세요.

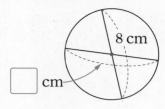

☐ cm   8 cm

6 원의 지름은 몇 cm일까요?

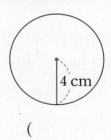

4 cm

(   )

7 원의 반지름은 몇 cm일까요?

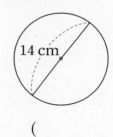

14 cm

(   )

8 원의 반지름은 몇 cm일까요?

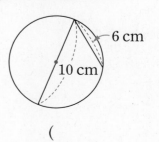

6 cm
10 cm

(   )

3 컴퍼스를 이용하여 원을 그려 볼까요

● **컴퍼스를 이용하여 반지름이 2 cm인 원 그리기**

 →  →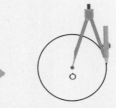

원의 중심이 되는
점 ㅇ을 정합니다.

컴퍼스를 원의 반지름
만큼 벌립니다.

컴퍼스의 침을 점 ㅇ에
꽂고 원을 그립니다.

컴퍼스를 많이 벌릴수록 반지름이
길므로 원이 커집니다.

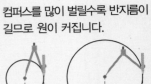
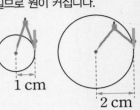

1 cm   2 cm

---

1 컴퍼스를 이용하여 주어진 원과 크기가 같은 원을 그리려고 합니다. 물음에 답하세요.

(1) 원의 반지름은 몇 cm일까요?

( )

(2) 원을 그리는 순서에 따라 ☐ 안에 알맞게 써넣으세요.

① 원의 ☐ 이 되는 점 ㅇ을 정합니다.

② 컴퍼스를 ☐ cm가 되도록 벌립니다.

③ 컴퍼스의 침을 점 ☐ 에 꽂고 원을 그립니다.

(3) 점 ㅇ을 원의 중심으로 하여 주어진 원과 크기가 같은 원을 그려 보세요.

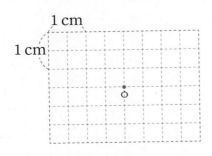
1 cm
1 cm

---

2 반지름이 3 cm인 원을 그릴 수 있도록 컴퍼스를 바르게 벌린 것은 어느 것일까요?

( )

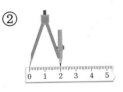
① ②

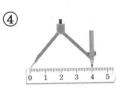
③ ④

3 반지름이 2 cm인 원을 2개 그려 보세요.

1 cm
1 cm

4 주어진 원과 크기가 같은 원을 그려 보세요.

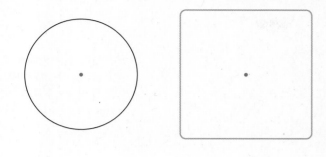

5 반지름이 3 cm인 원을 그려 보세요.

6 주어진 선분과 반지름의 길이가 같은 원을 그려 보세요.

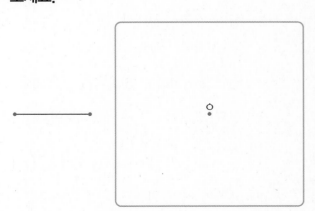

7 그림과 같이 컴퍼스를 벌려 원을 그렸을 때 원의 지름은 몇 cm가 될까요?

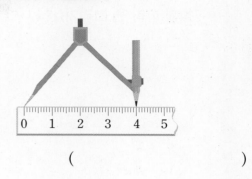

(   )

8 점 ㅇ을 중심으로 하고 반지름이 1 cm, 2 cm인 원을 각각 그려 보세요.

9 점 ㄱ, 점 ㄴ을 중심으로 하고 반지름이 2 cm인 원을 2개 그려 보세요.

ㄱ•　　　　　　•ㄴ

④ 원을 이용하여 여러 가지 모양을 그려 볼까요

● **규칙에 따라 원 그리기**(1)

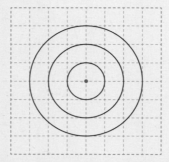

➡ 원의 중심이 모두 같고 반지름이 일정하게 늘어나는 규칙입니다.

● **규칙에 따라 원 그리기**(2)

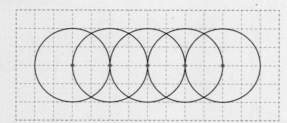

➡ 원의 중심이 반지름만큼 이동하고 반지름이 모두 같은 규칙입니다.

 규칙에 따라 원을 그릴 때에는 원의 중심과 반지름, 지름의 변화를 잘 생각해 봅니다.

• 원의 반지름을 다르게 그리기
(예)

• 원의 중심을 다르게 그리기
(예)

• 원의 중심과 반지름을 다르게 그리기
(예)

---

1 그림을 보고 물음에 답하세요.

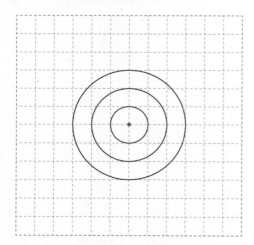

(1) 어떤 규칙이 있는지 찾아 알맞은 말에 ○표 하세요.

원의 중심을 (옮겨 가며 , 옮기지 않고) 원의 반지름이 (1 , 2 , 3)칸씩 늘어나는 규칙입니다.

(2) 규칙에 따라 원을 2개 더 그려 보세요.

2 그림을 보고 물음에 답하세요.

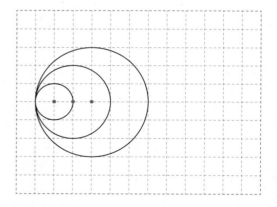

(1) 어떤 규칙이 있는지 찾아 ☐ 안에 알맞은 수를 써넣으세요.

원의 중심이 오른쪽으로 ☐칸씩 옮겨 가고 원의 반지름이 ☐칸씩 늘어나는 규칙입니다.

(2) 규칙에 따라 원을 1개 더 그려 보세요.

3 그림을 보고 물음에 답하세요.

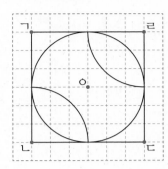

(1) 주어진 모양을 그리기 위하여 컴퍼스의 침을 꽂아야 할 점을 모두 찾아 써 보세요.

(   )

(2) 주어진 모양과 똑같이 그려 보세요.

4 주어진 모양을 그리기 위하여 컴퍼스의 침을 꽂아야 할 곳을 모눈종이에 모두 표시해 보세요.

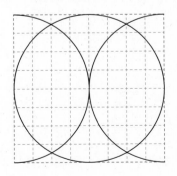

5 주어진 모양과 똑같이 그려 보세요.

(1)

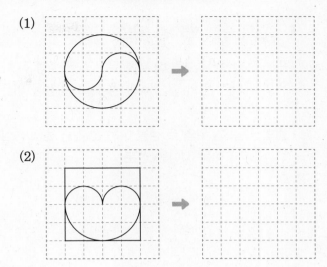

(2)

6 원의 중심과 반지름을 다르게 하여 그린 모양을 찾아 기호를 써 보세요.

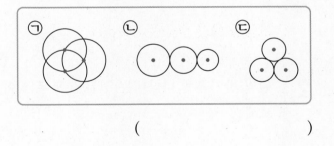

(   )

7 규칙에 따라 원을 1개 더 그려 보세요.

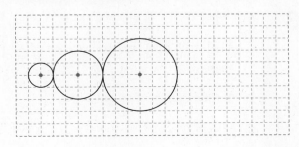

기본기 다지기

1 원의 중심, 반지름, 지름

- 원의 중심: 원을 그릴 때 누름 못이 꽂혔던 점 ㅇ
- 원의 반지름: 원의 중심 ㅇ과 원 위의 한 점을 이은 선분
- 원의 지름: 원 위의 두 점을 이은 선분 중 원의 중심 ㅇ을 지나는 선분

1 원의 중심을 나타내는 점을 찾아 써 보세요.

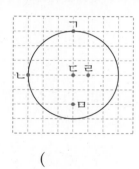

(   )

2 원의 반지름을 나타내는 선분을 모두 찾아 써 보세요.

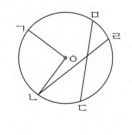

(   )

3 옳은 말에 ○표, <u>틀린</u> 말에 ✕표 하세요.

(1) 한 원에서 원의 중심은 무수히 많습니다.

(   )

(2) 한 원에서 반지름은 모두 같습니다.

(   )

4 원의 지름은 몇 cm일까요?

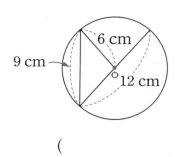

(   )

2 원의 성질

- 한 원에서 반지름은 모두 같습니다.
- 한 원에서 지름은 모두 같습니다.
- 한 원에서
 (원의 지름) = (원의 반지름) × 2
 (원의 반지름) = (원의 지름) ÷ 2

5 원을 똑같이 둘로 나누는 선분을 찾아 써 보세요.

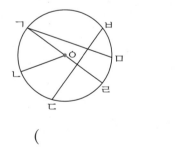

(   )

6 원의 반지름과 지름은 각각 몇 cm일까요?

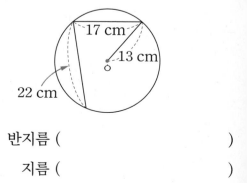

반지름 (   )

지름 (   )

7 한 변의 길이가 8 cm인 정사각형 안에 원을 그린 것입니다. 이 원의 지름은 몇 cm일까요?

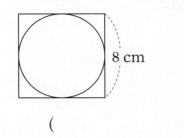

8 cm

( )

10 점 ㄱ, 점 ㄴ은 원의 중심입니다. 선분 ㄱㄴ의 길이는 몇 cm일까요?

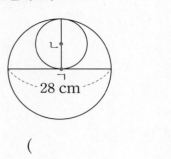

28 cm

( )

8 점 ㄱ, 점 ㄴ은 원의 중심입니다. 선분 ㄱㄷ의 길이는 몇 cm일까요?

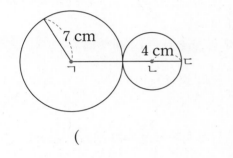

7 cm   4 cm

( )

③ 컴퍼스를 이용하여 원 그리기

· 원 그리는 방법

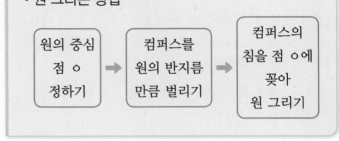

| 원의 중심 점 ㅇ 정하기 | → | 컴퍼스를 원의 반지름 만큼 벌리기 | → | 컴퍼스의 침을 점 ㅇ에 꽂아 원 그리기 |

3

11 주어진 선분을 반지름으로 하는 원을 그려 보세요.

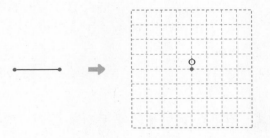

서술형

9 원의 반지름이 다음 원의 반지름의 4배가 되도록 원을 그렸습니다. 새로 그린 원의 지름은 몇 cm인지 풀이 과정을 쓰고 답을 구해 보세요.

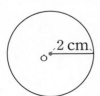

2 cm

풀이 _____

_____

_____

답 _____

12 그림과 같이 컴퍼스를 벌려 원을 그렸을 때 원의 반지름은 몇 cm가 될까요?

(1)   (2)

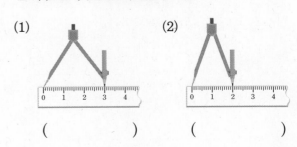

( )   ( )

13 점 ㅇ을 중심으로 하여 반지름이 각각 1 cm, 15 mm, 2 cm인 원을 각각 그려 보세요.

14 크기가 큰 원부터 차례로 기호를 써 보세요.

ㄱ 지름이 9 cm인 원

ㄴ 반지름이 4 cm인 원

ㄷ

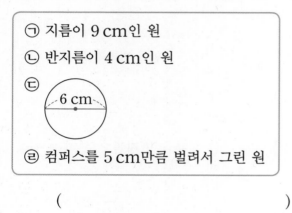

6 cm

ㄹ 컴퍼스를 5 cm만큼 벌려서 그린 원

( )

서술형
15 컴퍼스를 이용하여 동전과 크기가 같은 원을 그려 보고 그린 방법을 설명해 보세요.

설명

16 유나는 집에서 300 m 안에 있는 놀이터를 가려고 합니다. 가, 나, 다, 라 중 유나가 갈 수 있는 놀이터를 모두 찾아 기호를 써 보세요.

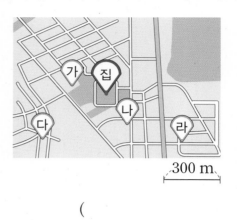

( )

4 원을 이용하여 여러 가지 모양 그리기

• 원의 중심이 다르면 원의 위치가 달라지고, 원의 반지름이 다르면 원의 크기가 달라집니다.

• 원의 중심을 옮겨 가며 그리기

• 원의 중심은 같고 반지름을 다르게 하여 그리기

17 모양을 그리기 위하여 컴퍼스의 침을 꽂아야 할 곳을 점으로 바르게 나타낸 것을 찾아 기호를 써 보세요.

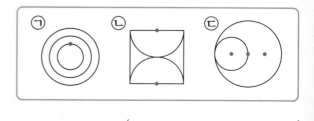

( )

18 오른쪽 모양을 그릴 때 컴퍼스의 침을 꽂아야 할 곳은 모두 몇 군데일까요?

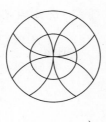

( )

19 원의 중심을 옮겨 가며 원의 반지름은 같게 하여 그린 것을 모두 고르세요. ( )

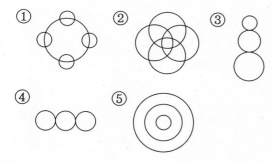

20 컴퍼스를 이용하여 왼쪽과 같은 모양을 오른쪽 모눈종이 위에 그려 보세요.

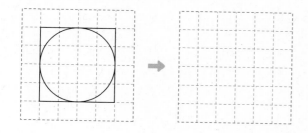

서술형
21 오른쪽 모양을 그리기 위하여 컴퍼스의 침을 꽂아야 할 곳을 점으로 모두 표시하고 그리는 방법을 설명해 보세요.

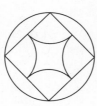

설명

22 컴퍼스를 이용하여 태극 문양을 그려 보세요. (단, 원의 크기는 자유롭게 그립니다.)

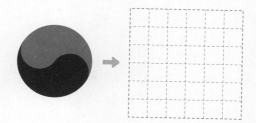

23 주하가 모눈종이에 그린 그림입니다. 어떤 규칙으로 그렸는지 ☐ 안에 알맞은 수를 써넣으세요.

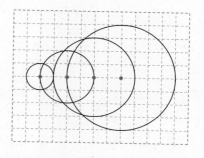

➡ 원의 반지름은 모눈 ☐ 칸씩 늘어나며, 원의 중심은 오른쪽으로 모눈 ☐ 칸씩 이동합니다.

24 원의 중심을 옮기지 않고 반지름만 1칸씩 늘어나는 규칙으로 그린 모양에 ○표 하세요.

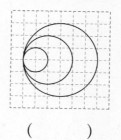 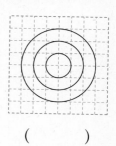

( ) ( )

5 여러 가지 모양에서 선분의 길이 구하기

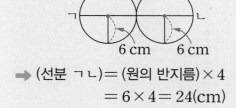

6 cm   6 cm

→ (선분 ㄱㄴ)＝ (원의 반지름)×4
＝ 6×4＝24(cm)

25 똑같은 크기의 세 원을 맞닿게 그린 모양입니다. 선분 ㄱㄴ의 길이는 몇 cm일까요?

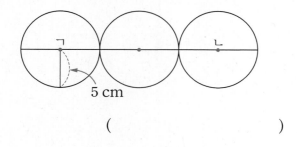

5 cm

(   )

26 선분 ㄱㄴ의 길이는 몇 cm일까요?

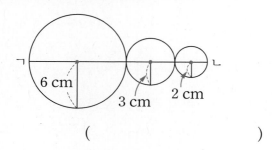

6 cm
3 cm   2 cm

(   )

27 크기가 다른 세 개의 원을 이용하여 모양을 그린 것입니다. 각 원이 더 큰 원의 중심을 지나고, 가장 큰 원의 지름이 32 cm일 때 가장 작은 원의 반지름은 몇 cm일까요?

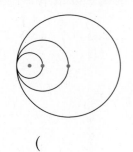

(   )

28 큰 원의 지름은 28 cm입니다. 안쪽에 있는 4개의 원의 크기가 모두 같을 때 작은 원의 반지름은 몇 cm일까요?

(   )

29 올림픽을 상징하는 오륜기는 5가지 색의 똑같은 크기의 원이 서로 얽혀 있는 모양입니다. 다음 오륜기에서 한 원의 지름이 9 cm일 때 선분 ㄱㄴ의 길이는 몇 cm일까요?

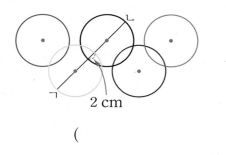

2 cm

(   )

30 가장 큰 원의 반지름은 몇 cm일까요?

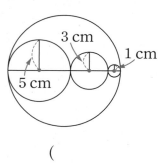

3 cm
1 cm
5 cm

(   )

6 도형의 변의 길이의 합 구하기

크기가 같은 세 원의
중심을 이어 만든 삼각형

➡ (삼각형의 세 변의 길이의 합)
= (삼각형의 한 변의 길이)×3
= (원의 지름)×3

(원의 지름)×2

원의 지름

➡ (직사각형의 네 변의 길이의 합)
= (가로)+(세로)+(가로)+(세로)
= (원의 지름)×6

31 반지름이 8 m인 세 원의 중심을 이어 삼각형을 만들었습니다. 이 삼각형의 세 변의 길이의 합은 몇 m일까요?

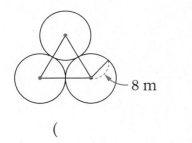

8 m

( )

32 크기가 같은 원 6개의 중심을 이어 삼각형을 만들었습니다. 이 삼각형의 세 변의 길이의 합이 36 cm일 때 한 원의 지름은 몇 cm일까요?

( )

33 직사각형 안에 반지름이 7 cm인 원 3개를 그렸습니다. 이 직사각형의 네 변의 길이의 합은 몇 cm일까요?

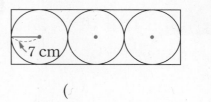

7 cm

( )

서술형
34 정사각형 안에 크기가 같은 원 4개를 맞닿게 그렸습니다. 이 정사각형의 네 변의 길이의 합은 몇 cm인지 풀이 과정을 쓰고 답을 구해 보세요.

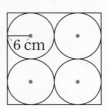

6 cm

풀이

답

35 상자에 크기가 같은 음료수 캔 8개가 들어 있습니다. 상자를 위에서 본 모습이 그림과 같고 보이는 직사각형의 네 변의 길이의 합이 84 cm일 때 음료수 캔의 원의 지름은 몇 cm일까요?

( )

원을 겹쳐 그린 모양에서 길이 구하기

크기가 같은 원 5개를 서로 중심이 지나도록 겹쳐서 그린 것입니다. 선분 ㄱㄴ의 길이는 몇 cm 일까요?

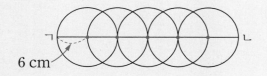

6 cm

( )

● 핵심 NOTE 구하는 선분의 길이가 원의 반지름 또는 지름의 몇 배인지 알아봅니다.

1-1 크기가 같은 원 6개를 서로 중심이 지나도록 겹쳐서 그린 것입니다. 선분 ㄱㄴ의 길이는 몇 cm일 까요?

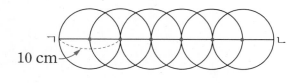

10 cm

( )

1-2 크기가 같은 원 8개를 서로 중심이 지나도록 겹쳐서 그린 것입니다. 선분 ㄱㄴ의 길이가 63 cm일 때 한 원의 지름은 몇 cm일까요?

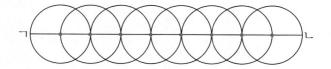

( )

2 심화유형

서로 다른 원을 맞닿게 그린 모양에서 길이 구하기

반지름이 각각 3 cm, 5 cm인 두 가지 종류의 원을 맞닿게 그린 후
원의 중심을 이어 직사각형을 만들었습니다. 이 직사각형의 네 변의
길이의 합은 몇 cm일까요?

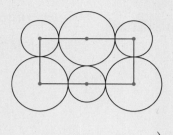

(   )

● **핵심 NOTE**   직사각형의 가로, 세로가 각각 원의 반지름 또는 지름의 몇 배인지 알아봅니다.

2-1 지름이 각각 16 cm, 12 cm인 두 가지 종류의 원을 맞닿게 그린 후 원의 중심을 이어
직사각형을 만들었습니다. 이 직사각형의 네 변의 길이의 합은 몇 cm일까요?

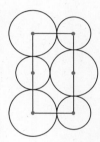

(   )

2-2 직사각형 안에 두 가지 종류의 원을 맞닿게 그린 것입니다. 큰 원의 반지름이 작은 원의 반지름의
2배일 때 선분 ㄱㄹ의 길이는 몇 cm일까요?

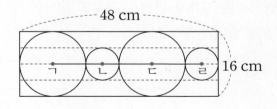

← 48 cm →

16 cm

(   )

원의 일부를 이용하여 그린 모양에서 길이 구하기

심화유형 **3**

한 변의 길이가 36 cm인 정사각형 안에 원을 이용하여 모양을 그린 것입니다. 선분 ㄴㅁ의 길이는 몇 cm일까요?

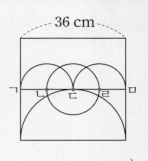

(   )

● 핵심 NOTE   (선분 ㄱㅁ의 길이)=(정사각형의 한 변의 길이)=(작은 원의 반지름)×4임을 이용합니다.

3-1 한 변의 길이가 24 cm인 정사각형 안에 원을 이용하여 모양을 그린 것입니다. 선분 ㄱㄹ의 길이는 몇 cm일까요?

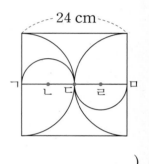

(   )

3-2 크기가 같은 원의 일부 3개와 큰 원 1개를 이용하여 모양을 그린 것입니다. 선분 ㄱㄷ의 길이는 몇 cm일까요?

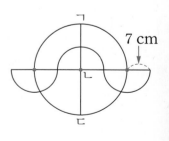

(   )

원을 이용한 미술 작품 속에서 길이 구하기

융합유형

수학 + 미술

"원은 안정감과 불안정감을 동시에 가지고 있어 폭발적인 에너지를 가진 도형이다!"

이것은 추상 미술의 아버지로 불리는 화가 칸딘스키가 한 말입니다. 선과 형태, 색채만으로 작가의 감정을 표현할 수 있다고 주장한 칸딘스키는 작품 속에서 유독 원을 많이 사용하여 감정을 표현하였는데, 그의 작품 〈원 속의 원〉에서는 원과 원이 만나서 이루는 균형과 안정감을 강조하였습니다. 오른쪽 그림에서 사각형 ㄱㄴㄷㄹ의 네 변의 길이의 합은 몇 cm일까요?

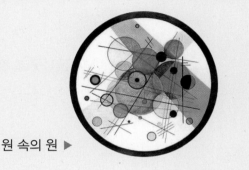

원 속의 원 ▶

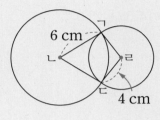

1단계 선분 ㄴㄷ, 선분 ㄹㄱ의 길이는 각각 몇 cm인지 구하기

....

2단계 사각형 ㄱㄴㄷㄹ의 네 변의 길이의 합은 몇 cm인지 구하기

....

(   )

● 핵심 NOTE   **1단계** 한 원에서 반지름은 모두 같음을 이용하여 사각형의 네 변의 길이를 각각 알아봅니다.
                2단계 사각형 ㄱㄴㄷㄹ의 네 변의 길이의 합을 구합니다.

4-1 해인이는 반지름이 다른 두 원을 이용하여 오른쪽과 같은 그림을 그렸습니다. 해인이의 그림에서 보이는 사각형 ㄱㄴㄷㄹ의 네 변의 길이의 합은 몇 cm일까요?

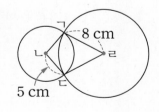

(   )

단원 평가 Level ❶

[1~2] 그림을 보고 물음에 답하세요.

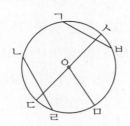

1 점 ㅇ을 원의 무엇이라고 할까요?

원의 (   )

2 원의 반지름을 나타내는 선분을 모두 찾아 써 보세요.

(   )

3 원의 반지름을 바르게 나타낸 것은 어느 것일까요? (   )

4 ☐ 안에 알맞은 말을 써넣으세요.

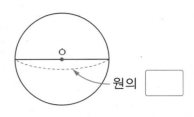

원의 ☐

5 원에 반지름을 긋고 길이를 재어 보세요.

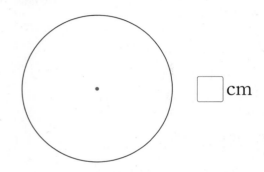

☐ cm

6 선분 ㅇㄷ의 길이는 몇 cm일까요?

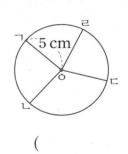

(   )

7 원의 지름을 나타내는 선분을 모두 찾아 써 보세요.

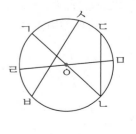

(   )

8 원의 지름은 몇 cm일까요?

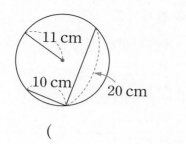

( )

9 지름이 18 cm인 원이 있습니다. 이 원의 반지름은 몇 cm일까요?

( )

10 오른쪽과 같은 원을 그릴 수 있도록 컴퍼스를 바르게 벌린 것을 찾아 기호를 써 보세요.

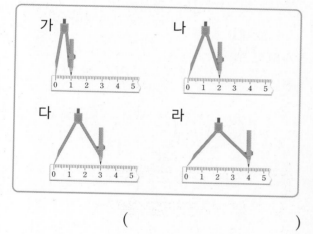

( )

11 주어진 원과 크기가 같은 원을 그려 보세요.

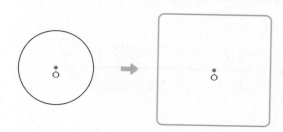

12 주어진 모양을 그리기 위하여 컴퍼스의 침을 꽂아야 할 곳을 모두 표시해 보세요.

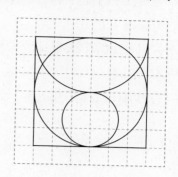

13 주어진 모양과 똑같이 그려 보세요.

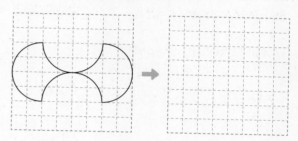

14 원의 중심을 옮겨 가고 원의 반지름을 같게 하여 그린 모양을 찾아 기호를 써 보세요.

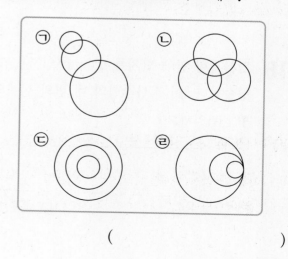

( )

15 가장 큰 원은 어느 것일까요? (   )

  ① 지름이 12 cm인 원

  ② 반지름이 8 cm인 원

  ③ 지름이 15 cm인 원

  ④ 반지름이 9 cm인 원

  ⑤ 지름이 16 cm인 원

16 큰 원의 지름이 36 cm라면 작은 원의 반지름은 몇 cm일까요?

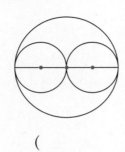

(   )

17 선분 ㄱㄴ의 길이는 몇 cm일까요?

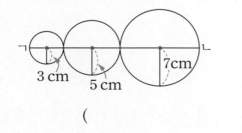

3 cm   5 cm   7cm

(   )

18 직사각형 안에 반지름이 3 cm인 원 3개를 그렸습니다. 이 직사각형의 네 변의 길이의 합은 몇 cm일까요?

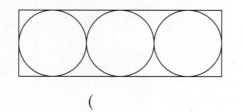

(   )

19 지름이 8 cm인 원 4개를 서로 중심을 지나도록 겹쳐서 그렸습니다. 선분 ㄱㄴ의 길이는 몇 cm인지 풀이 과정을 쓰고 답을 구해 보세요.

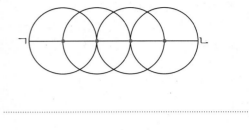

풀이 _____

_____

_____

답 _____

20 어떤 규칙이 있는지 원의 '중심'과 '반지름'을 넣어 설명하고, 규칙에 따라 원을 1개 더 그려 보세요.

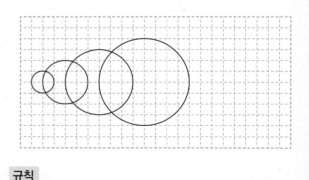

규칙 _____

_____

_____

_____

단원 평가 Level ❷

1 오른쪽 원의 반지름은 몇 cm일까요?

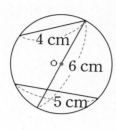

(   )

2 길이가 가장 긴 선분을 찾아 써 보세요.

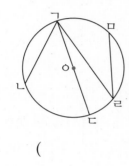

(   )

3 원에 대한 설명으로 <u>틀린</u> 것은 어느 것일까요?
(   )

① 한 원에서 원의 중심은 1개뿐입니다.
② 원의 지름은 원을 똑같이 둘로 나눕니다.
③ 한 원에서 반지름은 지름의 2배입니다.
④ 한 원에서 그을 수 있는 반지름은 무수히 많습니다.
⑤ 원 위의 두 점을 이은 선분 중 가장 긴 선분을 원의 지름이라고 합니다.

4 오른쪽 원의 반지름은 몇 cm일까요?

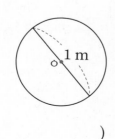

(   )

5 크기가 큰 원부터 차례로 기호를 써 보세요.

> ㉠ 지름이 17 cm인 원
> ㉡ 반지름이 11 cm인 원
> ㉢ 컴퍼스를 9 cm만큼 벌려서 그린 원

(   )

6 오른쪽 원보다 지름을 8 cm 늘여서 그리려면 컴퍼스를 몇 cm만큼 벌려야 할까요?

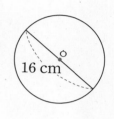

(   )

7 모양을 그릴 때 컴퍼스의 침을 꽂아야 할 곳의 수가 다른 하나를 찾아 기호를 써 보세요.

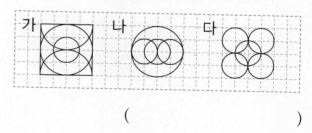

(   )

8 오른쪽 그림에서 정사각형의 네 변의 길이의 합은 몇 cm일까요?

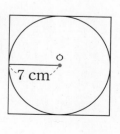

(   )

9 원의 중심은 같고 원의 반지름이 다른 모양을 그린 것은 어느 것일까요? (　　　)

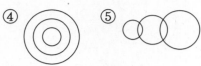

10 작은 원의 지름은 몇 cm일까요?

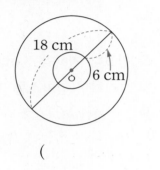

(　　　　　　　)

11 점 ㄴ, 점 ㄹ은 원의 중심이고 반지름이 9 cm 인 크기가 같은 두 원이 그림과 같이 겹쳐져 있습니다. 사각형 ㄱㄴㄷㄹ의 네 변의 길이의 합은 몇 cm일까요?

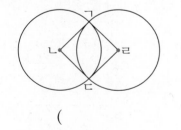

(　　　　　　　)

12 큰 원의 지름이 40 cm일 때 가장 작은 원의 반지름은 몇 cm일까요?

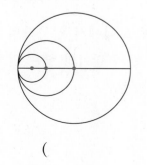

(　　　　　　　)

13 점 ㄱ, 점 ㄴ은 원의 중심입니다. 삼각형 ㄱㄴㄷ의 세 변의 길이의 합은 몇 cm일까요?

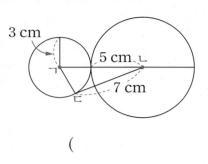

(　　　　　　　)

14 크기가 같은 원 5개를 맞닿게 그린 후, 원의 중심을 이어 사각형을 만들었습니다. 이 사각형의 네 변의 길이의 합이 60 cm일 때 한 원의 지름은 몇 cm일까요?

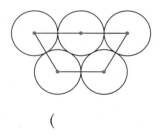

(　　　　　　　)

15 그림과 같은 직사각형 안에 그릴 수 있는 가장 큰 원을 겹치지 않게 그려 넣을 때 몇 개까지 그려 넣을 수 있을까요?

27 cm

3 cm

(　　　　　　　)

16 직사각형 안에 반지름이 4 cm인 원 7개를 서로 중심이 지나도록 겹쳐서 그렸습니다. 직사각형의 가로는 몇 cm일까요?

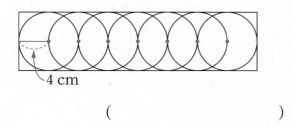

4 cm

(   )

17 점 ㄱ, 점 ㄴ, 점 ㄷ은 원의 중심입니다. 선분 ㄴㄹ의 길이는 몇 cm일까요?

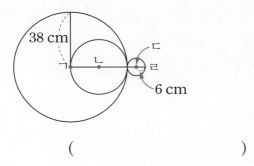

38 cm

ㄷ

ㄹ

6 cm

(   )

18 큰 정사각형 안에 크기가 같은 원 4개를 맞닿게 그린 후, 원의 중심을 이어 작은 정사각형을 그렸습니다. 작은 정사각형의 네 변의 길이의 합이 32 cm일 때 큰 정사각형의 네 변의 길이의 합은 몇 cm일까요?

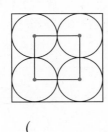

(   )

19 점 ㄱ은 원의 중심이고, 삼각형 ㄱㄴㄷ의 세 변의 길이의 합이 33 cm일 때 원의 반지름은 몇 cm인지 풀이 과정을 쓰고 답을 구해 보세요.

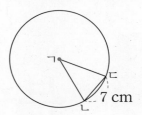

ㄱ

ㄷ

ㄴ

7 cm

풀이 ....

....

....

....

답 ....

20 한 변의 길이가 12 cm인 정사각형 안에 원을 이용하여 모양을 그렸습니다. 선분 ㄱㄹ의 길이는 몇 cm인지 풀이 과정을 쓰고 답을 구해 보세요.

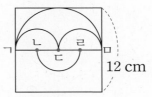

ㄱ ㄴ ㄷ ㄹ ㅁ

12 cm

풀이 ....

....

....

....

답 ....

4 분수

1, 2, 3... 은 **자연수**,

$\frac{1}{2}, \frac{2}{3}, \frac{3}{4}$... 은 **진분수**,

1보다 $\frac{1}{3}$ 큰 수는?

1보다 큰 분수도 있어!

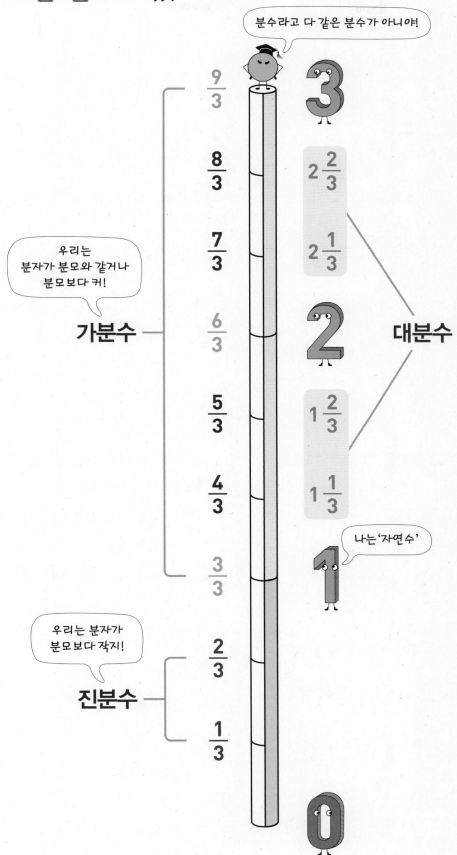

① 분수로 나타내어 볼까요

● 분수로 나타내기

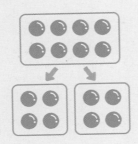

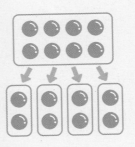

• 구슬 8개를 똑같이 2부분으로 나누면 1부분은 4개입니다.

• 부분 은 전체 ⬚⬚⬚⬚⬚⬚ 를

똑같이 2부분으로 나눈 것 중의 1부분입니다.

➡ $\dfrac{1}{2}$

• 구슬 8개를 똑같이 4부분으로 나누면 1부분은 2개입니다.

• 부분 은 전체 ⬚⬚⬚⬚⬚⬚ 를

똑같이 4부분으로 나눈 것 중의 2부분입니다.

➡ $\dfrac{2}{4}$

구슬을 몇씩 묶었는지에 따라 분수가 달라질 수 있습니다.

---

1 귤 6개를 똑같이 나누고 부분은 전체의 얼마인지 알아보세요.

(1) 귤 6개를 똑같이 3묶음으로 나누어 보세요.

(2) 귤 6개를 똑같이 3묶음으로 나누면 한 묶음은 ⬚개입니다.

(3) 부분  은 전체 ⬚⬚⬚⬚⬚⬚ 를

똑같이 ⬚(으)로 나눈 것 중의 ⬚입니다.

2 초콜릿 21개를 똑같이 나누고 부분은 전체의 얼마인지 알아보세요.

(1) 초콜릿 21개를 3개씩 묶어 보세요.

(2) 초콜릿 21개를 3개씩 묶으면 모두 ⬚ 묶음이 됩니다.

(3) 초콜릿 3개는 ⬚묶음 중의 ⬚묶음이므로

전체의 $\dfrac{⬚}{⬚}$입니다.

3 색칠한 호두는 전체의 몇 분의 몇인지 알아보세요.

(1)
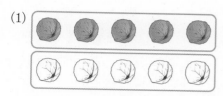

색칠한 부분은 2묶음 중에서 1묶음이므로

전체의 $\dfrac{\square}{\square}$ 입니다.

(2)

색칠한 부분은 5묶음 중에서 3묶음이므로

전체의 $\dfrac{\square}{\square}$ 입니다.

4 색칠한 부분을 분수로 나타내어 보세요.

(1)
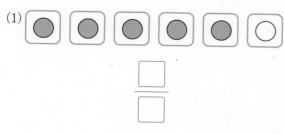

$\dfrac{\square}{\square}$

(2)
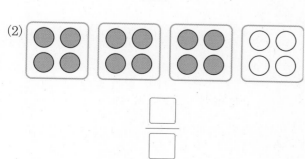

$\dfrac{\square}{\square}$

5 지우개를 4개씩 묶고 $\square$ 안에 알맞은 수를 써넣으세요.

(1) 20을 4씩 묶으면 $\square$ 묶음이 됩니다.

(2) 4는 20의 $\dfrac{\square}{\square}$ 입니다.

(3) 16은 20의 $\dfrac{\square}{\square}$ 입니다.

6 그림을 보고 $\square$ 안에 알맞은 수를 써넣으세요.

(1) 사과 12개를 2개씩 묶으면 $\square$ 묶음이 됩니다.

4는 12의 $\dfrac{\square}{\square}$ 입니다.

(2) 사과 12개를 4개씩 묶으면 $\square$ 묶음이 됩니다.

4는 12의 $\dfrac{\square}{\square}$ 입니다.

2 분수만큼은 얼마일까요 (1)

● **분수만큼은 얼마인지 알아보기**

- 사탕 20개를 똑같이 5묶음으로 나누면 1묶음은 4개입니다.

- 20의 $\frac{1}{5}$ 은 20을 똑같이 5묶음으로 나눈 것 중의 **1**묶음이므로 **4**입니다.

- 20의 $\frac{2}{5}$ 는 20을 똑같이 5묶음으로 나눈 것 중의 **2**묶음이므로 **8**입니다.

  $\frac{2}{5}$ 는 $\frac{1}{5}$ 의 2배이므로 $4 \times 2 = 8$

- 20의 $\frac{3}{5}$ 은 20을 똑같이 5묶음으로 나눈 것 중의 **3**묶음이므로 **12**입니다.

  $\frac{3}{5}$ 은 $\frac{1}{5}$ 의 3배이므로 $4 \times 3 = 12$

- 20의 $\frac{4}{5}$ 는 20을 똑같이 5묶음으로 나눈 것 중의 **4**묶음이므로 **16**입니다.

  $\frac{4}{5}$ 는 $\frac{1}{5}$ 의 4배이므로 $4 \times 4 = 16$

전체의 $\frac{\triangle}{\blacksquare}$ 는 전체를 똑같이 ■묶음으로 나눈 것 중의 ▲묶음입니다.

$\frac{\triangle}{\blacksquare}$ 는 $\frac{1}{\blacksquare}$ 의 ▲배입니다.

---

1 병아리 수의 분수만큼은 얼마인지 알아보세요.

(1) 병아리 12마리를 똑같이 4묶음으로 나누어 보세요.

(2) 전체의 $\frac{1}{4}$ 만큼을 색칠해 보세요.

○ ○ ○ ○ ○ ○
○ ○ ○ ○ ○ ○

(3) 12의 $\frac{1}{4}$ 은 얼마일까요?

( )

2 과자의 분수만큼은 얼마인지 알아보세요.

(1) 과자 14개를 2개씩 묶어 보세요.

(2) 전체의 $\frac{1}{7}$ 만큼을 색칠해 보세요.

○ ○ ○ ○ ○ ○ ○
○ ○ ○ ○ ○ ○ ○

(3) 14의 $\frac{1}{7}$ 은 얼마일까요?

( )

(4) 14의 $\frac{4}{7}$ 는 얼마일까요?

( )

3 로봇 8개를 똑같이 4묶음으로 나누고 ☐ 안에 알맞은 수를 써넣으세요.

(1) 8의 $\dfrac{1}{4}$은 ☐입니다.

(2) 8의 $\dfrac{3}{4}$은 ☐입니다.

4 딸기 21개를 3개씩 묶고 ☐ 안에 알맞은 수를 써넣으세요.

(1) 21의 $\dfrac{1}{7}$은 ☐입니다.

(2) 21의 $\dfrac{5}{7}$는 ☐입니다.

5 그림을 보고 ☐ 안에 알맞은 수를 써넣으세요.

15의 $\dfrac{3}{5}$은 ☐입니다.

6 그림을 보고 ☐ 안에 알맞은 수를 써넣으세요.

16의 $\dfrac{2}{4}$는 ☐입니다.

7 그림을 보고 ☐ 안에 알맞은 수를 써넣으세요.

(1) 18의 $\dfrac{1}{2}$은 ☐입니다.

(2) 18의 $\dfrac{1}{3}$은 ☐입니다.

(3) 18의 $\dfrac{5}{6}$는 ☐입니다.

(4) 18의 $\dfrac{7}{9}$은 ☐입니다.

8 ☐ 안에 알맞은 수를 써넣으세요.

■의 $\dfrac{1}{8}$은 $\boxed{4}$

5배 ↓   ↓ 5배

■의 $\dfrac{5}{8}$는 ☐

4. 분수 **107**

3 분수만큼은 얼마일까요 (2)

● **분수로 나타내기**

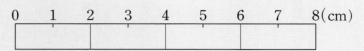

0 1 2 3 4 5 6 7 8(cm)

- 8 cm를 똑같이 4부분으로 나누면 1부분은 2 cm입니다.

- 2 cm는 전체를 똑같이 4부분으로 나눈 것 중의 1부분이므로 8 cm의 $\frac{1}{4}$ 입니다.

- 4 cm는 전체를 똑같이 4부분으로 나눈 것 중의 2부분이므로 8 cm의 $\frac{2}{4}$ 입니다.

● **분수만큼은 얼마인지 알아보기**

0 1 2 3 4 5 6 7 8(cm)

- 8 cm를 2 cm씩 나누면 4부분이 됩니다.

- 8 cm의 $\frac{1}{4}$ 은 전체를 똑같이 4부분으로 나눈 것 중의 1부분이므로 2 cm입니다.

- 8 cm의 $\frac{3}{4}$ 은 전체를 똑같이 4부분으로 나눈 것 중의 3부분이므로 6 cm입니다.

> ─ 연속된 양(길이)에서 분수를 알아보는 방법도 흩어진 양(물건)에서 분수를 알아볼 때의 방법과 같습니다.

---

1 15 cm의 종이띠를 똑같이 나누고 부분은 전체의 얼마인지 알아보세요.

0 1 2 3 4 5 6 7 8 9 10 11 12 13 14 15(cm)

(1) 15 cm의 종이띠를 똑같이 3부분으로 나누어 보세요.

(2) 15 cm의 종이띠를 똑같이 3부분으로 나누면 1부분은 ☐ cm입니다.

(3) 10 cm는 전체를 똑같이 ☐ 부분으로 나눈 것 중의 ☐ 부분이므로 15 cm의 $\frac{\square}{\square}$ 입니다.

2 종이띠의 분수만큼은 얼마인지 알아보세요.

0 1 2 3 4 5 6 7 8 9 10 11 12 13 14 15(cm)

(1) 15 cm의 종이띠를 3 cm씩 나누어 보세요.

(2) 15 cm의 종이띠를 3 cm씩 나누면 ☐ 부분이 됩니다.

(3) 15 cm의 $\frac{3}{5}$ 만큼을 색칠해 보세요.

(4) 15 cm의 $\frac{3}{5}$ 은 전체를 똑같이 ☐ 부분으로 나눈 것 중의 ☐ 부분이므로 ☐ cm 입니다.

3 10 cm의 종이띠를 분수만큼 색칠하고, ☐ 안에 알맞은 수를 써넣으세요.

(1)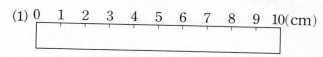

10 cm의 $\frac{1}{5}$은 ☐ cm입니다.

(2)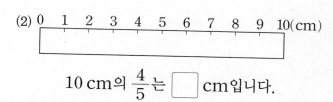

10 cm의 $\frac{4}{5}$는 ☐ cm입니다.

4 그림을 보고 ☐ 안에 알맞은 수를 써넣으세요.

0 5 10 15 20 25 30 35 40(cm)

(1) 40 cm의 $\frac{1}{8}$은 ☐ cm입니다.

(2) 40 cm의 $\frac{5}{8}$는 ☐ cm입니다.

5 그림을 보고 ☐ 안에 알맞은 수를 써넣으세요.

0 1 2 3 4 5 6 7 8 9 10 11 12(cm)

(1) 12 cm의 $\frac{2}{3}$는 ☐ cm입니다.

(2) 12 cm의 $\frac{5}{6}$는 ☐ cm입니다.

6 그림을 보고 ☐ 안에 알맞은 수를 써넣으세요.

0   1(m)

0 10 20 30 40 50 60 70 80 90 100(cm)

(1) $\frac{1}{5}$ m는 ☐ cm입니다.

(2) $\frac{3}{5}$ m는 ☐ cm입니다.

7 그림을 보고 ☐ 안에 알맞은 수를 써넣으세요.

(1) 1시간의 $\frac{1}{2}$은 ☐ 분입니다.

(2) 1시간의 $\frac{1}{3}$은 ☐ 분입니다.

8 ☐ 안에 알맞은 수를 써넣으세요.

(1) 1 m = ☐100☐ cm

÷2 ↓   ↓ ÷2

$\frac{1}{2}$ m = ☐ cm

(2) 1시간 = ☐60☐ 분

÷4 ↓   ↓ ÷4

$\frac{1}{4}$시간 = ☐ 분

4

1 분수로 나타내기

전체를 똑같이 5부분으로 나누면

1은 5의 $\frac{1}{5}$ 이고, 3은 5의 $\frac{3}{5}$ 입니다.

1 ☐ 안에 알맞은 수를 써넣으세요.

(1) 16을 2씩 묶으면 ☐ 묶음이 됩니다.

8은 16의 $\frac{☐}{☐}$ 입니다.

(2) 16을 4씩 묶으면 ☐ 묶음이 됩니다.

8은 16의 $\frac{☐}{☐}$ 입니다.

2 ☐ 안에 알맞은 수를 써넣으세요.

(1) 30을 5씩 묶으면 25는 30의 $\frac{☐}{☐}$ 입니다.

(2) 42를 6씩 묶으면 18은 42의 $\frac{☐}{☐}$ 입니다.

3 ☐ 안에 알맞은 수를 써넣으세요.

(1) 9는 10의 $\frac{☐}{10}$ 입니다.

(2) 8은 40의 $\frac{1}{☐}$ 입니다.

4 지훈이는 초콜릿 24개를 한 봉지에 3개씩 담아 9개를 먹었습니다. 지훈이가 먹은 초콜릿은 처음 초콜릿의 얼마인지 분수로 나타내어 보세요.

( )

5 준이는 가지고 있던 색종이 72장을 한 봉지에 8장씩 담아 32장을 사용했습니다. 준이가 사용한 색종이는 전체 색종이의 얼마인지 분수로 나타내어 보세요.

( )

서술형
6 분수로 <u>잘못</u> 나타낸 사람의 이름을 쓰고 바르게 고쳐 보세요.

선경: 7은 15의 $\frac{7}{15}$ 입니다.

태오: 7은 14의 $\frac{1}{3}$ 입니다.

이름 ....

바르게 고치기 ....

7 ㉠과 ㉡에 알맞은 수의 합을 구해 보세요.

• 54를 6씩 묶으면 6은 54의 $\frac{1}{㉠}$ 입니다.

• 45를 9씩 묶으면 27은 45의 $\frac{㉡}{5}$ 입니다.

( )

2 분수만큼은 얼마인지 알아보기 (1)

· 8의 $\dfrac{3}{4}$ 알아보기

8의 $\dfrac{1}{4}$은 2입니다.

$\dfrac{3}{4}$은 $\dfrac{1}{4}$이 3개이므로 8의 $\dfrac{3}{4}$은 2의 3배인 6입니다.

8 나타내는 수가 6인 것을 찾아 기호를 써 보세요.

⊙ 24의 $\dfrac{1}{3}$ ⓒ 20의 $\dfrac{1}{4}$ ⓒ 30의 $\dfrac{1}{5}$

(   )

9 □의 $\dfrac{1}{7}$이 4일 때 □의 $\dfrac{4}{7}$는 얼마일까요?

(   )

10 □ 안에 알맞은 수가 다른 하나를 찾아 기호를 써 보세요.

⊙ 18의 $\dfrac{5}{6}$는 □입니다.

ⓒ 15의 $\dfrac{2}{3}$는 □입니다.

ⓒ 40의 $\dfrac{3}{8}$은 □입니다.

(   )

11 조건에 맞게 색칠해 보세요.

분홍색: 18의 $\dfrac{4}{9}$ 파란색: 18의 $\dfrac{2}{9}$

서술형
12 초콜릿 63개 중 서하가 $\dfrac{1}{9}$을 가졌고, 범준이가 $\dfrac{1}{7}$을 가졌습니다. 범준이가 서하보다 몇 개 더 많이 가졌는지 풀이 과정을 쓰고 답을 구해 보세요.

풀이 ....

....

....

답 ....

13 저금통에 있는 동전 32개 중 $\dfrac{5}{8}$가 100원짜리 동전입니다. 100원짜리 동전은 모두 얼마일까요?

(   )

14 귤 42개 중에서 은우는 $\dfrac{2}{7}$를 먹었고, 호영이는 은우가 먹고 남은 귤의 $\dfrac{1}{5}$을 먹었습니다. 호영이가 먹은 귤은 몇 개일까요?

(   )

3 분수만큼은 얼마인지 알아보기 (2)

· 10 cm의 $\frac{1}{5}$, $\frac{3}{5}$ 알아보기

0 1 2 3 4 5 6 7 8 9 10(cm)

→ 10 cm의 $\frac{1}{5}$은 2 cm입니다.

0 1 2 3 4 5 6 7 8 9 10(cm)

→ 10 cm의 $\frac{3}{5}$은 6 cm입니다.

15 그림을 보고 □ 안에 알맞은 수를 써넣으세요.

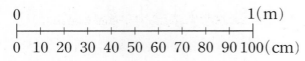

(1) $\frac{3}{5}$ m는 □ cm입니다.

(2) $\frac{4}{5}$ m는 □ cm입니다.

16 □ 안에 알맞은 수를 써넣으세요.

(1) 1시간의 $\frac{1}{4}$은 □ 분입니다.

(2) 1시간의 $\frac{1}{15}$은 □ 분입니다.

17 달에서의 무게는 지구에서의 무게의 $\frac{1}{6}$이라고 합니다. 현지의 몸무게가 36 kg일 때 현지가 달에서 몸무게를 잰다면 몇 kg이 될까요?

( )

18 조건에 맞게 규칙을 만들어 색칠해 보세요.

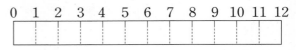

노란색: 12의 $\frac{1}{3}$ 초록색: 12의 $\frac{2}{3}$

0 1 2 3 4 5 6 7 8 9 10 11 12

(1) 노란색과 초록색은 각각 몇 칸일까요?

노란색 ( )
초록색 ( )

(2) 노란색과 초록색으로 색칠해 보세요.

19 정우는 하루 24시간의 $\frac{3}{8}$은 잠을 잤고, $\frac{1}{6}$은 학교에서 생활했습니다. 물음에 답하세요.

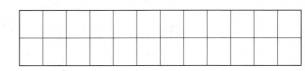

(1) 잠을 잔 시간은 몇 시간인지 파란색으로 색칠하고 구해 보세요.

( )

(2) 학교에서 생활한 시간은 몇 시간인지 노란색으로 색칠하고 구해 보세요.

( )

20 15의 $\frac{1}{3}$, $\frac{2}{3}$, $\frac{1}{5}$, $\frac{4}{5}$만큼 되는 곳에 들어갈 글자를 찾아 □ 안에 알맞게 써넣어 문장을 완성해 보세요.

15의 $\frac{1}{3}$ → 는   15의 $\frac{2}{3}$ → 힘

15의 $\frac{1}{5}$ → 아   15의 $\frac{4}{5}$ → 이

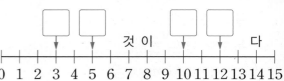

것 이   다

0 1 2 3 4 5 6 7 8 9 10 11 12 13 14 15

문장

4 남은 부분을 분수로 나타내기

붙임딱지 21장 중에서 9장을 동생에게 주었습니다. 21을 3씩 묶으면 남은 붙임딱지는 처음 붙임딱지의 얼마인지 분수로 나타내어 보세요.

남은 붙임딱지의 수: $21 - 9 = 12$(장)
21을 3씩 묶으면 12는 전체 7묶음 중 4묶음입니다.

➡ 12는 21의 $\dfrac{4}{7}$입니다.

21 진아는 색종이 45장 중에서 18장을 사용했습니다. 45를 9씩 묶으면 남은 색종이는 처음 색종이의 얼마인지 분수로 나타내어 보세요.

(   )

22 성빈이는 쿠키 35개 중에서 15개를 먹었습니다. 35를 5씩 묶으면 남은 쿠키는 처음 쿠키의 얼마인지 분수로 나타내어 보세요.

(   )

23 준기는 연필 30자루 중에서 형에게 10자루를 주고, 동생에게 8자루를 주었습니다. 30을 6씩 묶으면 남은 연필은 처음 연필의 얼마인지 분수로 나타내어 보세요.

(   )

5 전체를 나타내는 수 구하기

· □의 $\dfrac{1}{4}$이 2일 때 □ 안에 알맞은 수 구하기

➡ □는 전체를 나타내는 수이므로 전체를 똑같이 4묶음으로 나눈 것 중 1묶음이 2입니다.

➡ □는 2씩 4묶음이므로 $2 \times 4 = 8$입니다.

24 □ 안에 알맞은 수를 써넣으세요.

(1) □의 $\dfrac{1}{7}$은 3입니다.

(2) □의 $\dfrac{3}{8}$은 24입니다.

25 어떤 수의 $\dfrac{2}{9}$는 10입니다. 어떤 수는 얼마인지 구해 보세요.

(   )

서술형
26 어떤 철사의 $\dfrac{1}{6}$은 14 cm입니다. 이 철사의 $\dfrac{1}{7}$은 몇 cm인지 풀이 과정을 쓰고 답을 구해 보세요.

풀이 ....

....

....

답 ....

4 여러 가지 분수를 알아볼까요(1)

개념 강의

● **진분수, 가분수**

· $\frac{1}{4}$, $\frac{2}{4}$, $\frac{3}{4}$과 같이 분자가 분모보다 작은 분수를 진분수라고 합니다.

· $\frac{4}{4}$, $\frac{5}{4}$와 같이 분자가 분모와 같거나 분모보다 큰 분수를 가분수라고 합니다.

· $\frac{4}{4}$는 1과 같습니다. 1, 2, 3과 같은 수를 자연수라고 합니다.

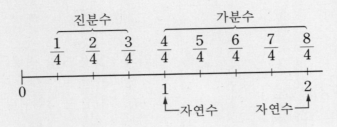

- ▲ < ■ 이면
  $\frac{▲}{■}$는 진분수

- ▲ = ■ 또는 ▲ > ■ 이면
  $\frac{▲}{■}$는 가분수

- $\frac{2}{2}$, $\frac{3}{3}$, $\frac{4}{4}$, …는 1과 같은 분수입니다.

· $\frac{1}{9}$, $\frac{2}{9}$, $\frac{3}{9}$과 같은 분수를 (진분수 , 가분수 , 자연수)라고 합니다.

· $\frac{9}{9}$, $\frac{10}{9}$과 같은 분수를 (진분수 , 가분수 , 자연수)라고 합니다.

· 2, 5, 10과 같은 수를 (진분수 , 가분수 , 자연수)라고 합니다.

1 여러 가지 분수를 알아보세요.

(1) $\frac{1}{3}$을 1, 2, 3, 4개만큼 색칠하고, 분수로 나타내어 보세요.

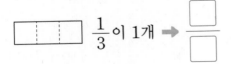
$\frac{1}{3}$이 1개 ➡ $\frac{\square}{\square}$

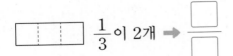
$\frac{1}{3}$이 2개 ➡ $\frac{\square}{\square}$

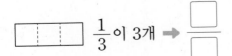
$\frac{1}{3}$이 3개 ➡ $\frac{\square}{\square}$

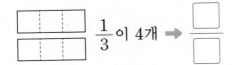
$\frac{1}{3}$이 4개 ➡ $\frac{\square}{\square}$

(2) 분모가 3인 분수를 수직선에 나타내어 보세요.

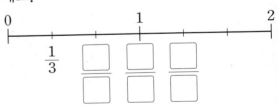

(3) □ 안에 알맞은 말을 써넣으세요.

· $\frac{1}{3}$, $\frac{2}{3}$와 같이 분자가 분모보다 작은 분수를 □라고 합니다.

· $\frac{3}{3}$, $\frac{4}{3}$와 같이 분자가 분모와 같거나 분모보다 큰 분수를 □라고 합니다.

· 1, 2, 3과 같은 수를 □라고 합니다.

2 그림을 보고 ☐ 안에 알맞은 수를 써넣으세요.

(1) $\frac{1}{4}$

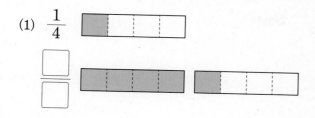

(2) $\frac{1}{5}$

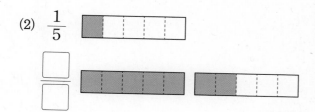

3 그림을 보고 ☐ 안에 알맞은 수를 써넣으세요.

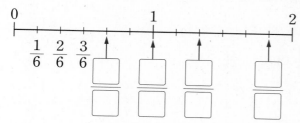

4 분수만큼 색칠해 보세요.

(1) $\frac{5}{7}$ m

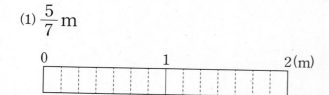

(2) $\frac{10}{7}$ m

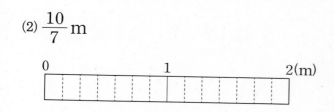

5 진분수는 '진', 가분수는 '가'를 써넣으세요.

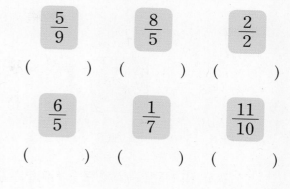

$\frac{5}{9}$ $\frac{8}{5}$ $\frac{2}{2}$

(   ) (   ) (   )

$\frac{6}{5}$ $\frac{1}{7}$ $\frac{11}{10}$

(   ) (   ) (   )

6 분수를 분류해 보세요.

$\frac{1}{8}$ $\frac{4}{5}$ $\frac{11}{9}$ $\frac{2}{7}$ $\frac{7}{7}$ $\frac{9}{6}$

(1) 진분수를 모두 써 보세요.

(   )

(2) 가분수를 모두 써 보세요.

(   )

7 진분수는 '진', 가분수는 '가'를 써넣으세요.

(1) $\frac{1}{6}$이 7개인 분수 ➡ (   )

(2) $\frac{1}{9}$이 8개인 분수 ➡ (   )

4

4. 분수 **115**

5 여러 가지 분수를 알아볼까요(2)

● **대분수**

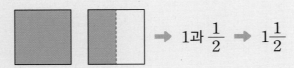

$\rightarrow$ 1과 $\dfrac{1}{2}$ $\rightarrow$ $1\dfrac{1}{2}$

• 1과 $\dfrac{1}{2}$ 은 $1\dfrac{1}{2}$ 이라 쓰고, 1과 2분의 1이라고 읽습니다.

• $1\dfrac{1}{2}$ 과 같이 자연수와 진분수로 이루어진 분수를 대분수라고 합니다.

● **대분수를 가분수로 나타내기**

$1\dfrac{3}{4}$ 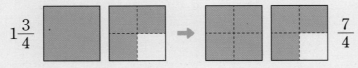 $\dfrac{7}{4}$

큰 사각형 1개를 $\dfrac{1}{4}$ 씩 나누면 $1\dfrac{3}{4}$ 은 $\dfrac{1}{4}$ 이 모두 7개이므로 $\dfrac{7}{4}$ 입니다.

● **가분수를 대분수로 나타내기**

$\dfrac{5}{4}$ 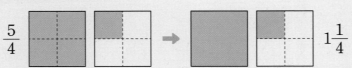 $1\dfrac{1}{4}$

$\dfrac{5}{4}$ 는 작은 사각형 4개를 모두 색칠한 큰 사각형 1개와 $\dfrac{1}{4}$ 이므로 $1\dfrac{1}{4}$ 입니다.

대분수를 가분수로 나타내기

$1\dfrac{3}{4}$ 에서 자연수 1을 가분수 $\dfrac{4}{4}$ 로 나타내면 $\dfrac{1}{4}$ 이 모두 7개이므로 $1\dfrac{3}{4} = \dfrac{7}{4}$ 입니다.

가분수를 대분수로 나타내기

$\dfrac{5}{4}$ 에서 자연수로 표현할 수 있는 가분수 $\dfrac{4}{4}$ 를 자연수 1로 나타내면 1과 $\dfrac{1}{4}$ 이므로 $\dfrac{5}{4} = 1\dfrac{1}{4}$ 입니다.

---

1 보기 를 보고 그림을 대분수로 나타내어 보세요.

보기

1

(1) $\boxed{}\dfrac{\boxed{}}{\boxed{}}$

(2) $\boxed{}\dfrac{\boxed{}}{\boxed{}}$

2 분수를 분류해 보세요.

$$\dfrac{8}{8} \quad \dfrac{5}{6} \quad 3\dfrac{1}{4} \quad \dfrac{10}{11} \quad \dfrac{9}{7} \quad 1\dfrac{4}{9}$$

(1) 진분수를 모두 써 보세요.

(   )

(2) 가분수를 모두 써 보세요.

(   )

(3) 대분수를 모두 써 보세요.

(   )

3 대분수를 가분수로 나타내어 보세요.

(1) 대분수 $2\frac{1}{3}$ 만큼 색칠해 보세요.

(2) 큰 사각형 2개를 각각 $\frac{1}{3}$씩 똑같이 나누어 보세요.

(3) 대분수 $2\frac{1}{3}$ 은 $\frac{1}{3}$ 이 모두 몇 개일까요?

( )

(4) 대분수 $2\frac{1}{3}$ 을 가분수로 나타내어 보세요.

( )

4 가분수를 대분수로 나타내어 보세요.

(1) 가분수 $\frac{5}{2}$ 만큼 앞에서부터 차례로 색칠해 보세요.

(2) 작은 사각형 2개를 모두 색칠한 큰 사각형 은 몇 개일까요?

( )

(3) 색칠한 나머지 작은 사각형을 분수로 나타 내어 보세요.

( )

(4) 가분수 $\frac{5}{2}$ 를 대분수로 나타내어 보세요.

( )

5 그림을 보고 대분수를 가분수로 나타내어 보세요.

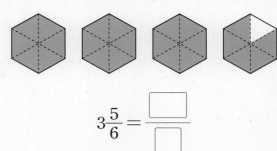

$$3\frac{5}{6} = \frac{\boxed{}}{\boxed{}}$$

6 그림을 보고 가분수를 대분수로 나타내어 보세요.

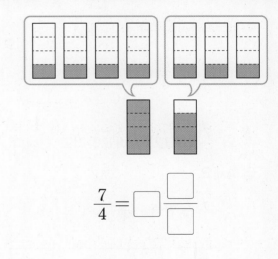

$$\frac{7}{4} = \boxed{}\frac{\boxed{}}{\boxed{}}$$

7 대분수는 가분수로, 가분수는 대분수로 나타내 어 보세요.

(1) $3\frac{2}{5}$

(2) $5\frac{1}{2}$

(3) $\frac{21}{9}$

(4) $\frac{36}{7}$

6 분모가 같은 분수의 크기를 비교해 볼까요

● **분모가 같은 분수의 크기 비교하기**

• 분모가 같은 진분수 또는 가분수는 분자가 클수록 큰 분수입니다.

$$\frac{3}{5} < \frac{7}{5}$$

$$3 < 7$$

수직선에서 크기 비교하기
수직선에서는 오른쪽으로 갈수록 큰 수입니다.

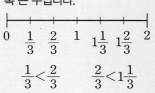

$$\frac{1}{3} < \frac{2}{3} \qquad \frac{2}{3} < 1\frac{1}{3}$$

• 분모가 같은 대분수는 먼저 자연수의 크기를 비교하고 자연수의 크기가 같으면 분자의 크기를 비교합니다.

$$3\frac{1}{4} > 1\frac{3}{4} \qquad\qquad 2\frac{2}{6} < 2\frac{5}{6}$$

$$3 > 1 \qquad\qquad 2 < 5$$

• 분모가 같은 가분수와 대분수는 가분수 또는 대분수로 같게 나타낸 후 크기를 비교합니다.

$$\frac{8}{3} \text{과} 3\frac{1}{3}
\begin{cases}
3\frac{1}{3} = \frac{10}{3} \text{이므로} \ \frac{8}{3} < \frac{10}{3} \ \Rightarrow \ \frac{8}{3} < 3\frac{1}{3} \\
\frac{8}{3} = 2\frac{2}{3} \text{이므로} \ 2\frac{2}{3} < 3\frac{1}{3} \ \Rightarrow \ \frac{8}{3} < 3\frac{1}{3}
\end{cases}$$

---

1 $\frac{5}{4}$ 와 $\frac{7}{4}$ 의 크기를 비교하려고 합니다. 물음에 답하세요.

(1) $\frac{5}{4}$ 와 $\frac{7}{4}$ 만큼 선을 그어 보세요.

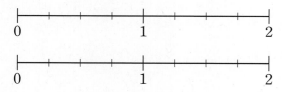

(2) $\frac{5}{4}$ 와 $\frac{7}{4}$ 중 더 큰 수는 무엇일까요?

(   )

(3) ○ 안에 >, <를 알맞게 써넣으세요.

$$\frac{5}{4} \bigcirc \frac{7}{4}$$

2 $2\frac{1}{3}$ 과 $1\frac{2}{3}$ 의 크기를 비교하려고 합니다. 물음에 답하세요.

(1) $2\frac{1}{3}$ 과 $1\frac{2}{3}$ 만큼 색칠해 보세요.

$2\frac{1}{3}$ ▯ ▯ ▯

$1\frac{2}{3}$ ▯ ▯ ▯

(2) $2\frac{1}{3}$ 과 $1\frac{2}{3}$ 중 더 큰 수는 무엇일까요?

(   )

(3) ○ 안에 >, <를 알맞게 써넣으세요.

$$2\frac{1}{3} \bigcirc 1\frac{2}{3}$$

3 그림을 보고 분수의 크기를 비교하여 ○ 안에 >, <를 알맞게 써넣으세요.

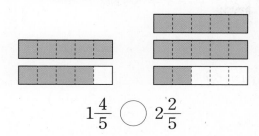

$$1\frac{4}{5} \bigcirc 2\frac{2}{5}$$

4 그림을 보고 분수의 크기를 비교하여 ○ 안에 >, <를 알맞게 써넣으세요.

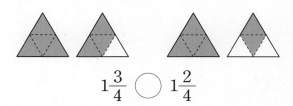

$$1\frac{3}{4} \bigcirc 1\frac{2}{4}$$

5 대분수의 크기를 비교하고 알맞은 말에 ○표 하세요.

(1) $5\frac{2}{7} \bigcirc 3\frac{5}{7}$

자연수 부분의 크기를 비교하면 $5\frac{2}{7}$가 $3\frac{5}{7}$

보다 더 (큽니다 , 작습니다).

(2) $2\frac{4}{6} \bigcirc 2\frac{5}{6}$

자연수 부분이 같으므로 분자의 크기를 비교하면 $2\frac{4}{6}$가 $2\frac{5}{6}$보다 더 (큽니다 , 작습니다).

6 $\frac{15}{9}$와 $2\frac{2}{9}$의 크기를 비교하려고 합니다. ☐ 안에 알맞은 수를 써넣고, 알맞은 말에 ○표 하세요.

(1) 대분수를 가분수로 나타내면

$$2\frac{2}{9} = \frac{\boxed{}}{\boxed{}} \text{이므로}$$

$\frac{15}{9}$가 $2\frac{2}{9}$보다 더 (큽니다 , 작습니다).

(2) 가분수를 대분수로 나타내면

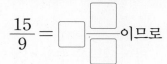

$$\frac{15}{9} = \boxed{}\frac{\boxed{}}{\boxed{}} \text{이므로}$$

$\frac{15}{9}$가 $2\frac{2}{9}$보다 더 (큽니다 , 작습니다).

7 두 분수의 크기를 비교하여 ○ 안에 >, =, <를 알맞게 써넣으세요.

(1) $\frac{5}{8} \bigcirc \frac{3}{8}$ (2) $5\frac{3}{5} \bigcirc 7\frac{1}{5}$

(3) $3\frac{1}{3} \bigcirc \frac{11}{3}$ (4) $\frac{25}{7} \bigcirc 2\frac{6}{7}$

8 두 분수의 크기 비교가 맞으면 ○표, 틀리면 ×표 하세요.

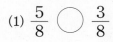

$$\frac{23}{5} > 4\frac{1}{5} \qquad 2\frac{1}{9} < \frac{17}{9}$$

(   )   (   )

6 여러 가지 분수 알아보기 (1)

- 진분수: 분자가 분모보다 작은 분수
  (예 $\frac{1}{5}$, $\frac{2}{5}$, $\frac{3}{5}$, $\frac{4}{5}$)
- 가분수: 분자가 분모와 같거나 분모보다 큰 분수
  (예 $\frac{5}{5}$, $\frac{6}{5}$, $\frac{7}{5}$, ...)
- 자연수: 1, 2, 3과 같은 수

27 그림을 보고 □ 안에 알맞은 수를 써넣으세요.

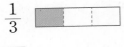

28 자연수를 분수로 나타내려고 합니다. □ 안에 알맞은 수를 써넣으세요.

(1) $1 = \dfrac{\square}{3}$, $1 = \dfrac{\square}{5}$, $1 = \dfrac{\square}{8}$

(2) $1 = \dfrac{\square}{6}$, $2 = \dfrac{\square}{6}$, $3 = \dfrac{\square}{6}$

29 수직선 위에 표시된 빨간색 화살표가 나타내는 분수는 얼마인지 가분수로 써 보세요.

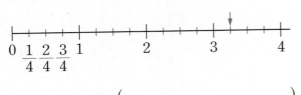

(   )

30 가분수를 모두 찾아 ○표 하세요.

$$\frac{6}{8} \quad \frac{7}{5} \quad \frac{5}{9} \quad \frac{11}{11} \quad \frac{8}{7} \quad \frac{3}{4}$$

31 다음 수가 진분수인지 가분수인지 써 보세요.

$\dfrac{1}{8}$이 10개인 수

(   )

32 분모가 6인 진분수를 모두 써 보세요.

(   )

33 분모가 13인 진분수 중 분자가 가장 큰 수를 구해 보세요.

(   )

34 다음 분수가 가분수일 때 □ 안에 들어갈 수 있는 1보다 큰 수를 모두 구해 보세요.

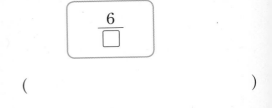

(   )

35 분수를 수직선 위에 나타내려고 합니다. 물음에 답하세요.

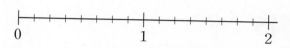

$$\frac{6}{8} \qquad \frac{11}{8} \qquad \frac{3}{4} \qquad \frac{5}{4}$$

(1) 수직선 위에 분수를 각각 찾아 표시해 보세요.

0   1   2

(2) (1)에서 같은 위치에 표시된 분수는 무엇과 무엇일까요?

(   )

36 조건에 맞는 분수를 찾아 ○표 하세요.

(1) 분모와 분자의 합이 17이고 가분수입니다.

($\frac{3}{14}$ $\frac{11}{6}$ $\frac{17}{5}$)

(2) 분모와 분자의 합이 13이고 진분수입니다.

($\frac{3}{8}$ $\frac{7}{6}$ $\frac{4}{9}$)

서술형
37 분모가 7인 가분수 중 분자가 가장 작은 분수는 얼마인지 풀이 과정을 쓰고 답을 구해 보세요.

풀이 ....

....

....

....

답 ....

7 **여러 가지 분수 알아보기** (2)

• 대분수: 자연수와 진분수로 이루어진 분수

(예) $1\frac{1}{4}$, $2\frac{2}{5}$, $3\frac{5}{6}$, ...

• 대분수를 가분수로 나타내기

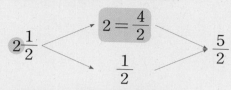

• 가분수를 대분수로 나타내기

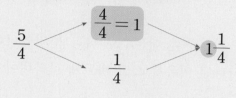

38 진분수, 가분수, 대분수로 분류해 보세요.

$$\frac{5}{8} \qquad \frac{9}{9} \qquad \frac{4}{7} \qquad 1\frac{3}{10} \qquad \frac{11}{6}$$

진분수 (   )

가분수 (   )

대분수 (   )

39 다음 분수가 대분수일 때 1부터 9까지의 수 중 □ 안에 들어갈 수 있는 수를 모두 구해 보세요.

$$4\frac{\square}{5}$$

(   )

40 가분수는 대분수로, 대분수는 가분수로 나타내어 보세요.

(1) $\frac{17}{8}$ (2) $2\frac{13}{15}$

41 다음 조건을 만족하는 분수를 3개만 써 보세요.

> • 대분수입니다.
> • 자연수 3과 분자가 5인 진분수로 이루어진 분수입니다.

(   )

서술형
42 윤지가 가분수를 대분수로 나타낸 것입니다. <u>잘못</u> 나타낸 이유를 쓰고 바르게 나타내어 보세요.

$$\frac{22}{7} = 2\frac{8}{7}$$

이유 ....

....

답 ....

43 $1\frac{5}{8}$는 $\frac{1}{8}$이 몇 개인 수일까요?

(   )

44 ㉠과 ㉡에 알맞은 수의 차를 구해 보세요.

> • $6\frac{2}{5} = \frac{㉠}{5}$ • $\frac{41}{9} = 4\frac{㉡}{9}$

(   )

---

8 분모가 같은 분수의 크기 비교

① 자연수 부분이 클수록 큰 분수입니다.
② 자연수 부분의 크기가 같으면 진분수의 크기를 비교합니다.
③ 가분수와 대분수의 크기는 대분수 또는 가분수로 통일하여 크기를 비교합니다.

45 분수를 수직선에 나타내고 ○ 안에 >, =, <를 알맞게 써넣으세요.

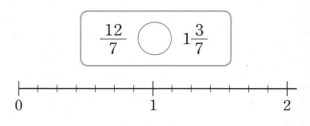

46 두 분수의 크기를 비교하여 ○ 안에 >, =, <를 알맞게 써넣으세요.

$$2\frac{7}{9} \bigcirc \frac{23}{9}$$

47 작은 분수부터 차례로 써 보세요.

$$1\frac{11}{13} \qquad \frac{27}{13} \qquad \frac{19}{13}$$

(   )

48 $\dfrac{11}{8}$보다 크고 $\dfrac{21}{8}$보다 작은 대분수가 <u>아닌</u> 것을 모두 고르세요. (   )

① $1\dfrac{5}{8}$　　② $1\dfrac{1}{8}$　　③ $1\dfrac{7}{8}$

④ $2\dfrac{3}{8}$　　⑤ $2\dfrac{5}{8}$

49 식에서 ★에 들어갈 수 있는 자연수를 모두 구해 보세요.

$$\dfrac{35}{6} > 5\dfrac{\bigstar}{6}$$

(   )

서술형
50 □ 안에 들어갈 수 있는 자연수를 모두 구하려고 합니다. 풀이 과정을 쓰고 답을 구해 보세요.

$$2\dfrac{2}{7} < \dfrac{\square}{7} < 2\dfrac{6}{7}$$

풀이 _____

_____

_____

답 _____

9 수 카드로 분수 만들기

수 카드 3 , 4 , 5 를 사용하여 분수 만들기

• 분모가 3인 가분수: $\dfrac{4}{3}$, $\dfrac{5}{3}$

• 분모가 5인 진분수: $\dfrac{3}{5}$, $\dfrac{4}{5}$

• 분모가 4인 대분수: $5\dfrac{3}{4}$

51 수 카드 3 , 5 , 6 , 8 중에서 2장을 골라 만들 수 있는 진분수는 모두 몇 개일까요?

(   )

[52~53] 3장의 수 카드를 한 번씩 모두 사용하여 분수를 만들려고 합니다. 물음에 답하세요.

52 만들 수 있는 대분수를 모두 써 보세요.

(   )

53 만들 수 있는 가분수는 모두 몇 개일까요?

(   )

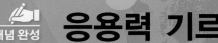

 심화유형 **1** 자연수의 분수만큼을 이용하여 수 구하기

어느 과일 가게에 있는 배의 수는 감의 수의 $\frac{5}{7}$이고, 사과의 수는 배의 수의 $\frac{3}{5}$입니다. 감이 56개 라면 감, 배, 사과는 모두 몇 개일까요?

( )

● **핵심 NOTE** 감의 개수를 이용하여 배의 개수를 구한 후, 배의 개수를 이용하여 사과의 개수를 구합니다.

1-1 아버지의 나이는 42세이고, 어머니의 나이는 아버지의 나이의 $\frac{6}{7}$입니다. 또 현주의 나이는 어머니의 나이의 $\frac{2}{9}$일 때 현주의 나이는 몇 살일까요?

( )

1-2 기사를 읽고 보통 유아가 어린이보다 하루에 몇 시간을 더 자는 것으로 조사되었는지 구해 보세요.

> **영유아 아이들⋯ 하루에 자는 시간, 몇 시간이 적당할까?**
>
> 최근 한 아동복지 학회에서는 아기(0세~만 1세), 유아(만 1세~6세), 어린이(만 6세 ~12세)로 나눈 연령대별 하루 수면 시간을 조사한 자료를 발표하였다. 조사 결과, 보통 아기는 하루의 $\frac{5}{8}$를 자고, 유아는 아기가 자는 시간의 $\frac{4}{5}$만큼 자고, 어린이는 유아가 자는 시간의 $\frac{3}{4}$만큼 자는 것으로 조사되었다.

( )

수 카드로 만든 분수를 다양한 형태로 나타내기

심화유형 2

수 카드를 한 번씩 모두 사용하여 만들 수 있는 분수 중 가장 작은 가분수를 만들고, 대분수로 나타내어 보세요.

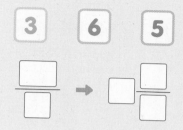

● **핵심 NOTE** 가장 작은 분수를 만들려면 분모는 가능한 크게, 분자는 가능한 작게 해야 합니다.

2-1 수 카드를 한 번씩 모두 사용하여 만들 수 있는 분수 중 가장 큰 대분수를 만들고, 가분수로 나타내어 보세요.

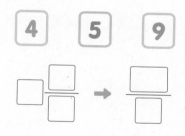

2-2 수 카드를 한 번씩 모두 사용하여 만들 수 있는 분수 중 가장 작은 대분수를 만들고, 가분수로 나타내어 보세요.

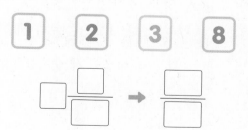

조건에 맞는 분수 구하기

심화유형 **3**

조건을 모두 만족하는 분수를 구해 보세요.

> • 진분수입니다.
> • 분모와 분자의 합은 10입니다.
> • 분모와 분자의 차는 4입니다.

(   )

● **핵심 NOTE** 분수의 종류를 통해 분수의 형태를 먼저 알아본 후, 조건에 맞는 분자와 분모를 찾습니다.

3-1 조건을 모두 만족하는 분수를 구해 보세요.

> • 가분수입니다.
> • 분모와 분자의 합은 20입니다.
> • 분모와 분자의 차는 2입니다.

(   )

3-2 조건을 모두 만족하는 분수를 구해 보세요.

> • 분모가 5인 대분수입니다.
> • $\dfrac{13}{5}$ 보다 크고 $3\dfrac{2}{5}$ 보다 작습니다.
> • 각 자리에 쓰인 세 숫자를 더하면 11입니다.

(   )

탄성에 의해 공이 움직인 거리 구하기

융합유형 4
수학 ✛ 과학

탄성이란 물체가 외부의 힘을 받아 변하였다가 다시 원래의 모양으로 되돌아 가려는 성질을 말합니다. 공을 떨어뜨리면 바닥에 부딪히면서 다시 튀어 오르는 것도 공의 탄성 때문입니다. 주하는 탱탱볼의 탄성력을 시험해 보기 위해 탱탱볼을 $32 \, \text{m}$ 높이에서 떨어뜨렸더니 떨어뜨린 높이의 $\frac{5}{8}$ 만큼 튀어 올랐습니다. 첫 번째로 튀어 오를 때까지 공이 움직인 거리는 몇 m일까요?

(단, 공은 위아래로만 움직입니다.)

1단계 첫 번째로 튀어 오른 공의 높이는 처음 떨어뜨린 높이의 몇 분의 몇인지 구하기

2단계 첫 번째로 튀어 오른 공의 높이 구하기

3단계 첫 번째로 튀어 오를 때까지 공이 움직인 거리 구하기

(   )

4

● 핵심 NOTE   **1, 2단계** 첫 번째로 튀어 오른 공의 높이를 구합니다.
　　　　　　3단계 첫 번째로 튀어 오를 때까지 공이 움직인 거리를 구합니다.

4-1 떨어뜨린 높이의 $\frac{4}{9}$ 만큼 튀어 오르는 공이 있습니다. 이 공을 $81 \, \text{m}$ 높이에서 떨어뜨렸을 때 두 번째로 튀어 오를 때까지 공이 움직인 거리는 몇 m일까요? (단, 공은 위아래로만 움직입니다.)

(   )

단원 평가 Level ❶

1 그림을 보고 ☐ 안에 알맞은 수를 써넣으세요.

12를 3씩 묶으면 3은 12의 $\dfrac{\square}{\square}$ 입니다.

2 연필 15자루를 3자루씩 묶고 ☐ 안에 알맞은 수를 써넣으세요.

(1) 6은 15의 $\dfrac{\square}{\square}$ 입니다.

(2) 12는 15의 $\dfrac{\square}{\square}$ 입니다.

3 그림을 보고 ☐ 안에 알맞은 수를 써넣으세요.

18의 $\dfrac{1}{3}$ 은 ☐ 입니다.

4 그림을 보고 ☐ 안에 알맞은 수를 써넣으세요.

0 1 2 3 4 5 6 7 8 9 10(cm)

(1) 10 cm의 $\dfrac{2}{5}$ 는 ☐ cm입니다.

(2) 10 cm의 $\dfrac{4}{5}$ 는 ☐ cm입니다.

5 ☐ 안에 알맞은 수를 써넣으세요.

28을 4씩 묶으면 16은 28의 $\dfrac{\square}{\square}$ 입니다.

6 분수를 분류해 보세요.

| $\dfrac{3}{4}$ | $\dfrac{2}{7}$ | $\dfrac{9}{9}$ | $\dfrac{5}{3}$ | $\dfrac{10}{8}$ | $\dfrac{13}{15}$ |

진분수 (   )

가분수 (   )

7 그림을 대분수로 나타내어 보세요.

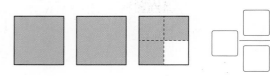

8 더 큰 수의 기호를 써 보세요.

> ⊙ 16의 $\frac{5}{8}$ ⓛ 24의 $\frac{3}{6}$

( )

12 연우의 아버지께서는 하루의 $\frac{1}{3}$을 회사에서 근무하십니다. 연우의 아버지께서 회사에서 근무하는 시간은 하루에 몇 시간일까요?

( )

9 대분수는 가분수로, 가분수는 대분수로 나타내어 보세요.

(1) $2\frac{3}{7}$ (2) $\frac{29}{5}$

13 보람이가 학교에서 집으로 돌아와 숙제와 운동을 한 시간입니다. 보람이가 더 오랫동안 한 것은 숙제와 운동 중 무엇일까요?

숙제	운동
$2\frac{1}{4}$ 시간	$\frac{11}{4}$ 시간

( )

10 두 분수의 크기를 비교하여 ○ 안에 >, =, <를 알맞게 써넣으세요.

(1) $2\frac{1}{6}$ ○ $\frac{11}{6}$ (2) $\frac{28}{9}$ ○ $3\frac{5}{9}$

11 작은 분수부터 차례로 써 보세요.

> $\frac{19}{8}$ $\frac{3}{8}$ $2\frac{5}{8}$ $1\frac{7}{8}$

( )

14 6장의 수 카드 중 3장을 사용하여 만들 수 있는 대분수를 2개 써 보세요.

> 4 1 3 2 7 9

( )

15 다음은 대분수입니다. □ 안에 들어갈 수 있는 자연수는 모두 몇 개일까요?

$$3\frac{\square}{7}$$

(   )

16 분수의 개수가 더 많은 것의 기호를 써 보세요

⊙ 분모가 9인 진분수

⊙ 분모가 9이고 $\frac{14}{9}$ 보다 작은 가분수

(   )

17 ★에 알맞은 수를 구해 보세요.

★의 $\frac{3}{8}$ 은 9입니다.

(   )

18 □ 안에 들어갈 수 있는 자연수를 모두 써 보세요.

$$1\frac{9}{11} < \frac{\square}{11} < 2\frac{2}{11}$$

(   )

19 과자가 한 상자에 24개 들어 있습니다. 승현이는 그중 $\frac{3}{8}$ 을 먹고 수지는 $\frac{1}{4}$ 을 먹었습니다. 과자를 더 많이 먹은 사람은 누구인지 풀이 과정을 쓰고 답을 구해 보세요.

풀이 ....

....

....

답 ....

20 동균이는 매일 $\frac{1}{4}$ km씩 달리기를 합니다. 동균이가 일주일 동안 달린 거리를 대분수로 나타내려고 합니다. 풀이 과정을 쓰고 답을 구해 보세요.

풀이 ....

....

....

답 ....

단원 평가 Level ❷

1 그림을 보고 □ 안에 알맞은 수를 써넣으세요.

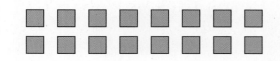

16의 $\frac{3}{8}$ 은 □ 입니다.

2 □ 안에 알맞은 수를 써넣으세요.

20의 $\frac{1}{5}$ ➡ □

4배 ↓　　　↓ 4배

20의 $\frac{4}{5}$ ➡ □

3 □ 안에 알맞은 수를 써넣으세요.

(1) 4는 15의 $\frac{□}{15}$ 입니다.

(2) 7은 14의 $\frac{1}{□}$ 입니다.

4 바르게 말한 사람의 이름을 써 보세요.

은채: 12의 $\frac{3}{4}$ 은 10입니다.

서하: 24의 $\frac{5}{8}$ 는 15입니다.

범준: 27의 $\frac{7}{9}$ 은 18입니다.

(　　　　　　　)

5 자연수 6을 분모가 7인 분수로 나타내어 보세요.

(　　　　　　　)

6 수직선에서 □ 안에 알맞은 분수가 들어갈 곳의 기호를 써 보세요.

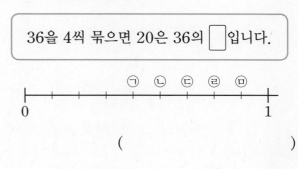

(　　　　　　　)

7 분수만큼 색칠해 보세요.

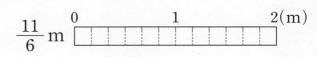

$\frac{11}{6}$ m

8 분모가 8인 진분수는 모두 몇 개일까요?

(　　　　　　　)

9 ☐ 안에 알맞은 수를 써넣으세요.

(1) 24시간의 $\dfrac{1}{6}$ 은 ☐ 시간입니다.

(2) 24시간의 $\dfrac{7}{8}$ 은 ☐ 시간입니다.

10 어떤 끈의 $\dfrac{1}{4}$ 은 6 m입니다. 이 끈의 $\dfrac{2}{3}$ 는 몇 m일까요?

( )

11 ㉠과 ㉡에 알맞은 수의 합을 구해 보세요.

> • 10은 ㉠의 $\dfrac{2}{9}$ 입니다.
>
> • ㉡은 28의 $\dfrac{4}{7}$ 입니다.

( )

12 ☐ 안에 공통으로 들어갈 수 있는 자연수들의 합을 구해 보세요.

> • ☐ 는 $\dfrac{10}{3}$ 보다 큽니다.
>
> • ☐ 는 $\dfrac{20}{3}$ 보다 작습니다.

( )

13 미술 시간에 찰흙을 진우는 $\dfrac{9}{8}$ kg 사용했고, 윤아는 $1\dfrac{3}{8}$ kg 사용했습니다. 누가 찰흙을 더 많이 사용했을까요?

( )

14 대분수를 가분수로 나타낸 것입니다. ☐ 안에 알맞은 수를 구해 보세요.

$$2\dfrac{\square}{13} \;\rightarrow\; \dfrac{31}{13}$$

( )

15 수 카드를 한 번씩 모두 사용하여 만들 수 있는 분수 중 가장 작은 가분수를 만들고, 대분수로 나타내어 보세요.

$$\boxed{7} \quad \boxed{8} \quad \boxed{2}$$

$$\dfrac{\square}{\square} \;\rightarrow\; \square\dfrac{\square}{\square}$$

16 조건을 모두 만족하는 분수를 구해 보세요.

> • 가분수입니다.
> • 분모가 11입니다.
> • 분모와 분자의 합이 25입니다.

( )

17 책가방의 무게를 각각 재어 본 것입니다. 이 중에서 초록색 책가방이 가장 가볍고, 노란색 책가방이 가장 무겁다면 파란색 책가방의 무게는 몇 kg일지 가능한 무게를 모두 써 보세요.

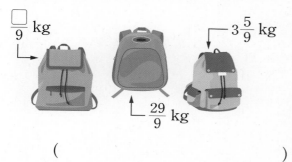

$\dfrac{\square}{9}$ kg $3\dfrac{5}{9}$ kg $\dfrac{29}{9}$ kg

( )

18 4장의 수 카드 4 , 5 , 6 , 7 중에서 3장을 골라 대분수를 만들려고 합니다. 5보다 크고 6보다 작은 대분수를 모두 써 보세요.

( )

19 태오는 구슬을 45개 가지고 있었는데 그중의 $\dfrac{1}{5}$을 은성이에게 주었고, 은성이에게 주고 남은 것의 $\dfrac{1}{9}$을 민우에게 주었습니다. 민우에게 준 구슬은 몇 개인지 풀이 과정을 쓰고 답을 구해 보세요.

풀이 ....

....

....

답 ....

20 길이가 다른 막대가 3개 있습니다. 가 막대는 $1\dfrac{6}{7}$ m, 나 막대는 $1\dfrac{4}{7}$ m, 다 막대는 $\dfrac{12}{7}$ m 입니다. 길이가 긴 것부터 순서대로 기호를 쓰려고 합니다. 풀이 과정을 쓰고 답을 구해 보세요.

풀이 ....

....

....

답 ....

5 들이와 무게

몸무게가 **40 kg**인 초등학생이

하루에 마시는 적당한 **물의 양**은 **1L 200 mL**야.

들이와 무게에 따라 알맞은 단위가 필요해!

들이	무게
1 mL	1 g
1 L 	1 kg
	1 t

1L=1000mL,
1kg=1000g이고
1t=1000kg이야.

1 들이를 비교해 볼까요

개념 강의

● **들이 비교하기**

방법 1 우유갑에 물을 가득 채운 후 물병에 물을 옮겨 담기

물병에 물이 가득 채워지지 않으므로 물병의 들이가 더 많습니다.

방법 1
다른 그릇이 없어도 간편하게 비교할 수 있습니다.

방법 2 우유갑과 물병에 물을 가득 채운 후 모양과 크기가 같은 큰 그릇 2개에 각각 부어 보기

오른쪽 그릇의 물의 높이가 더 높으므로 물병의 들이가 더 많습니다.

방법 2
입구가 작은 그릇은 옮겨 담기 불편하므로 큰 그릇을 준비하여 비교하면 편리합니다.

방법 3 우유갑과 물병에 물을 가득 채운 후 작은 컵에 옮겨 담아서 컵의 수가 몇 개인지 세어 보기

우유갑의 물은 컵 2개, 물병의 물은 컵 4개이므로 물병의 들이가 컵 2개 만큼 더 많습니다.

방법 3
모양이나 크기가 다른 컵을 사용하면 들이를 비교하기 어려우므로 반드시 모양과 크기가 같은 컵을 사용합니다.

● 모양과 크기가 같은 컵에 옮겨 담아 들이를 비교할 때에는 컵의 수가 많을수록 들이가 (적습니다 , 많습니다).

---

1 주스병과 물병의 들이를 비교하려고 합니다. 알맞은 말에 ○표 하세요.

(1) 주스병과 물병에 물을 가득 채운 후 모양과 크기가 같은 큰 그릇 2개에 부어 보면 (왼쪽 , 오른쪽) 그릇의 물의 높이가 더 높습니다.

(2) (주스병 , 물병)의 들이가 더 많습니다.

2 냄비와 주전자에 물을 가득 채운 후 모양과 크기가 같은 컵에 옮겨 담았습니다. ☐ 안에 알맞은 수를 써넣고 알맞은 말에 ○표 하세요.

(1) 냄비의 물은 컵 4개, 주전자의 물은 컵 ☐ 개입니다.

(2) (냄비 , 주전자)가 (냄비 , 주전자)보다 컵 ☐ 개만큼 물이 더 많이 들어갑니다.

3 들이가 많은 순서대로 번호를 써 보세요.

(   )   (   )   (   )

4 우유병에 물을 가득 채운 후 물병에 옮겨 담았더니 그림과 같이 물이 넘쳤습니다. 우유병과 물병 중 들이가 더 많은 것은 어느 것일까요?

(   )

5 머그잔에 물을 가득 채운 후 유리컵에 옮겨 담았더니 그림과 같이 물이 채워졌습니다. 머그잔과 유리컵 중 들이가 더 많은 것은 어느 것일까요?

(   )

6 가 컵과 나 컵에 물을 가득 채운 후 모양과 크기가 같은 그릇에 옮겨 담았습니다. 가 컵과 나 컵 중 들이가 더 많은 것은 어느 것일까요?

가   나

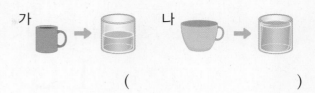

(   )

7 가 물병과 나 물병에 물을 가득 채운 후 모양과 크기가 같은 그릇에 옮겨 담았습니다. ☐ 안에 알맞은 말이나 수를 써넣으세요.

가   나

☐ 물병이 ☐ 물병보다 그릇 ☐개만큼 물이 더 많이 들어갑니다.

8 가 그릇과 나 그릇에 물을 가득 채운 후 모양과 크기가 같은 컵에 옮겨 담았습니다. 물음에 답하세요.

가   나

(1) 가 그릇과 나 그릇 중 들이가 더 많은 것은 어느 것일까요?

(   )

(2) 가 그릇의 들이는 나 그릇의 들이의 몇 배일까요?

(   )

2 들이의 단위는 무엇일까요

들이의 단위

- 들이의 단위에는 리터와 밀리리터 등이 있습니다.
  1리터는 1 L, 1밀리리터는 1 mL라고 씁니다.

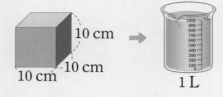

- 1리터는 1000밀리리터와 같습니다.

$$1 \, L = 1000 \, mL$$

- 1 L보다 300 mL 더 많은 들이를 1 L 300 mL라 쓰고
  1리터 300밀리리터라고 읽습니다.
- 1 L는 1000 mL와 같으므로 1 L 300 mL = 1300 mL입니다.

들이를 어림하고 재기

- 들이를 어림하여 말할 때에는 약 ☐ L 또는 약 ☐ mL라고 합니다.

예
200 mL
→ 물통의 들이는 200 mL인 우유갑의 3배 정도이므로 약 600 mL입니다.

들이의 단위

| 1 L | 가로, 세로, 높이가 10 cm인 그릇을 가득 채울 수 있는 양 |
| 1 mL | 가로, 세로, 높이가 1 cm인 그릇을 가득 채울 수 있는 양 |

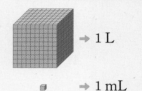

들이의 단위 바꾸기

1 L 200 mL
= 1 L + 200 mL
= 1000 mL + 200 mL
= 1200 mL

1500 mL
= 1000 mL + 500 mL
= 1 L + 500 mL
= 1 L 500 mL

- 1 L보다 400 mL 더 많은 들이를 ☐ L ☐ mL라 쓰고 ☐ 라고 읽습니다.

---

1 주어진 들이를 쓰고 읽어 보세요.

(1) 6 L

‐‐‐‐‐‐‐‐‐‐‐‐‐‐‐‐‐‐

( )

(2) 2 L 500 mL

‐‐‐‐‐‐‐‐‐‐‐‐‐‐‐‐‐‐

( )

2 ☐ 안에 알맞은 수를 써넣으세요.

(1) 3 L 700 mL = ☐ L + 700 mL

= ☐ mL + 700 mL

= ☐ mL

(2) 1400 mL = ☐ mL + 400 mL

= ☐ L + 400 mL

= ☐ L ☐ mL

3 물의 양이 얼마인지 써 보세요.

(1)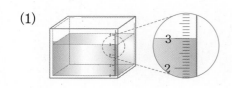

(   ) L

(2)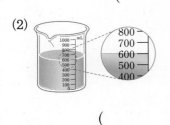

(   ) mL

4 ☐ 안에 알맞은 수를 써넣으세요.

(1) $3000 \text{ mL} = \boxed{} \text{ L}$

(2) $5 \text{ L} = \boxed{} \text{ mL}$

(3) $2600 \text{ mL} = \boxed{} \text{ L} \boxed{} \text{ mL}$

(4) $4 \text{ L } 300 \text{ mL} = \boxed{} \text{ mL}$

5 물병의 들이는 약 몇 L일까요?

500 mL

약 (   )

6 2 L들이 생수 한 병과 500 mL들이 생수 한 병을 샀습니다. 생수는 모두 몇 mL일까요?

(   )

7 알맞은 단위에 ○표 하세요.

(1)

종이컵의 들이는 약 180 (mL , L)입니다.

(2)

식용유병의 들이는 약 2 (mL , L)입니다.

(3)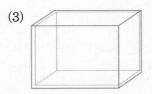

수조의 들이는 약 30 (mL , L)입니다.

(4)

요구르트병의 들이는 약 65 (mL , L)입니다.

8 두 들이의 합이 1 L가 되도록 빈칸에 알맞게 써넣으세요.

1 L	900 mL	700 mL	
	100 mL		400 mL

3 들이의 덧셈과 뺄셈을 해 볼까요

● 들이의 덧셈

L 단위의 수끼리, mL 단위의 수끼리 더합니다.

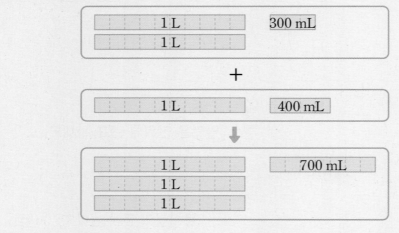

$$
\begin{array}{r}
2\,\text{L}\;\;300\,\text{mL} \\
+\;1\,\text{L}\;\;400\,\text{mL} \\
\hline
700\,\text{mL}
\end{array}
\;\rightarrow\;
\begin{array}{r}
2\,\text{L}\;\;300\,\text{mL} \\
+\;1\,\text{L}\;\;400\,\text{mL} \\
\hline
3\,\text{L}\;\;700\,\text{mL}
\end{array}
$$

mL 단위의 수끼리의 합이 1000이거나 1000보다 크면 1000 mL = 1 L임을 이용하여 받아올림합니다.

$$
\begin{array}{r}
\overset{1}{}\;2\,\text{L}\;\;400\,\text{mL} \\
+\;1\,\text{L}\;\;800\,\text{mL} \\
\hline
4\,\text{L}\;\;200\,\text{mL}
\end{array}
$$

● 들이의 뺄셈

L 단위의 수끼리, mL 단위의 수끼리 뺍니다.

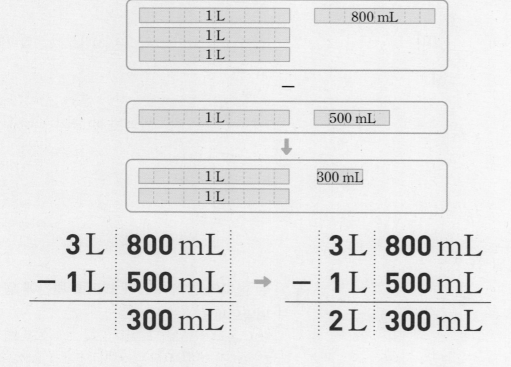

$$
\begin{array}{r}
3\,\text{L}\;\;800\,\text{mL} \\
-\;1\,\text{L}\;\;500\,\text{mL} \\
\hline
300\,\text{mL}
\end{array}
\;\rightarrow\;
\begin{array}{r}
3\,\text{L}\;\;800\,\text{mL} \\
-\;1\,\text{L}\;\;500\,\text{mL} \\
\hline
2\,\text{L}\;\;300\,\text{mL}
\end{array}
$$

mL 단위의 수끼리 뺄 수 없을 때에는 1 L = 1000 mL임을 이용하여 받아내림합니다.

$$
\begin{array}{r}
\overset{2}{}\;\overset{1000}{3\,\text{L}}\;\;200\,\text{mL} \\
-\;1\,\text{L}\;\;700\,\text{mL} \\
\hline
1\,\text{L}\;\;500\,\text{mL}
\end{array}
$$

1 그림을 보고 ☐ 안에 알맞은 수를 써넣으세요.

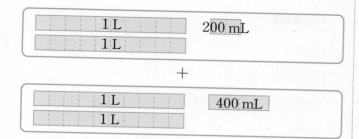

2 L 200 mL + 2 L 400 mL

= ☐ L ☐ mL

$$
\begin{array}{r}
2 \ \text{L} \quad 200 \ \text{mL} \\
+ \ 2 \ \text{L} \quad 400 \ \text{mL} \\
\hline
\boxed{}\text{L} \quad \boxed{}\text{mL}
\end{array}
$$

2 그림을 보고 ☐ 안에 알맞은 수를 써넣으세요.

3 L 700 mL − 2 L 300 mL

= ☐ L ☐ mL

$$
\begin{array}{r}
3 \ \text{L} \quad 700 \ \text{mL} \\
- \ 2 \ \text{L} \quad 300 \ \text{mL} \\
\hline
\boxed{}\text{L} \quad \boxed{}\text{mL}
\end{array}
$$

3 들이의 합을 구해 보세요.

(1) 4600 mL + 3000 mL

= ☐ mL = ☐ L ☐ mL

(2)
$$
\begin{array}{r}
1 \ \text{L} \quad 400 \ \text{mL} \\
+ \ 4 \ \text{L} \quad 500 \ \text{mL} \\
\hline
\boxed{}\text{L} \quad \boxed{}\text{mL}
\end{array}
$$

4 들이의 차를 구해 보세요.

(1) 5700 mL − 2200 mL

= ☐ mL = ☐ L ☐ mL

(2)
$$
\begin{array}{r}
9 \ \text{L} \quad 800 \ \text{mL} \\
- \ 3 \ \text{L} \quad 600 \ \text{mL} \\
\hline
\boxed{}\text{L} \quad \boxed{}\text{mL}
\end{array}
$$

5 물이 5 L 200 mL 들어 있는 물통에 2 L 500 mL의 물을 더 부었습니다. 물통에 들어 있는 물은 몇 L 몇 mL가 되었을까요?

(   )

6 우유 2 L 500 mL 중에서 1 L 200 mL를 마셨다면 남은 우유는 몇 L 몇 mL일까요?

(   )

1 들이 비교하기

- 모양과 크기가 다른 두 병의 들이 비교 방법
  모양과 크기가 같은 큰 그릇에 옮겨 담기

(우유병의 들이) < (물병의 들이)

모양과 크기가 같은 작은 컵에 옮겨 담기

(우유병의 들이) < (물병의 들이)

1 우유갑에 물을 가득 채운 후 물병에 옮겨 담았더니 물이 흘러 넘쳤습니다. 우유갑과 물병 중 들이가 더 많은 것은 어느 것일까요?

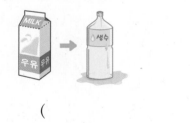

(   )

2 세 그릇 ㉮, ㉯, ㉰에 물을 가득 채운 후 모양과 크기가 같은 그릇에 옮겨 담았더니 다음과 같았습니다. 그릇의 들이가 많은 순서대로 기호를 써 보세요.

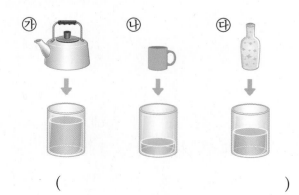

(   )

[3~5] 서진이는 금붕어를 키우기 위해 어항을 사 왔습니다. 이 어항에 물을 가득 채우려면 들이가 다른 컵 ㉮, ㉯, ㉰, ㉱로 각각 다음과 같이 물을 부어야 합니다. 물음에 답하세요.

컵	㉮	㉯	㉰	㉱
부은 횟수(번)	9	5	3	15

3 ㉮, ㉯, ㉰, ㉱ 컵 중에서 들이가 가장 많은 것의 기호를 써 보세요.

(   )

4 ㉮, ㉯, ㉰, ㉱ 컵 중에서 들이가 두 번째로 적은 것의 기호를 써 보세요.

(   )

5 ㉯ 컵의 들이는 ㉱ 컵의 들이의 몇 배일까요?

(   )

서술형

6 물통과 세제통의 들이를 비교하려고 합니다. 두 통의 들이를 비교하는 방법을 2가지 써 보세요.

방법 1

방법 2

2 들이의 단위

- 들이의 단위: **리터**, **밀리리터** 등
- 1 리터는 **1 L**, 1 밀리리터는 **1 mL**라고 씁니다.
- 1 리터는 1000 밀리리터와 같습니다.

$$1\,L = 1000\,mL$$

7 □ 안에 알맞은 수를 써넣으세요.

(1) 4 L = [   ] mL

(2) 9 L 500 mL = [   ] mL

(3) 7 L 30 mL = [   ] mL

(4) 3600 mL = [ ] L [   ] mL

8 들이를 비교하여 ○ 안에 >, =, <를 알맞게 써넣으세요.

(1) 5 L ◯ 4200 mL

(2) 2080 mL ◯ 2 L 80 mL

(3) 4 L 70 mL ◯ 4700 mL

9 단위를 알맞게 사용한 문장을 찾아 기호를 써 보세요.

> ㉠ 주전자의 들이는 3 mL입니다.
> ㉡ 종이컵의 들이는 180 L입니다.
> ㉢ 요구르트병의 들이는 80 mL입니다.
> ㉣ 욕조의 들이는 450 mL입니다.

(   )

10 지민이가 3일 동안 마신 물의 양이 다음과 같을 때 3일 중 물을 가장 많이 마신 요일은 언제인지 쓰고 그 이유를 설명해 보세요.

월요일	화요일	수요일
980 mL	1 L 70 mL	1200 mL

(   )

이유 _____

_____

3 들이를 어림하고 재어 보기

① 우유병 1 L나 우유갑 200 mL 등을 기준으로 비교하여 들이를 어림합니다.
② 들이를 어림하여 말할 때에는 약 □ L 또는 약 □ mL라고 합니다.

11 냄비에 가득 담긴 물을 1 L짜리 통에 담았더니 다음과 같았습니다. 냄비의 들이를 어림해 보세요.

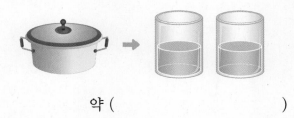

약 (   )

12 보기 에 있는 물건을 선택하여 문장을 완성해 보세요.

> 보기
> 세숫대야   주사기   물컵

(1) [   ]의 들이는 약 300 mL입니다.

(2) [   ]의 들이는 약 3 mL입니다.

(3) [   ]의 들이는 약 3 L입니다.

5

13 실제 들이가 1 L인 물병의 들이를 가장 가깝게 어림한 사람의 이름을 써 보세요.

> 성빈: 200 mL 우유갑으로 6번쯤 들어갈 거 같아.
>
> 예은: 500 mL 우유갑으로 3번 들어갈 거 같아.
>
> 연우: 500 mL 우유갑으로 1번, 200 mL 우유갑으로 3번 들어갈 거 같아.

(   )

---

4 **들이의 합과 차**

• 들이의 합 구하기

$$\begin{array}{r} \overset{1}{}2\,L\ \ 400\,mL \\ +\ 3\,L\ \ 900\,mL \\ \hline 300\,mL \end{array} \Rightarrow \begin{array}{r} \overset{1}{}2\,L\ \ 400\,mL \\ +\ 3\,L\ \ 900\,mL \\ \hline 6\,L\ \ 300\,mL \end{array}$$

mL 단위의 수끼리의 합이 1000이거나 1000보다 크면 1 L = 1000 mL임을 이용하여 받아올림합니다.

• 들이의 차 구하기

$$\begin{array}{r} \overset{5}{\cancel{6}}\,L\ \ \overset{1000}{200}\,mL \\ -\ 3\,L\ \ 500\,mL \\ \hline 700\,mL \end{array} \Rightarrow \begin{array}{r} \overset{5}{\cancel{6}}\,L\ \ \overset{1000}{200}\,mL \\ -\ 3\,L\ \ 500\,mL \\ \hline 2\,L\ \ 700\,mL \end{array}$$

mL 단위의 수끼리 뺄 수 없으면 1 L = 1000 mL임을 이용하여 받아내림합니다.

14 계산해 보세요.

(1)   9 L   600 mL
   + 3 L   800 mL

(2)   12 L   500 mL
   − 7 L   700 mL

---

15 들이가 가장 많은 것과 가장 적은 것의 합은 몇 mL일까요?

> 1700 mL   2 L 400 mL
>
> 6 L 400 mL   5300 mL

(   )

16 비커에 다음과 같이 물이 들어 있습니다. ㉮, ㉯에 있는 물을 더하면 물의 양은 몇 mL가 될까요?

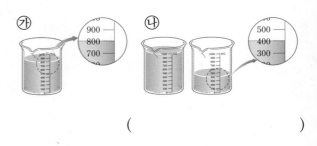

(   )

서술형
17 식용유 2 L 700 mL 중에서 도넛을 만드는 데 800 mL를 사용하였습니다. 남은 식용유는 몇 L 몇 mL인지 풀이 과정을 쓰고 답을 구해 보세요.

풀이 ···

···

···

···

답 ·······························

18 주스를 한 명이 300 mL씩 4명이 마셨더니 1 L 700 mL가 남았습니다. 처음에 있던 주스는 몇 L 몇 mL일까요?

( )

19 ☐ 안에 알맞은 수를 써넣으세요.

$$
\begin{array}{r}
8\ \text{L}\quad 500\ \text{mL} \\
-\ 3\ \text{L}\ \boxed{}\ \text{mL} \\
\hline
\boxed{}\ \text{L}\quad 800\ \text{mL}
\end{array}
$$

20 물의 증발에 관한 실험 보고서에서 ☐ 안에 알맞은 수를 써넣으세요.

> •액체인 물이 수증기로 변하면서 공기 중으로 날아가 버리는 현상

[실험 방법]
① 눈금이 있는 그릇에 물 1 L 200 mL를 넣는다.
② 그릇을 햇빛이 잘 비치는 곳에 두고, 하루가 지난 후 변화된 물의 양을 살펴본다.

[실험 결과]
하루가 지난 후 그릇에는 물 900 mL가 남았다.

하루 동안 물 ☐ mL가 증발했음을 알 수 있다.

21 600 mL짜리 초코 우유 1병의 값은 1000원이고, 1 L 500 mL짜리 딸기 우유 1병의 값은 3000원입니다. 3000원으로 더 많은 양의 우유를 사는 방법을 써 보세요.

( )

5 두 그릇의 물의 양 같게 만들기

900 mL　　　300 mL

① 두 그릇의 물의 들이의 차를 구합니다.
➡ 900 − 300 = 600(mL)
② 그것의 절반을 물이 적게 들어 있는 그릇에 옮깁니다.
➡ 600 ÷ 2 = 300(mL)
③ 두 그릇의 물의 양이 같아집니다.
➡ 900 − 300 = 600(mL)
　 300 + 300 = 600(mL)

22 두 수조에 들어 있는 물의 양이 같아지려면 가 수조에 있는 물을 나 수조로 몇 mL 옮겨야 할까요?

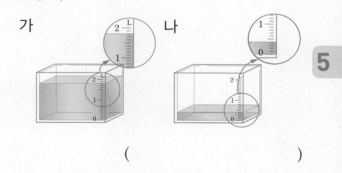

( )

23 물이 가 수조에 7 L 100 mL 들어 있고, 나 수조에 2 L 500 mL 들어 있습니다. 두 수조의 물의 양이 같아지도록 가 수조의 물을 나 수조에 옮겼습니다. 각 수조에 들어 있는 물은 몇 L 몇 mL씩일까요?

( )

개념 강의

4 무게를 비교해 볼까요

● **무게 비교하기**

방법 1 양손에 물건을 들고 비교하기

손으로 들어서 비교해 보면 멜론이 더 무겁습니다.

방법 1
비슷한 무게의 물건은 비교하기 어렵습니다.

방법 2 저울 위에 올려놓고 비교하기

저울이 강아지 인형 쪽으로 내려갔으므로 강아지 인형이 더 무겁습니다.

방법 2
무게가 얼마만큼 더 무거운지 알 수 없습니다.

방법 3 단위를 사용하여 비교하기

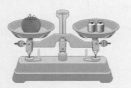 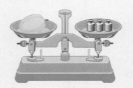

토마토는 추 2개, 참외는 추 3개의 무게와 같으므로 참외가 토마토보다 추 1개만큼 더 무겁습니다.

방법 3
같은 물건이라도 사용하는 단위에 따라 단위의 수가 달라지므로 무게를 비교할 때에는 반드시 같은 단위를 사용합니다.

● 수박 1통과 귤 1개를 저울의 양쪽에 올려 놓으면 (수박 , 귤)이 놓인 쪽으로 내려갑니다.

---

1 저울로 감자와 당근의 무게를 비교했습니다. 알맞은 말에 ○표 하세요.

(1) 저울이 (감자 , 당근) 쪽으로 내려갔습니다.

(2) 더 무거운 것은 (감자 , 당근)입니다.

2 100원짜리 동전을 이용하여 머리핀과 빗의 무게를 비교했습니다. 알맞은 말에 ○표 하고 ☐ 안에 알맞은 수를 써넣으세요.

머리핀   동전 5개   빗   동전 8개

(머리핀 , 빗)이 (머리핀 , 빗)보다 동전 ☐개만큼 더 무겁습니다.

3 무게가 무거운 순서대로 번호를 써 보세요.

(   )   (   )   (   )

4 지우개와 자의 무게를 비교하려고 합니다. 물음에 답하세요.

(1) 눈으로 보기에는 지우개와 자 중에서 어느 것이 더 무거워 보일까요?

(   )

(2) 저울로 지우개와 자의 무게를 비교했습니다. 어느 것이 더 무거울까요?

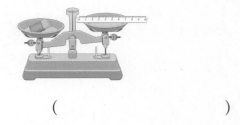

(   )

5 사과, 배, 바나나의 무게를 다음과 같이 비교했습니다. 사과, 배, 바나나 중 가장 가벼운 것을 찾으려면 무엇과 무엇의 무게를 비교해야 할까요?

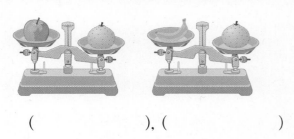

(   ), (   )

6 가지, 오이, 고구마의 무게를 다음과 같이 비교했습니다. 물음에 답하세요.

(1) 가지와 오이 중 더 무거운 것은 무엇일까요?

(   )

(2) 가지와 고구마 중 더 무거운 것은 무엇일까요?

(   )

(3) 가지, 오이, 고구마 중 가장 무거운 것은 무엇일까요?

(   )

(4) 가지, 오이, 고구마 중 가장 가벼운 것은 무엇일까요?

(   )

7 100원짜리 동전을 이용하여 귤과 감의 무게를 비교했습니다. 귤과 감 중 어느 것이 동전 몇 개만큼 더 무거울까요?

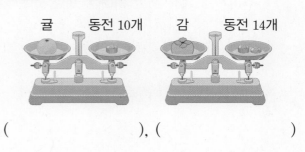

귤   동전 10개   감   동전 14개

(   ), (   )

5 무게의 단위는 무엇일까요

● **무게의 단위**

• 무게의 단위에는 **킬로그램**과 **그램** 등이 있습니다.
1 킬로그램은 $1\,\text{kg}$, 1그램은 $1\,\text{g}$이라고 씁니다.

$$1\,\text{kg} \quad 1\,\text{g}$$

• 1킬로그램은 1000그램과 같습니다.

$$\boxed{1\,\text{kg} = 1000\,\text{g}}$$

• 1 kg보다 300 g 더 무거운 무게를 $1\,\text{kg}\ 300\,\text{g}$이라 쓰고
1킬로그램 300그램이라고 읽습니다.

• 1 kg은 1000 g과 같으므로 $1\,\text{kg}\ 300\,\text{g} = 1300\,\text{g}$입니다.

• 1000 kg의 무게를 $1\,\text{t}$이라 쓰고 1톤이라고 읽습니다.

$$1\,\text{t}$$

• 1 톤은 1000 킬로그램과 같습니다.

$$\boxed{1\,\text{t} = 1000\,\text{kg}}$$

● **무게를 어림하고 재기**

• 무게를 어림하여 말할 때에는 **약** □ kg 또는 **약** □ g이라고 합니다.

⟮예⟯ 사전 ➡ 사전의 무게는 약 1 kg입니다.

무게의 단위 바꾸기

1 kg 700 g
$= 1\,\text{kg} + 700\,\text{g}$
$= 1000\,\text{g} + 700\,\text{g}$
$= 1700\,\text{g}$

1400 g
$= 1000\,\text{g} + 400\,\text{g}$
$= 1\,\text{kg} + 400\,\text{g}$
$= 1\,\text{kg}\ 400\,\text{g}$

무게의 단위

1 t = 1000 kg이고
1 kg = 1000 g이므로
1 t = 1000000 g입니다.

크기가 작으면서 무겁거나 크기가 크면서 가벼운 물건이 있습니다.
⟮예⟯ 솜이나 스티로폼 같은 물건은 크기가 커도 가볍습니다.

● 1 kg보다 500 g 더 무거운 무게를 □ kg □ g이라 쓰고 □ 이라고 읽습니다.

---

1 주어진 무게를 쓰고 읽어 보세요.

⑴ 3 kg

(   )

⑵ 5 kg 400 g

(   )

2 □ 안에 알맞은 수를 써넣으세요.

⑴ $2\,\text{kg}\ 500\,\text{g} = \boxed{}\,\text{kg} + 500\,\text{g}$

       $= \boxed{}\,\text{g} + 500\,\text{g}$

       $= \boxed{}\,\text{g}$

⑵ $4300\,\text{g} = \boxed{}\,\text{g} + 300\,\text{g}$

      $= \boxed{}\,\text{kg} + 300\,\text{g}$

      $= \boxed{}\,\text{kg}\ \boxed{}\,\text{g}$

3 물건의 무게는 얼마인지 써 보세요.

(1)

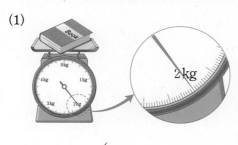

(   ) kg

(2)

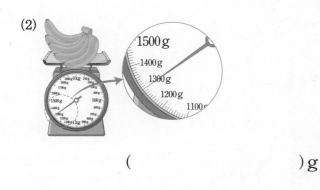

(   ) g

4 ☐ 안에 알맞은 수를 써넣으세요.

(1) 3 kg보다 900 g 더 무거운 무게

➡ ☐ kg ☐ g

(2) 800 kg보다 200 kg 더 무거운 무게

➡ ☐ t

5 ☐ 안에 알맞은 수를 써넣으세요.

(1) 2000 g = ☐ kg

(2) 4 kg = ☐ g

(3) 4300 g = ☐ kg ☐ g

(4) 8 kg 700 g = ☐ g

6 알맞은 단위에 ○표 하세요.

(1)

고양이의 몸무게는 약 3 (g , kg , t)입니다.

(2)

클립의 무게는 약 2 (g , kg , t)입니다.

(3)

버스의 무게는 약 8 (g , kg , t)입니다.

7 무게가 1 kg보다 가벼운 것을 찾아 기호를 써 보세요.

㉠ 식탁	㉡ 탁구공
㉢ 텔레비전	㉣ 자전거

(   )

8 무게가 1 t보다 무거운 것을 찾아 기호를 써 보세요.

㉠ 수박 10통	㉡ 세탁기 5대
㉢ 비행기 1대	㉣ 휴대전화 100대

(   )

9 두 무게의 합이 1 kg이 되도록 빈칸에 알맞게 써넣으세요.

1 kg	900 g	800 g		300 g
	100 g		500 g	

6 무게의 덧셈과 뺄셈을 해 볼까요

● **무게의 덧셈**

kg 단위의 수끼리, g 단위의 수끼리 더합니다.

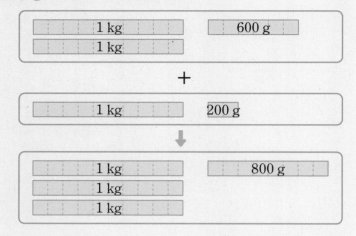

$$
\begin{array}{r}
\ \ 2\,\text{kg}\ \ 600\,\text{g} \\
+\ 1\,\text{kg}\ \ 200\,\text{g} \\
\hline
800\,\text{g}
\end{array}
\quad\rightarrow\quad
\begin{array}{r}
\ \ 2\,\text{kg}\ \ 600\,\text{g} \\
+\ 1\,\text{kg}\ \ 200\,\text{g} \\
\hline
3\,\text{kg}\ \ 800\,\text{g}
\end{array}
$$

● **무게의 뺄셈**

kg 단위의 수끼리, g 단위의 수끼리 뺍니다.

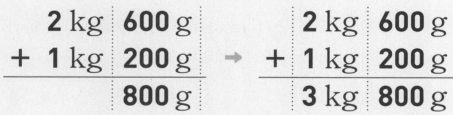

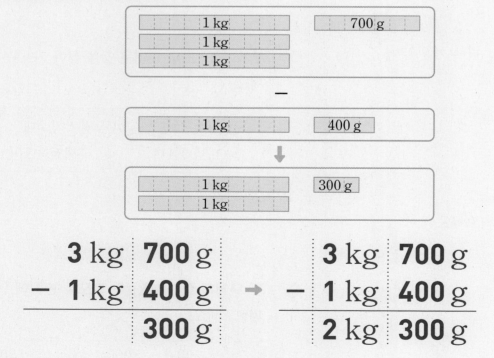

$$
\begin{array}{r}
\ \ 3\,\text{kg}\ \ 700\,\text{g} \\
-\ 1\,\text{kg}\ \ 400\,\text{g} \\
\hline
300\,\text{g}
\end{array}
\quad\rightarrow\quad
\begin{array}{r}
\ \ 3\,\text{kg}\ \ 700\,\text{g} \\
-\ 1\,\text{kg}\ \ 400\,\text{g} \\
\hline
2\,\text{kg}\ \ 300\,\text{g}
\end{array}
$$

g 단위의 수끼리의 합이 1000 이거나 1000보다 크면 1000 g = 1 kg임을 이용하여 받아올림합니다.

$$
\begin{array}{r}
\overset{1}{}\ 1\,\text{kg}\ \ 500\,\text{g} \\
+\ 2\,\text{kg}\ \ 700\,\text{g} \\
\hline
4\,\text{kg}\ \ 200\,\text{g}
\end{array}
$$

g 단위의 수끼리 뺄 수 없을 때에는 1 kg = 1000 g임을 이용하여 받아내림합니다.

$$
\begin{array}{r}
\overset{2}{3}\,\text{kg}\ \ \overset{1000}{200}\,\text{g} \\
-\ 1\,\text{kg}\ \ 700\,\text{g} \\
\hline
1\,\text{kg}\ \ 500\,\text{g}
\end{array}
$$

1 그림을 보고 ☐ 안에 알맞은 수를 써넣으세요.

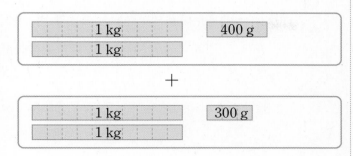

| 1 kg | | 400 g |
| 1 kg | | |

+

| 1 kg | | 300 g |
| 1 kg | | |

$2 \text{ kg } 400 \text{ g} + 2 \text{ kg } 300 \text{ g}$

$= \boxed{} \text{ kg } \boxed{} \text{ g}$

$$\begin{array}{r} 2 \text{ kg } \quad 400 \text{ g} \\ + \ 2 \text{ kg } \quad 300 \text{ g} \\ \hline \boxed{} \text{ kg } \boxed{} \text{ g} \end{array}$$

2 그림을 보고 ☐ 안에 알맞은 수를 써넣으세요.

1 kg		500 g
1 kg		
1 kg		

−

| 1 kg | | 300 g |
| 1 kg | | |

$3 \text{ kg } 500 \text{ g} - 2 \text{ kg } 300 \text{ g}$

$= \boxed{} \text{ kg } \boxed{} \text{ g}$

$$\begin{array}{r} 3 \text{ kg } \quad 500 \text{ g} \\ - \ 2 \text{ kg } \quad 300 \text{ g} \\ \hline \boxed{} \text{ kg } \boxed{} \text{ g} \end{array}$$

3 무게의 합을 구해 보세요.

(1) $2800 \text{ g} + 5000 \text{ g} = \boxed{} \text{ g}$

$\qquad\qquad\qquad = \boxed{} \text{ kg } \boxed{} \text{ g}$

(2)
$$\begin{array}{r} 5 \text{ kg } \quad 200 \text{ g} \\ + \ 3 \text{ kg } \quad 400 \text{ g} \\ \hline \boxed{} \text{ kg } \boxed{} \text{ g} \end{array}$$

4 무게의 차를 구해 보세요.

(1) $6400 \text{ g} - 2200 \text{ g} = \boxed{} \text{ g}$

$\qquad\qquad\qquad = \boxed{} \text{ kg } \boxed{} \text{ g}$

(2)
$$\begin{array}{r} 7 \text{ kg } \quad 800 \text{ g} \\ - \ 3 \text{ kg } \quad 500 \text{ g} \\ \hline \boxed{} \text{ kg } \boxed{} \text{ g} \end{array}$$

5 고양이의 무게는 $2 \text{ kg } 500 \text{ g}$이고 강아지의 무게는 $3 \text{ kg } 200 \text{ g}$입니다. 고양이와 강아지의 무게는 모두 몇 kg 몇 g일까요?

(   )

6 예진이의 책가방은 $3 \text{ kg } 500 \text{ g}$이고 시우의 책가방은 $2 \text{ kg } 300 \text{ g}$입니다. 예진이의 책가방은 시우의 책가방보다 몇 kg 몇 g 더 무거울까요?

(   )

기본기 다지기

6 무게 비교하기

- 모양과 크기가 다른 두 물건의 무게 비교하기
  저울과 기준이 되는 물건 이용하기

공깃돌

공깃돌 7개   공깃돌 4개

➡ 공책이 배드민턴 공보다 공깃돌 3개만큼
  더 무겁습니다.

24 저울로 참외, 복숭아, 감의 무게를 비교하고
있습니다. 참외, 복숭아, 감 중에서 가장 가벼
운 것은 무엇인지 알려면 무엇과 무엇의 무게
를 비교하면 될까요?

참외   복숭아   복숭아   감

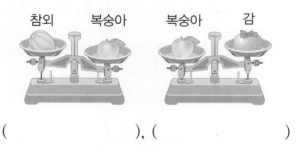

(   ), (   )

25 고구마와 감자의 무게를 다음과 같이 비교했
습니다. 바르게 말한 사람의 이름을 써 보세요.
(단, 500원짜리 동전은 100원짜리 동전보다
무겁습니다.)

500원짜리   100원짜리
동전 25개   동전 25개

정우: 고구마 1개와 감자 1개의 무게는 같아.
희진: 고구마 1개가 감자 1개보다 더 무거워.

(   )

26 딸기와 방울토마토의 무게를 저울과 바둑돌을
이용하여 비교하였습니다. 딸기의 무게는 방
울토마토의 무게의 몇 배일까요?

바둑돌 20개   바둑돌 10개

(   )

27 그림을 보고 연필, 지우개, 풀 중 하나의 무게가
가장 가벼운 물건과 가장 무거운 물건을 차례로
써 보세요.

연필 5자루   지우개   지우개   풀 1개
            2개   2개

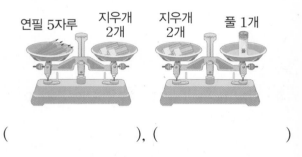

(   ), (   )

7 무게의 단위

- 무게의 단위: 킬로그램, 그램 등
- 1 킬로그램은 $1\,kg$, 1 그램은 $1\,g$이라고 씁니다.

$$1\,kg = 1000\,g$$

- $1000\,kg$의 무게를 $1\,t$이라 쓰고 $1\,톤$이라고 읽습
니다.

$$1\,t = 1000\,kg$$

28 사과가 들어 있는 $5\,kg$의 상자에 $450\,g$인 사
과 1개를 더 넣었습니다. 사과를 넣은 상자의
무게는 몇 g일까요?

(   )

29 무게가 무거운 것부터 차례로 기호를 써 보세요.

> ㉠ 3800 g   ㉡ 4 kg 90 g
> ㉢ 4 kg 700 g   ㉣ 4100 g

(   )

30 호박과 사전 중 더 무거운 것은 어느 것일까요?

(   )

31 무게 단위 사이의 관계가 <u>틀린</u> 것을 모두 고르세요. (   )

① 5 kg 800 g = 5800 g
② 2 kg 9 g = 29 g
③ 7 kg 300 g = 7300 g
④ 3 kg 40 g = 3040 g
⑤ 6 kg 50 g = 6500 g

서술형
32 단위를 <u>잘못</u> 사용한 문장을 찾아 기호를 쓰고 바르게 고쳐 보세요.

> ㉠ 요트 한 대의 무게는 24 t입니다.
> ㉡ 지호의 몸무게는 32 kg입니다.
> ㉢ 배추 한 포기의 무게는 2 g입니다.

(   )

바르게 고치기 ....

....

8   **무게를 어림하고 재어 보기**

① 100 g 또는 1 kg짜리 물건과 비교하여 무게를 어림합니다.
② 무게를 어림하여 말할 때에는 **약** ☐ kg 또는 **약** ☐ g이라고 합니다.

33 ☐ 안에 알맞은 단위를 찾아 ○표 하세요.

(1) 수박 한 통의 무게는 약 7 ☐ 입니다.

(g   kg   t)

(2) 휴대전화 한 대의 무게는 약 130 ☐ 입니다.

(g   kg   t)

(3) 비행기 한 대의 무게는 약 350 ☐ 입니다.

(g   kg   t)

34 무게가 1 kg보다 가벼운 것을 찾아 기호를 써 보세요.

> ㉠ 책상 1개   ㉡ 옷장 1개
> ㉢ 축구공 1개   ㉣ 컴퓨터 1대

(   )

35 수진이의 몸무게는 40 kg이고 하마의 무게는 약 2 t입니다. 하마의 무게는 수진이의 몸무게의 약 몇 배인지 구해 보세요.

약 (   )

9 무게의 합과 차

- 무게의 합 구하기

$$
\begin{array}{r}
\overset{1}{} 4\,\text{kg} \;\; 700\,\text{g} \\
+\; 1\,\text{kg} \;\; 600\,\text{g} \\
\hline
\phantom{6\,\text{kg}} \;\; 300\,\text{g}
\end{array}
\;\Rightarrow\;
\begin{array}{r}
\overset{1}{} 4\,\text{kg} \;\; 700\,\text{g} \\
+\; 1\,\text{kg} \;\; 600\,\text{g} \\
\hline
6\,\text{kg} \;\; 300\,\text{g}
\end{array}
$$

g 단위의 수끼리의 합이 1000이거나 1000보다 크면
1 kg = 1000 g임을 이용하여 받아올림합니다.

- 무게의 차 구하기

$$
\begin{array}{r}
\overset{2}{\cancel{3}}\,\text{kg} \;\; \overset{1000}{300}\,\text{g} \\
-\; 1\,\text{kg} \;\; 500\,\text{g} \\
\hline
\phantom{1\,\text{kg}} \;\; 800\,\text{g}
\end{array}
\;\Rightarrow\;
\begin{array}{r}
\overset{2}{\cancel{3}}\,\text{kg} \;\; \overset{1000}{300}\,\text{g} \\
-\; 1\,\text{kg} \;\; 500\,\text{g} \\
\hline
1\,\text{kg} \;\; 800\,\text{g}
\end{array}
$$

g 단위의 수끼리 뺄 수 없으면 1 kg = 1000 g임을
이용하여 받아내림합니다.

36 계산해 보세요.

(1)
$$
\begin{array}{r}
7\,\text{kg} \;\; 800\,\text{g} \\
+\; 12\,\text{kg} \;\; 600\,\text{g} \\
\hline
\end{array}
$$

(2)
$$
\begin{array}{r}
15\,\text{kg} \;\; 100\,\text{g} \\
-\; 8\,\text{kg} \;\; 700\,\text{g} \\
\hline
\end{array}
$$

37 무게를 비교하여 ○ 안에 >, =, <를 알맞게 써넣으세요.

(1) 3 kg 200 g + 4 kg 500 g ◯ 8 kg

(2) 9 kg 400 g − 3 kg 600 g ◯ 5 kg

38 ☐ 안에 알맞은 수를 써넣으세요.

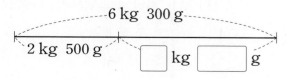

39 잘못 계산한 부분을 찾아 바르게 계산해 보세요.

$$
\begin{array}{r}
5\,\text{kg} \;\; 600\,\text{g} \\
+\; 2\,\text{kg} \;\; 900\,\text{g} \\
\hline
7\,\text{kg} \;\; 500\,\text{g}
\end{array}
\;\Rightarrow\;
$$

40 무게가 가장 무거운 것과 가장 가벼운 것의 합은 몇 kg 몇 g일까요?

2900 g	2 kg 700 g
4200 g	4 kg 50 g

( )

41 윤아가 몸무게를 재어 보니 32 kg 500 g이었습니다. 윤아가 강아지를 안고 저울에 올라가 보았더니 36 kg 300 g이 나왔습니다. 강아지의 몸무게는 몇 kg 몇 g일까요?

( )

서술형
42 밭에서 캔 고구마의 무게는 2 kg 900 g이고, 감자의 무게는 2600 g입니다. 고구마와 감자의 무게는 모두 몇 kg 몇 g인지 풀이 과정을 쓰고 답을 구해 보세요.

풀이 _____

_____

_____

답 _____

43 현서가 농장에서 토마토를 2바구니 따서 저울에 각각 달아 보았더니 다음과 같았습니다. 현서가 딴 토마토의 무게는 모두 몇 kg 몇 g일까요?

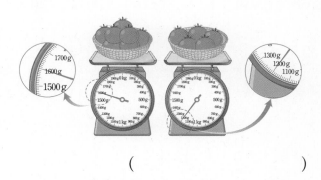

( )

44 8 kg까지 담을 수 있는 상자가 있습니다. 이 상자에 무게가 4 kg 300 g인 물건을 담았다면 몇 kg 몇 g을 더 담을 수 있을까요?

( )

45 은우와 성빈이가 딴 사과의 무게는 모두 16 kg입니다. 성빈이 딴 사과의 무게는 은우가 딴 사과의 무게보다 4 kg 더 무거울 때 은우가 딴 사과의 무게는 몇 kg일까요?

( )

46 무게가 같은 음료수 2개를 빈 상자에 담아 무게를 재었더니 4 kg 950 g이었습니다. 빈 상자의 무게가 350 g일 때 음료수 1개의 무게는 몇 kg 몇 g일까요?

( )

10 저울이 수평을 이룰 때 무게 구하기

· 귤 1개가 150 g일 때 감 1개의 무게 구하기

(방울토마토 1개의 무게) $= 150 \div 3 = 50$(g)
(감 1개의 무게) $=$ (방울토마토 5개의 무게)
$\qquad = 50 \times 5 = 250$(g)

47 감자 1개와 당근 2개의 무게가 같고 당근 3개와 양파 1개의 무게가 같습니다. 감자 1개의 무게가 120 g일 때 양파 1개의 무게는 몇 g일까요? (단, 같은 종류의 채소끼리는 무게가 같습니다.)

( )

48 참외 1개와 감 3개의 무게가 같고, 감 7개와 멜론 1개의 무게가 같습니다. 참외 1개의 무게가 390 g일 때 멜론 1개의 무게는 몇 g일까요? (단, 같은 종류의 과일끼리는 무게가 같습니다.)

( )

49 지우개 2개와 자 4개의 무게가 같고 자 4개와 풀 1개의 무게가 같습니다. 풀 1개의 무게가 400 g일 때 지우개 1개의 무게는 몇 g일까요? (단, 같은 종류의 물건끼리는 무게가 같습니다.)

( )

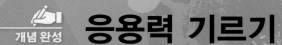

여러 가지 그릇을 이용하여 물 담는 방법 찾기

심화유형 1

200 mL들이의 컵과 1 L들이의 물병을 이용하여 수조에 1 L 400 mL의 물을 담으려고 합니다. 물을 담을 수 있는 방법을 설명해 보세요.

설명 ....

....

● **핵심 NOTE** 들이의 합을 생각하여 200 mL와 1 L로 들이의 합이 1400 mL가 되는 방법을 생각해 봅니다.

1-1 들이가 1 L, 500 mL, 300 mL인 세 개의 그릇을 이용하여 큰 통에 물을 2 L 400 mL 담으려고 합니다. 물을 담을 수 있는 방법을 설명해 보세요.

설명 ....

....

1-2 은채는 천연 화장품을 만들기 위해 100 mL의 물에 천연색소를 섞으려고 합니다. 100 mL의 물을 담으려고 하는데 들이가 300 mL, 1 L인 두 그릇밖에 없었습니다. 이 두 그릇으로 물을 담을 수 있는 방법을 설명해 보세요.

설명 ....

....

심화유형 2 빈 상자의 무게 구하기

빈 상자에 무게가 같은 당근 6개를 담아 무게를 재었더니 3 kg 960 g이었습니다. 여기에 똑같은 무게의 당근 3개를 더 담았더니 5 kg 760 g이 되었습니다. 빈 상자의 무게는 몇 g일까요?

( )

● 핵심 NOTE   (물건을 담은 상자의 무게)＝(빈 상자의 무게)＋(물건만의 무게)이므로

(빈 상자의 무게)＝(물건을 담은 상자의 무게)－(물건만의 무게)임을 이용합니다.

2-1 빈 바구니에 무게가 같은 단호박 4개를 담아 무게를 재었더니 3 kg 250 g이었습니다. 여기에 똑같은 무게의 단호박 2개를 더 담았더니 4 kg 650 g이 되었습니다. 빈 바구니의 무게는 몇 g일까요?

( )

2-2 빈 상자에 무게가 같은 참외 8개를 담아 무게를 재었더니 4 kg 420 g이었습니다. 여기에서 참외의 반을 덜어 내니 무게가 2 kg 520 g이 되었습니다. 빈 상자의 무게는 몇 g일까요?

( )

심화유형 3 수평을 맞춘 저울을 보고 무게 구하기

상자 ㉮, ㉯, ㉰는 모양은 같지만 그 안에 들어 있는 구슬의 수는 다릅니다. 상자 ㉮, ㉯, ㉰의 무게가 각각 100 g, 200 g, 300 g, 500 g 중의 하나라면 상자 ㉰의 무게는 몇 g일까요?

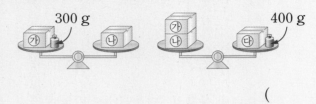

(   )

● 핵심 **NOTE**   저울이 수평이 되는 무게를 '='로 나타내어 먼저 상자 한 개의 무게를 찾고 다른 상자의 무게를 차례로 찾아봅니다.

3-1

상자 ㉮, ㉯, ㉰는 모양은 같지만 그 안에 들어 있는 클립의 수는 다릅니다. 상자 ㉮, ㉯, ㉰의 무게가 각각 200 g, 400 g, 500 g, 600 g 중의 하나라면 상자 ㉰의 무게는 몇 g일까요?

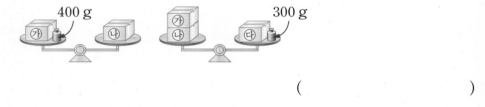

(   )

3-2

복숭아, 사과, 배의 무게가 각각 300 g, 400 g, 500 g, 600 g 중의 하나라면 배의 무게는 몇 g일까요?

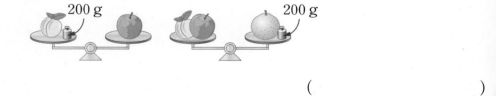

(   )

우리 나라 전통 단위의 관계 알아보기

융합유형 4
수학 + 사회

예부터 쌀이나 보리와 같은 곡식은 낱알을 하나하나 셀 수 없기 때문에 일정한 그릇에 담아서 양을 재었습니다. 그릇의 크기에 따라 '홉, 되, 말' 등을 사용하였는데 한 홉은 $180\,mL$, 한 되는 $1\,L\,800\,mL$, 한 말은 $18\,L$라고 합니다. 홉으로 물을 부어 한 말을 가득 채우려면 물을 적어도 몇 번 부어야 할까요?

▲ 홉   ▲ 되   ▲ 말

1단계 한 말을 mL로 나타내기

2단계 홉으로 물을 부어 한 말을 가득 채우려면 적어도 몇 번 부어야 하는지 구하기

(   )

● 핵심 NOTE   **1단계** 한 말을 mL 단위로 나타냅니다.
2단계 물을 붓는 횟수를 ☐번이라 하여 곱셈식을 세우고, ☐의 값을 구합니다.

5

4-1 '돈', '냥', '관'은 금이나 은 등의 귀금속의 무게를 잴 때 우리 조상들이 주로 사용하던 단위입니다. 지금도 귀금속 가게에서는 "금 1돈이 얼마예요?"라는 말을 쉽게 들을 수 있을 정도로 최근까지 자주 사용되고 있습니다. 금 10냥은 $375\,g$, 금 1관은 $3\,kg\,750\,g$이라고 할 때 금 1관의 무게는 10냥짜리 금 몇 개의 무게와 같을까요?

(   )

단원 평가 Level ❶

1 무게가 무거운 순서대로 번호를 써 보세요.

( ) ( ) ( )

2 주스병에 물을 가득 채운 후 물병에 옮겨 담았더니 그림과 같이 물이 채워졌습니다. 주스병과 물병 중 들이가 더 많은 것은 어느 것일까요?

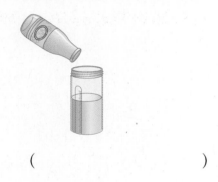

( )

3 100원짜리 동전을 이용하여 곰 인형과 토끼 인형의 무게를 비교했습니다. 곰 인형과 토끼 인형 중 어느 것이 동전 몇 개만큼 더 무거울까요?

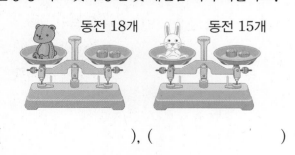

동전 18개 동전 15개

( ), ( )

4 5 L보다 400 mL 더 많은 들이를 쓰고 읽어 보세요.

쓰기 ( )

읽기 ( )

5 멜론의 무게는 얼마인지 써 보세요.

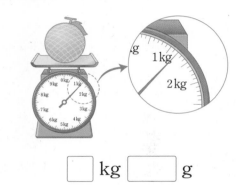

□ kg □ g

6 □ 안에 알맞은 수를 써넣으세요.

(1) 3 L 800 mL = □ mL

(2) 6400 mL = □ L □ mL

7 무게가 같은 것끼리 이어 보세요.

3 kg 300 g •

3 kg 30 g •

• 3003 g

• 3030 g

• 3300 g

8 보기 의 물건 중에서 들이의 단위 mL를 사용하기에 적당한 것과 L를 사용하기에 적당한 것을 각각 찾아 써 보세요.

> 보기
>
> 요구르트병, 양동이, 종이컵,
> 욕조, 수조, 음료수 캔

mL	L

9 □ 안에 t, kg, g 중 알맞은 단위를 써넣으세요.

(1) 코끼리의 무게는 약 4 □ 입니다.

(2) 탁구공의 무게는 약 3 □ 입니다.

(3) 냉장고의 무게는 약 90 □ 입니다.

10 무게의 합과 차를 구해 보세요.

(1)　　2 kg　500 g
　　+2 kg　100 g

(2)　　8 kg　900 g
　　−5 kg　300 g

11 들이의 합과 차를 구해 보세요.

> 4 L 600 mL　　2 L 300 mL

합 (　　　　　　　　　)
차 (　　　　　　　　　)

12 무게가 1 t보다 무거운 것을 찾아 기호를 써 보세요.

> ㉠ 책상 5개　　　㉡ 트럭 2대
> ㉢ 동화책 10권　　㉣ 햄버거 100개

(　　　　　　　　　)

13 가, 나, 다 주전자에 다음과 같이 물이 들어 있습니다. 물이 적게 들어 있는 것부터 차례로 기호를 써 보세요.

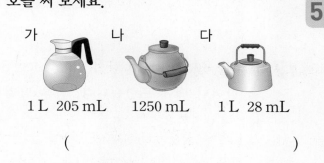

가　　　　　나　　　　　다

1 L 205 mL　　1250 mL　　1 L 28 mL

(　　　　　　　　　)

14 들이의 합과 차를 구해 보세요.

(1)　　3 L　550 mL
　　+2 L　700 mL

(2)　　8 L　600 mL
　　−4 L　800 mL

15 이번 주에 진성이는 우유를 1 L 350 mL 마셨고 은호는 1 L 600 mL 마셨습니다. 이번 주에 진성이와 은호가 마신 우유는 모두 몇 L 몇 mL일까요?

( )

16 양동이에 물을 가득 채우려면 가, 나, 다 그릇으로 각각 다음과 같이 부어야 합니다. 가, 나, 다 그릇 중 들이가 가장 적은 것은 어느 것일까요?

그릇	가	나	다
부은 횟수(번)	15	20	18

( )

17 딸기를 8 kg 200 g 따서 그중 4 kg 500 g 을 할머니 댁에 드렸습니다. 남은 딸기는 몇 kg 몇 g일까요?

( )

18 강아지와 고양이의 몸무게를 합하면 13 kg입니다. 강아지의 몸무게가 고양이의 몸무게보다 3 kg 더 무겁다면 강아지의 몸무게는 몇 kg 일까요?

( )

19 무게가 1200 g인 바구니에 3 kg 500 g의 사과를 담았습니다. 사과를 담은 바구니의 무게는 몇 kg 몇 g인지 풀이 과정을 쓰고 답을 구해 보세요.

풀이 _____

_____

_____

답 _____

20 가 그릇과 나 그릇의 들이를 나타낸 표입니다. 가 그릇과 나 그릇을 이용하여 물통에 물 4 L 300 mL를 담는 방법을 써 보세요.

가 그릇	나 그릇
1 L 500 mL	1 L 300 mL

방법 _____

_____

_____

단원 평가 Level ❷

1 우유갑에 물을 가득 채운 후 물병에 옮겨 담았더니 그림과 같이 물이 채워졌습니다. 들이가 더 적은 것은 어느 것일까요?

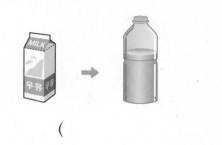

(   )

2 물의 양이 얼마인지 써 보세요.

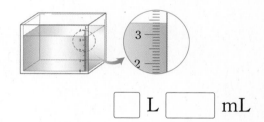

☐ L ☐ mL

3 은정이는 연필과 지우개의 무게를 바둑돌을 이용하여 재었습니다. 어느 것이 얼마나 더 무거울까요?

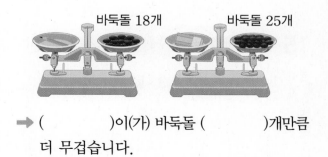

바둑돌 18개   바둑돌 25개

➡ (   )이(가) 바둑돌 (   )개만큼 더 무겁습니다.

4 무게를 비교하여 ○ 안에 >, =, <를 알맞게 써넣으세요.

6 kg 90 g ◯ 6530 g

5 ☐ 안에 t, kg, g 중 알맞은 무게의 단위를 써 넣으세요.

(1) 선풍기의 무게는 약 3 ☐ 입니다.

(2) 머리끈의 무게는 약 5 ☐ 입니다.

(3) 버스의 무게는 약 11 ☐ 입니다.

6 서윤이는 들이가 1 L 500 mL인 주스를 한 병 사서 일주일 동안 모두 마셨습니다. 서윤이가 마신 주스는 몇 mL일까요?

(   )

7 들이가 더 많은 것의 기호를 써 보세요.

㉠ 6 L 800 mL + 3 L 500 mL
㉡ 10 L 200 mL

(   )

8 들이나 무게의 단위를 잘못 사용한 사람을 찾아 이름을 써 보세요.

> 은우: 대접의 들이는 500 mL입니다.
> 현빈: 어항의 들이는 10 mL입니다.
> 지민: 고양이의 무게는 3 kg입니다.
> 윤서: 필통의 무게는 25 g입니다.

( )

9 쌀 6 kg 중 떡을 만드는 데 4300 g을 사용했습니다. 떡을 만들고 남은 쌀의 무게는 몇 g일까요?

( )

10 종이컵에 물을 가득 채워 14번 부으면 가득 차는 물병이 있습니다. 이 물병 들이의 2배인 주전자에 물을 가득 채우려면 종이컵으로 몇 번을 부어야 할까요?

( )

11 항아리에 물을 가득 채우려면 가, 나, 다, 라 그릇으로 각각 다음과 같이 부어야 합니다. 그릇의 들이가 많은 것부터 차례로 기호를 써 보세요.

그릇	가	나	다	라
부은 횟수(번)	17	9	12	21

( )

12 성빈이와 지후가 배추 1통의 무게를 다음과 같이 어림하였습니다. 실제 배추의 무게와 더 가깝게 어림한 사람은 누구일까요?

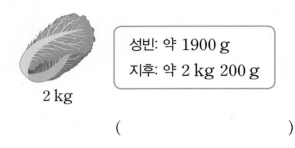

> 성빈: 약 1900 g
> 지후: 약 2 kg 200 g

2 kg

( )

13 잘못 계산한 부분을 찾아 바르게 계산해 보세요.

$$\begin{array}{r} 8\,\text{L}\ \ 100\,\text{mL} \\ -\ 3\,\text{L}\ \ 700\,\text{mL} \\ \hline 5\,\text{L}\ \ 400\,\text{mL} \end{array}$$ →

14 들이가 가장 많은 것과 가장 적은 것의 차는 몇 L 몇 mL일까요?

1800 mL	7 L 600 mL
1 L 900 mL	7080 mL

( )

15 ☐ 안에 알맞은 수를 써넣으세요.

$$\begin{array}{r} 3\ \ \text{kg}\ \boxed{}\ \text{g} \\ +\ \boxed{}\ \text{kg}\ \ 740\ \ \text{g} \\ \hline 8\ \ \text{kg}\ \ 260\ \ \text{g} \end{array}$$

16 ㉮ 그릇에 물을 가득 채워 빈 물통에 3번 부었습니다. 이 물통의 물을 다시 ㉯ 컵으로 모두 덜어 내려면 적어도 몇 번 덜어 내어야 할까요?

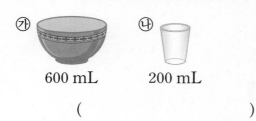

㉮ 600 mL   ㉯ 200 mL

(   )

17 소라와 형준이가 마시기 전 주스의 양과 마신 후의 주스의 양을 나타낸 것입니다. 두 사람이 마신 주스의 양은 모두 몇 mL일까요?

	소라	형준
마시기 전	2 L 400 mL	2 L
마신 후	1 L 900 mL	1 L 200 mL

(   )

18 상자 ㉮, ㉯, ㉰는 모양은 같지만 그 안에 들어 있는 구슬의 수는 다릅니다. 상자 ㉮, ㉯, ㉰의 무게는 300 g, 400 g, 500 g, 700 g 중의 하나라면 상자 ㉰의 무게는 몇 g일까요?

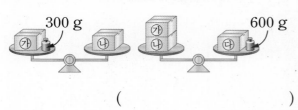

300 g   600 g

(   )

19 들이가 300 mL, 500 mL인 두 그릇을 이용하여 큰 통에 물을 1 L 400 mL 담으려고 합니다. 물을 담을 수 있는 방법을 설명해 보세요.

설명 ....

....

....

....

20 바구니에 있는 감자 8개의 무게와 감자 7개의 무게를 각각 재었더니 그림과 같았습니다. 빈 바구니의 무게는 몇 g인지 풀이 과정을 쓰고 답을 구해 보세요. (단, 감자 1개의 무게는 모두 같습니다.)

풀이 ....

....

....

....

답 ....

6 자료의 정리

조사한 자료를
그림으로 나타내면 그림그래프!

분류한 것을 그림그래프로 나타낼 수 있어!

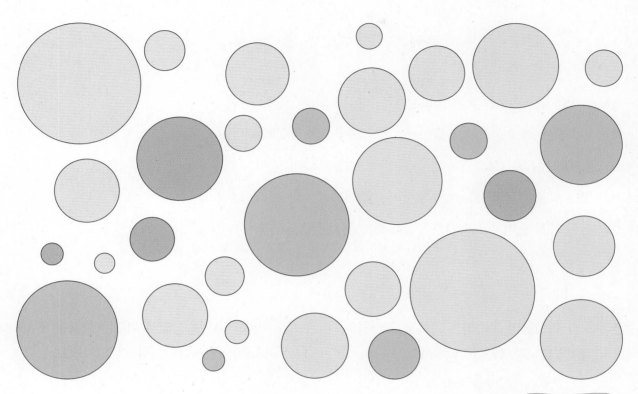

색깔을 분류하여
표로 나타냈어.

● 표로 나타내기

색깔	노란색	초록색	빨간색	합계
개수(개)	20	4	7	31

● 그림그래프로 나타내기

색깔	개수(개)
노란색	◎ ◎ ◎ ◎
초록색	○ ○ ○ ○
빨간색	◎ ○ ○

그림을 2가지로 하면 여러 번 그려야
하는 것을 더 간단히 그릴 수 있어!

◎ 5개   ○ 1개

① 표에서 무엇을 알 수 있을까요

개념 강의

● **표 읽기**

좋아하는 간식별 학생 수

간식	피자	치킨	과자	빵	합계
학생 수(명)	7	12	5	10	34

• 피자를 좋아하는 학생은 7명입니다.

• 빵을 좋아하는 학생은 과자를 좋아하는 학생보다 5명 더 많습니다.

• 조사한 학생은 모두 34명입니다. ┌─• 표에서 합계를 보면 쉽게 알 수 있습니다.

• 가장 많은 학생들이 좋아하는 간식은 치킨입니다.

• 간식을 한 가지 준비한다면 치킨을 준비하는 것이 좋겠습니다.
　　　　　　　　└─• 표에 나타나지 않은 정보를 예상할 수 있습니다.

➕ **표로 나타내었을 때 편리한 점**
① 각 항목별 자료의 수를 쉽게 알 수 있습니다.
② 자료의 합계를 쉽게 알 수 있습니다.

---

1 수연이네 반 학생들이 좋아하는 과목을 조사하여 표로 나타내었습니다. 물음에 답하세요.

좋아하는 과목별 학생 수

과목	국어	수학	사회	과학	합계
학생 수(명)	10	13	6	7	36

(1) 과학을 좋아하는 학생은 몇 명일까요?

(　　　　　　)

(2) 조사한 학생은 모두 몇 명일까요?

(　　　　　　)

(3) 국어를 좋아하는 학생은 사회를 좋아하는 학생보다 몇 명 더 많을까요?

(　　　　　　)

(4) 가장 많은 학생들이 좋아하는 과목은 무엇일까요?

(　　　　　　)

2 경훈이네 농장에서 기르는 동물을 조사하여 표로 나타내었습니다. 물음에 답하세요.

농장에서 기르는 동물 수

동물	소	돼지	닭	오리	합계
동물 수(마리)	7	15	23	11	56

(1) 농장에서 기르는 돼지는 몇 마리일까요?

(　　　　　　)

(2) 농장에서 기르는 동물은 모두 몇 마리일까요?

(　　　　　　)

(3) 농장에서 기르는 닭과 오리는 모두 몇 마리일까요?

(　　　　　　)

(4) 수가 많은 동물부터 차례로 써 보세요.

(　　　　　　)

3 윤지네 반 학생들의 혈액형을 조사하여 표로 나타내었습니다. 물음에 답하세요.

혈액형별 학생 수

혈액형	A형	B형	AB형	O형	합계
학생 수(명)	12	6	4		31

(1) O형인 학생은 몇 명일까요?

( )

(2) A형인 학생 수는 AB형인 학생 수의 몇 배일까요?

( )

(3) 가장 적은 학생들의 혈액형은 무엇일까요?

( )

4 시우네 학교에 있는 나무 수를 조사하여 표로 나타내었습니다. 물음에 답하세요.

학교에 있는 나무 수

나무	소나무	은행나무	단풍나무	느티나무
나무 수(그루)	4	11	18	5

(1) 학교에 있는 나무는 모두 몇 그루일까요?

( )

(2) 표를 보고 알 수 있는 내용을 2가지 써 보세요.

_____

_____

_____

5 현이네 반 학생들이 좋아하는 운동을 조사하여 표로 나타내었습니다. 물음에 답하세요.

좋아하는 운동별 학생 수

운동	야구	축구	수영	농구	합계
남학생 수(명)		8	1	2	16
여학생 수(명)	9	3	4	1	

(1) 야구를 좋아하는 남학생은 몇 명일까요?

( )

(2) 조사한 여학생은 몇 명일까요?

( )

(3) 가장 많은 남학생이 좋아하는 운동은 무엇일까요?

( )

(4) 가장 적은 여학생이 좋아하는 운동은 무엇일까요?

( )

(5) 현이네 반에서 농구를 좋아하는 학생은 몇 명일까요?

( )

(6) 현이네 반에서 가장 많은 학생들이 좋아하는 운동은 무엇일까요?

( )

2 자료를 수집하여 표로 나타내어 볼까요

● **표 만들기**

① 자료 수집하기

학생들이 태어난 계절

봄(3~5월)	여름(6~8월)	가을(9~11월)	겨울(12~2월)

② 자료 정리하기

봄에 태어난 학생은 8명, 여름에 태어난 학생은 5명, 가을에 태어난 학생은 6명, 겨울에 태어난 학생은 4명입니다.

③ 자료를 표로 나타내기

태어난 계절별 학생 수

계절	봄	여름	가을	겨울	합계
학생 수(명)	8	5	6	4	23

└─ • 표에서 합계를 보면 쉽게 알 수 있습니다.

➡ 조사한 학생은 모두 23명입니다.

➡ 가장 많은 학생들이 태어난 계절은 봄입니다.

└─ • 학생 수가 가장 큰 수는 8입니다.

- 자료를 수집하는 방법에는 질문을 듣고 직접 손 들기, 붙임 딱지 붙이기 등이 있습니다.

- 자료를 정리할 때에는 같은 자료를 두 번 세거나 빠뜨리지 않도록 주의합니다.

- **자료를 표로 나타낼 때에는**
  - 조사 내용에 알맞은 제목을 정합니다.
  - 조사 항목의 수에 맞게 칸을 나눕니다.
  - 조사 내용에 맞게 빈칸을 채웁니다.
  - 합계가 맞는지 확인합니다.

---

1 준영이네 반 학생들이 좋아하는 색깔을 조사하였습니다. 물음에 답하세요.

좋아하는 색깔

노란색	초록색
파란색	분홍색

(1) ☐ 안에 알맞은 수를 써넣으세요.

색깔별로 좋아하는 학생 수를 세어 보면

노란색은 ☐명, 초록색은 ☐명,

파란색은 ☐명, 분홍색은 ☐명입니다.

(2) 조사한 자료를 보고 표로 나타내어 보세요.

좋아하는 색깔별 학생 수

색깔	노란색	초록색	파란색	분홍색	합계
학생 수(명)					

(3) 조사한 학생은 모두 몇 명일까요?

( )

(4) 가장 많은 학생들이 좋아하는 색깔은 무엇일까요?

( )

2 은정이가 2월의 날씨를 조사하였습니다. 물음에 답하세요.

날씨

1일	2일	3일	4일	5일	6일	7일
☀	☀	☀	⛄	⛄	☁	☁
8일	9일	10일	11일	12일	13일	14일
☂	☀	☂	☀	☁	☀	☀
15일	16일	17일	18일	19일	20일	21일
☁	⛄	☀	☀	⛄	☁	☂
22일	23일	24일	25일	26일	27일	28일
☀	☁	☁	⛄	☀	☀	☀

☀ 맑음　☁ 흐림　☂ 비　⛄ 눈

(1) 10일의 날씨는 무엇일까요?

(　　　　　　　)

(2) 날씨가 맑음인 날은 며칠일까요?

(　　　　　　　)

(3) 조사한 자료를 보고 표로 나타내어 보세요.

날씨별 날수

날씨	맑음	흐림	비	눈	합계
날수(일)					

(4) 날수가 적은 날씨부터 차례로 써 보세요.

(　　　　　　　)

(5) 날씨가 흐림인 날은 며칠인지 알아보려면 자료와 표 중 어느 것이 더 편리할까요?

(　　　　　　　)

3 승호네 반 학생들이 좋아하는 음료수를 조사하였습니다. 물음에 답하세요.

좋아하는 음료수

우유	주스
● ● ● ●	● ● ● ● ●
콜라	사이다
● ● ● ● ● ● ● ● ● ● ● ●	● ● ● ● ● ● ● ● ●

● 남학생　● 여학생

(1) 우유를 좋아하는 남학생과 여학생은 각각 몇 명일까요?

남학생 (　　　　　　)
여학생 (　　　　　　)

(2) 조사한 자료를 보고 표로 나타내어 보세요.

음료수				합계
남학생 수(명)				
여학생 수(명)				

(3) 주스를 좋아하는 학생은 몇 명일까요?

(　　　　　　　)

(4) 조사한 학생은 모두 몇 명일까요?

(　　　　　　　)

3 그림그래프를 알아볼까요

그림그래프 알아보기

알려고 하는 수(조사한 수)를 그림으로 나타낸 그래프를 그림그래프라고 합니다.

마을별 심은 나무 수

마을	나무 수
하늘	🌲 🌲🌲🌲🌲
구름	🌲🌲🌲 🌲🌲🌲🌲🌲
바람	🌲🌲🌲🌲
꽃	🌲🌲 🌲🌲🌲🌲🌲🌲🌲🌲

🌲 10그루
🌲 1그루

- 그림 🌲은 10그루를 나타내고 🌲은 1그루를 나타냅니다.
- 하늘 마을에서 심은 나무는 14그루입니다.
- 구름 마을에서 심은 나무는 35그루입니다.
- 나무를 가장 적게 심은 마을은 하늘 마을입니다.
  └▶큰 그림이 가장 적은 마을을 찾습니다.
- 나무를 가장 많이 심은 마을은 구름 마을입니다.
  └▶큰 그림의 수부터 비교하고
    큰 그림의 수가 같으면 작은 그림의 수를 비교합니다.

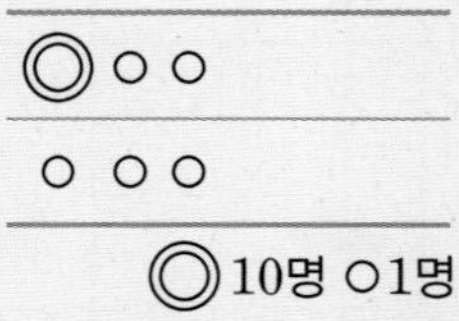

◎○○
○○○
◎10명 ○1명
그림의 수가 같다고 같은 수량을
나타내지는 않습니다.

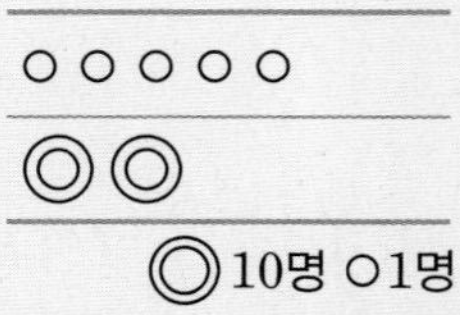

○○○○○
◎◎
◎10명 ○1명
그림의 수가 많다고 수량이 많
은 것은 아닙니다.

● 그림그래프는 알려고 하는 수(조사한 수)를 [ ]으로 나타낸 그래프입니다.

---

1 마을별 사과 생산량을 조사하여 그래프로 나타내었습니다. 물음에 답하세요.

마을별 사과 생산량

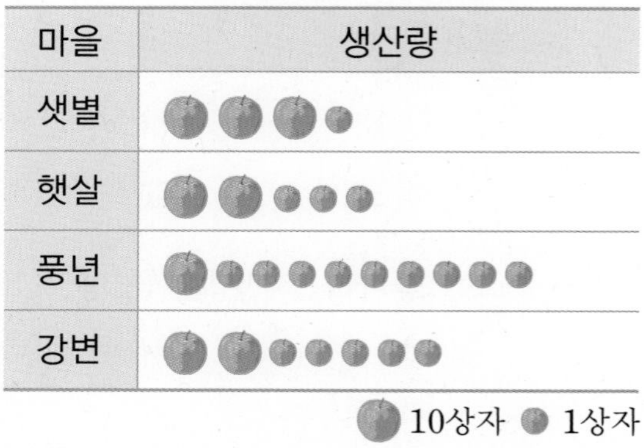

마을	생산량
샛별	🍎🍎🍎🍎
햇살	🍎🍎🍎🍎🍎
풍년	🍎🍎🍎🍎🍎🍎🍎🍎🍎
강변	🍎🍎🍎🍎🍎🍎🍎

🍎10상자 🍎1상자

(1) 위와 같이 조사한 수를 그림으로 나타낸 그래프를 무엇이라고 할까요?

( )

(2) 그림 🍎과 🍎은 각각 몇 상자를 나타낼까요?

🍎 ( )

🍎 ( )

(3) 샛별 마을의 사과 생산량은 몇 상자일까요?

( )

(4) 사과 생산량이 가장 적은 마을은 어느 마을일까요?

( )

2 진선이네 학교 3학년 학생들이 좋아하는 동물을 조사하여 그림그래프로 나타내었습니다. 물음에 답하세요.

좋아하는 동물별 학생 수

동물	학생 수
강아지	
고양이	
호랑이	
독수리	

10명   1명

(1) 그림 과 은 각각 몇 명을 나타낼까요?

   (   )
   (   )

(2) 고양이를 좋아하는 학생은 몇 명일까요?

   (   )

(3) 가장 많은 학생들이 좋아하는 동물은 무엇이고 몇 명일까요?

   (   ), (   )

(4) 강아지 또는 고양이를 좋아하는 학생은 모두 몇 명일까요?

   (   )

(5) 호랑이를 좋아하는 학생은 독수리를 좋아하는 학생보다 몇 명 더 많을까요?

   (   )

3 인우네 반 학급 문고를 조사하여 그림그래프로 나타내었습니다. 물음에 답하세요.

종류별 책 수

책	책 수
동화책	
위인전	
과학책	
만화책	

10권   1권

(1) 책이 많은 것부터 차례로 써 보세요.

   (   )

(2) 인우네 반 학급 문고는 모두 몇 권일까요?

   (   )

4 마을별 자동차 수를 조사하여 그림그래프로 나타내었습니다. 그림그래프를 보고 알 수 있는 내용을 2가지 써 보세요.

마을별 자동차 수

마을	자동차 수
강	
샘	
빛	

10대   1대

....

....

....

....

4 그림그래프로 나타내어 볼까요

● 그림그래프 그리기

마을별 학생 수

마을	별빛	달빛	햇살	고운	합계
학생 수(명)	25	33	31	42	131

① 그림을 몇 가지로 나타낼 것인지 정합니다.
➡ 10명 그림과 1명 그림의 2가지로 정합니다.

② 어떤 그림으로 나타낼 것인지 정합니다.
➡ 10명을 😊로, 1명을 ○로 나타냅니다.

③ 조사한 수에 맞도록 그림을 그리고 알맞은 제목을 붙입니다.
➡ 별빛 마을은 25명이므로 큰 그림 2개와 작은 그림 5개로 나타냅니다.

마을별 학생 수

마을	학생 수
별빛	😊😊○○○○○
달빛	😊😊😊○○○
햇살	😊😊😊○
고운	😊😊😊😊○○

😊 10명 ○ 1명

	표
장점	각각의 자료의 수와 합계를 쉽게 알 수 있습니다.
단점	각각의 자료를 비교하기에 불편합니다.

	그림그래프
장점	각각의 자료의 수와 크기를 쉽게 비교할 수 있습니다.
단점	자료의 합계를 알기 어렵습니다.

1 과수원별 배 생산량을 조사하여 만든 표를 보고 그림그래프로 나타내려고 합니다. 물음에 답하세요.

과수원별 배 생산량

과수원	가	나	다	라	합계
생산량(상자)	41	26	17	35	119

(1) 알맞은 그림에 ○표 하세요.

10상자는 (🍊 , 🍊)으로,

1상자는 (🍊 , 🍊)으로 나타냅니다.

(2) □ 안에 알맞은 수를 써넣으세요.

가 과수원은 🍊 □개와 🍊 □개로 나타냅니다.

(3) 표를 보고 그림그래프를 완성해 보세요.

과수원별 배 생산량

과수원	생산량
가	🍊🍊🍊🍊🍊
나	
다	
라	

🍊 10상자 🍊 1상자

(4) 배 생산량이 가장 많은 과수원은 어디일까요?

( )

2 승준이네 학교 3학년 학생들이 좋아하는 운동을 조사하여 만든 표를 보고 그림그래프로 나타내려고 합니다. 물음에 답하세요.

좋아하는 운동별 학생 수

운동	축구	농구	야구	배구	합계
학생 수(명)	52	27	34	12	125

(1) 그림그래프로 나타낼 때 그림을 몇 가지로 나타내는 것이 좋을까요?

(   )

(2) 학생 10명을 그림 ☺으로, 1명을 그림 ☺으로 나타낸다면 축구는 ☺ 몇 개, ☺ 몇 개로 나타내어야 할까요?

☺ (   )

☺ (   )

(3) 표를 보고 그림그래프로 나타내어 보세요.

좋아하는 운동별 학생 수

운동	학생 수
축구	
농구	
야구	
배구	

☺ 10명 ☺ 1명

(4) 가장 많은 학생들이 좋아하는 운동을 알아보려면 표와 그림그래프 중 어느 것이 더 편리할까요?

(   )

3 마을별 초등학생 수를 조사하여 표로 나타내었습니다. 물음에 답하세요.

마을별 초등학생 수

마을	햇빛	달빛	별빛	바람	합계
학생 수(명)	18	45	26	32	121

(1) 표를 보고 ◎은 10명, ○은 1명으로 하여 그림그래프로 나타내어 보세요.

마을별 초등학생 수

마을	학생 수
햇빛	
달빛	
별빛	
바람	

◎ 10명 ○ 1명

(2) 표를 보고 ◎은 10명, △은 5명, ○은 1명으로 하여 그림그래프로 나타내어 보세요.

마을별 초등학생 수

마을	학생 수

◎ 10명 △ 5명 ○ 1명

(3) 초등학생 수가 많은 마을부터 순서대로 써 보세요.

(   )

기본기 다지기

1 표 알아보기

좋아하는 색깔별 학생 수

색깔	노란색	분홍색	초록색	합계
학생 수(명)	12	9	17	38

– 가장 많은 학생들이 좋아하는 색깔은 초록색입니다.
– 조사한 학생은 모두 38명입니다.
┗• 표에서 합계를 보면 쉽게 알 수 있습니다.

[1~4] 선영이네 학교 3학년 학생들이 가고 싶은 체험 학습 장소를 여학생과 남학생으로 나누어 표로 나타내었습니다. 물음에 답하세요.

가고 싶은 장소별 학생 수

장소	박물관	영화관	놀이공원	과학관	합계
여학생 수(명)	13	25	32	17	
남학생 수(명)	19		28	14	91

1 표의 빈칸에 알맞은 수를 써넣으세요.

2 가장 많은 여학생들이 가고 싶은 장소와 가장 많은 남학생들이 가고 싶은 장소를 써 보세요.

여학생 (   )
남학생 (   )

3 선영이네 학교 3학년 학생은 모두 몇 명일까요?

(   )

4 가고 싶은 장소 중 여학생 수와 남학생 수의 차이가 가장 많이 나는 장소는 어디일까요?

(   )

[5~7] 정아네 반과 영주네 반 학생들이 먹고 싶은 간식을 조사하여 표로 나타내었습니다. 물음에 답하세요.

먹고 싶은 간식별 학생 수

간식	치킨	떡볶이	햄버거	핫도그	합계
정아네 반 학생 수(명)	9	6	7	4	26
영주네 반 학생 수(명)	8	9	4	6	27

5 정아네 반에서 가장 많은 학생들이 먹고 싶은 간식은 무엇일까요?

(   )

6 떡볶이를 먹고 싶은 학생은 누구네 반 학생이 몇 명 더 많을까요?

(   )반, (   )명

서술형
7 정아네 반과 영주네 반 학생들이 함께 간식을 먹는다면 어떤 간식을 먹으면 좋을지 고르고 그 이유를 설명해 보세요.

(   )

이유 ....

....

....

2 표로 나타내기

조사한 자료를 정리하여 표로 나타낼 수 있습니다.

[8~10] 선우네 반 학생들이 좋아하는 계절을 조사하였습니다. 물음에 답하세요.

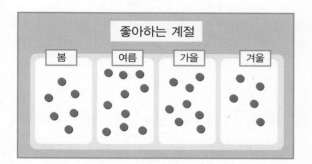

8 조사한 자료를 보고 표로 나타내어 보세요.

좋아하는 계절별 학생 수

계절	봄	여름	가을	겨울	합계
학생 수(명)					

9 가장 많은 학생들이 좋아하는 계절은 언제일까요?

( )

서술형
10 좋아하는 계절별 학생 수를 비교할 때 조사한 자료와 표 중에서 어느 것이 더 편리한지 쓰고, 그 이유를 설명해 보세요.

( )

이유

[11~14] 윤아네 반 학생들이 좋아하는 운동을 조사하였습니다. 물음에 답하세요.

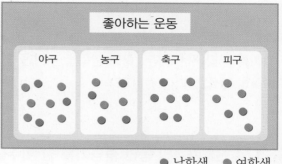

● 남학생 ● 여학생

11 조사한 자료를 보고 표를 완성해 보세요.

운동	야구	농구	축구	피구	합계
남학생 수(명)	3				
여학생 수(명)				4	

12 야구를 좋아하는 여학생은 야구를 좋아하는 남학생보다 몇 명 더 많을까요?

( )

13 윤아네 반 학생은 모두 몇 명일까요?

( )

14 가장 많은 학생들이 좋아하는 운동은 무엇일까요?

( )

3 그림그래프 알아보기

- 그림그래프: 알려고 하는 수(조사한 수)를 그림으로 나타낸 그래프
- 그림그래프로 나타내면 큰 그림과 작은 그림이 얼마를 나타내는지 파악하여 항목별 수량을 쉽게 비교할 수 있습니다.

[15~17] 현지가 4일 동안 줄넘기를 한 횟수를 요일별로 조사하여 그림그래프로 나타내었습니다. 물음에 답하세요.

요일별 줄넘기 횟수

요일	줄넘기 횟수
목요일	ㄹㄹㄹㄹㄹㄹㄹㄹ ㄹㄹ
금요일	ㄹㄹㄹㄹㄹㄹㄹ ㄹㄹㄹㄹㄹ
토요일	ㄹㄹㄹㄹㄹㄹ ㄹㄹㄹㄹㄹㄹㄹ
일요일	ㄹㄹㄹㄹㄹㄹㄹ ㄹㄹㄹㄹ

ㄹ 10회 ㄹ 1회

15 그림 ㄹ과 ㄹ은 각각 몇 회를 나타낼까요?

ㄹ (   ), ㄹ (   )

16 어느 요일에 줄넘기를 가장 많이 했을까요?

(   )

서술형
17 그림그래프로 나타내었을 때 표보다 좋은 점을 설명해 보세요.

설명 ....

....

[18~20] 예림이가 3개월 동안 받은 칭찬 점수를 그림그래프로 나타내었습니다. 물음에 답하세요.

월별 칭찬 점수

월	칭찬 점수
4월	◎◎◎○○
5월	◎◎◎◎○
6월	◎◎○○○○○○○

◎10점 ○1점

18 많은 점수를 받은 달부터 차례로 써 보세요.

(   )

19 예림이는 4월부터 6월까지 모두 몇 점을 받았을까요?

(   )

20 선생님께서 매달 칭찬 점수를 확인하여 30점보다 높으면 공책을 10권씩 주셨습니다. 3개월 동안 예림이가 받은 공책은 모두 몇 권일까요?

(   )

21 수애가 모은 책을 종류별로 조사하여 나타낸 그림그래프입니다. 과학책을 동화책의 $\frac{1}{4}$만큼 모았다면 모은 과학책은 모두 몇 권일까요?

종류별 책의 수

책	책의 수
위인전	▨▨▨▨
동화책	▨▨▨▨ ▨
만화책	▨▨ ▨▨▨▨
과학책	

▨10권 ▨1권

(   )

4 그림그래프로 나타내기

- 그림그래프 그리는 방법
① 그림을 몇 가지로 나타낼 것인지 정하기
② 어떤 그림으로 나타낼 것인지 정하기
③ 조사한 수에 맞도록 그림 그리기
④ 그림그래프에 알맞은 제목 붙이기

[22~24] 해인이네 학교 음악 시간에 민요를 감상하고 그중 가장 듣기 좋았던 민요를 조사하여 표로 나타내었습니다. 물음에 답하세요.

듣기 좋았던 민요별 학생 수

민요	밀양 아리랑	쾌지나 칭칭 나네	옹헤야	합계
학생 수(명)	22	14	9	45

22 표를 보고 그림그래프를 그릴 때 그림을 몇 가지로 나타내는 것이 좋을까요?

( )

23 표를 보고 그림그래프로 나타내어 보세요.

듣기 좋았던 민요별 학생 수

민요	학생 수
밀양 아리랑	
쾌지나 칭칭 나네	
옹헤야	

♪ 10명 ♪ 1명

24 가장 많은 학생들이 듣기 좋았다고 말한 민요는 무엇일까요?

( )

[25~27] 마을별 사과 생산량을 조사하여 나타낸 표와 그림그래프입니다. 물음에 답하세요.

마을별 사과 생산량

마을	다정	기쁨	보람	사랑	행복	합계
생산량 (상자)	340		250		210	1370

마을별 사과 생산량

마을	생산량
다정	
기쁨	▱ ▱▱▱▱▱▱
보람	
사랑	▱▱▱▱
행복	▱▱▱

▱ ☐ 상자 ▱ ☐ 상자

25 그림그래프에서 그림 ▱과 ▱은 각각 몇 상자를 나타낼까요?

▱ ( ), ▱ ( )

26 기쁨 마을과 사랑 마을의 사과 생산량은 각각 몇 상자일까요?

기쁨 마을 ( )

사랑 마을 ( )

27 위의 그림그래프를 완성해 보세요.

5 3가지 그림의 그림그래프 알아보기

그림그래프에서 그림의 수가 많아져 복잡할 때에는 그림의 단위를 더 세부적으로 나누어 3가지 그림으로 나타낼 수 있습니다.

[28~30] 어느 옷 가게에서 하루에 판 옷의 수를 조사하여 나타낸 표입니다. 물음에 답하세요.

종류별 옷 판매량

옷	티셔츠	바지	점퍼	합계
판매량(벌)	38	25	16	79

28 표를 보고 그림그래프로 나타내어 보세요.

종류별 옷 판매량

옷	판매량
티셔츠	
바지	
점퍼	

◎10벌 ○1벌

29 표를 보고 ◎은 10벌, △은 5벌, ○은 1벌로 하여 그림그래프로 나타내어 보세요.

종류별 옷 판매량

옷	판매량
티셔츠	
바지	
점퍼	

◎10벌 △5벌 ○1벌

30 **29**번 그림그래프가 **28**번 그림그래프보다 더 편리한 점을 써 보세요.

6 조건이 주어진 그림그래프 완성하기

주어진 조건에 맞게 그림그래프를 완성합니다.

31 지점별 햄버거 판매량을 조사하여 나타낸 그림그래프입니다. 노을 지점의 판매량은 하늘 지점의 판매량보다 180개 더 많을 때 그림그래프를 완성해 보세요.

지점별 햄버거 판매량

지점	판매량
하늘	
바다	
노을	
바람	

🍔100개 🍔10개

32 마을별 건조기를 사용하는 가구 수를 조사하여 나타낸 그림그래프입니다. 다 마을의 건조기 사용 가구 수가 나 마을의 2배일 때 그림그래프를 완성해 보세요.

마을별 건조기 사용 가구 수

마을	가구 수
가	
나	
다	
라	

🏠100가구 🏠10가구 🏠1가구

문제 풀이

심화유형 1 그림그래프 해석하기

윤미네 학교 3학년의 반별 학생 수를 조사하여 나타낸 그림그래프입니다. 3학년 학생들에게 각각 연필을 4자루씩 나누어 주려면 연필은 모두 몇 자루를 준비해야 할까요?

반별 학생 수

반	학생 수
1반	😀😀😊😊😊😊😊😊😊
2반	😀😀😀😊
3반	😀😀😊😊😊😊😊

😀 10명
😊 1명

(   )

● 핵심 NOTE   먼저 그림그래프에서 각 항목의 수를 세어 전체 학생 수를 구해 봅니다.

1-1

어느 아파트의 동별 가구 수를 조사하여 나타낸 그림그래프입니다. 한 가구당 주차 공간을 2칸씩으로 하여 주차장을 만든다면 주차 공간을 모두 몇 칸으로 만들어야 할까요?

동별 가구 수

동	가구 수
1동	🏠🏠🏠🏠🏠🏠
2동	🏠🏠🏠🏠🏠🏠🏠🏠
3동	🏠🏠🏠🏠🏠🏠
4동	🏠🏠🏠🏠

🏠 10가구 🏠 1가구

(   )

1-2

어느 마을의 마트에서 하루 동안 판매한 아이스크림 수를 조사하여 나타낸 그림그래프입니다. 아이스크림 1개의 값이 400원일 때 가 마트의 판매액은 라 마트의 판매액보다 얼마나 더 많을까요?

하루 동안 판매한 아이스크림 수

마트	아이스크림 수
가	🍦🍦🍦🍦🍦🍦
나	🍦🍦🍦
다	🍦🍦🍦🍦🍦🍦
라	🍦🍦🍦🍦🍦

🍦 10개 🍦 1개

(   )

위치별로 나누어진 그림그래프에서 지역별 비교하기

공장별 인형 생산량을 조사하여 나타낸 그림그래프입니다. 도로의 서쪽과 동쪽 중 어느 쪽 공장의 인형 생산량이 몇 개 더 많을까요?

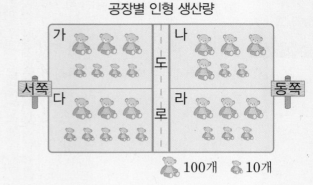

공장별 인형 생산량

🧸100개 🧸10개

(   ), (   )

● 핵심 NOTE   도로의 서쪽에 있는 공장의 생산량의 합과 동쪽에 있는 공장의 생산량의 합을 구해 비교합니다.

2-1 마을별 초등학생이 있는 가구 수를 조사하여 나타낸 그림그래프입니다. 초등학생이 있는 가구 수는 도로의 북쪽과 남쪽 중 어느 쪽 마을이 얼마나 더 많을까요?

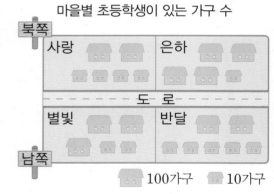

마을별 초등학생이 있는 가구 수

🏠100가구 🏠10가구

(   ), (   )

2-2 마을별 사과 수확량을 조사하여 나타낸 그림그래프입니다. 호수의 동쪽 수확량이 서쪽 수확량보다 150상자 더 많다면 나 마을의 사과 수확량은 몇 상자일까요?

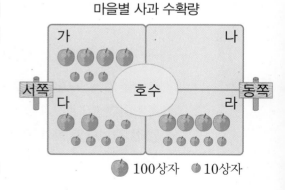

마을별 사과 수확량

🍎100상자 🍎10상자

(   )

조건을 보고 표와 그림그래프 완성하기

심화유형 **3**

수연이와 친구들이 1년 동안 읽은 책의 수를 조사하여 나타낸 표와 그림그래프입니다. 예나와 주하가 읽은 책의 수가 같을 때 표와 그림그래프를 완성해 보세요.

1년 동안 읽은 책의 수

이름	책의 수(권)
수연	28
예나	
주하	
합계	94

1년 동안 읽은 책의 수

이름	책의 수
수연	
예나	
주하	

📖 10권   📖 1권

● **핵심 NOTE**   두 사람이 읽은 책의 수가 같다는 조건을 이용하여 각각 읽은 책의 수를 구한 다음, 표와 그림그래프를 완성합니다.

3-1

신문사별 신문 판매 부수를 조사하여 나타낸 표와 그림그래프입니다. 가 신문사와 다 신문사의 신문 판매 부수가 같을 때 표와 그림그래프를 완성해 보세요.

신문사별 판매 부수

신문사	부수(부)
가	
나	121
다	
합계	585

신문사별 판매 부수

신문사	가	나	다
부수			

🗞100부 🗞10부 🗞1부

3-2

가게별 인형 판매량을 조사하여 나타낸 그림그래프입니다. 전체 인형 판매량이 706개이고, 기쁨 가게의 인형 판매량이 사랑 가게의 2배일 때 그림그래프를 완성해 보세요.

가게별 인형 판매량

가게	판매량
행복	◎◎△△△△△○○○
기쁨	
미소	◎△○○○○○○○
사랑	

◎100개 △10개 ○1개

4 그림그래프를 보고 조건에 맞는 항목 구하기

융합유형

수학 ✚ 사회

우리나라의 한 달 동안 지역별 관광객 수를 조사하여 나타낸 그림그래프입니다. 민경이가 사는 곳은 어디인지 써 보세요.

지역별 관광객 수

민경

내가 사는 곳은
관광객 수가 가장 많은 지역보다
182명 더 적은 지역에 있어요.

1단계 관광객 수가 가장 많은 지역 찾기

_____

2단계 관광객 수가 가장 많은 지역보다 182명 더 적은 지역 찾기

_____

(   )

● 핵심 NOTE
1단계 관광객 수가 가장 많은 지역을 찾습니다.
2단계 관광객 수가 1단계 에서 찾은 지역보다 182명 더 적은 지역을 찾습니다.

4-1

서울시의 지역별 초등학교 야구부 수를 조사하여 나타낸 그림그래프입니다. 현우네 초등학교는 어느 지역에 있는지 써 보세요.

서울 지역별 초등학교 야구부 수

현우

• 우리 학교는 서울의 다섯 지역 중 야구부가 가장 적은 지역보다 2군데 더 많은 지역에 있어요.
• 우리 학교는 한강을 기준으로 윗부분에 위치해 있어요.

(   )

단원 평가 Level ❶

점수 _____

확인 _____

[1~4] 과수원별 귤 수확량을 조사하여 그림그래프로 나타내었습니다. 물음에 답하세요.

과수원별 귤 수확량

과수원	귤 수확량
가	⬤⬤⬤●●●●
나	⬤⬤●●●●●●●
다	⬤⬤⬤⬤●●
라	⬤⬤⬤●●●

⬤100상자 ●10상자

1 그림 ⬤ 과 ● 은 각각 몇 상자를 나타낼까요?

⬤ ( )

● ( )

2 가 과수원의 귤 수확량은 몇 상자일까요?

( )

3 다 과수원은 라 과수원보다 귤을 몇 상자 더 많이 수확했을까요?

( )

4 귤을 가장 적게 수확한 과수원은 어느 과수원일까요?

( )

[5~8] 선재네 반 학생들이 받고 싶은 선물을 조사하여 표로 나타내었습니다. 물음에 답하세요.

받고 싶은 선물별 학생 수

선물	책	옷	휴대전화	게임기	합계
남학생 수(명)	2	3	6	8	19
여학생 수(명)	3	5	8	2	18

5 선물로 옷을 받고 싶은 여학생은 몇 명일까요?

( )

6 선물로 책을 받고 싶은 학생은 모두 몇 명일까요?

( )

7 조사한 학생은 모두 몇 명일까요?

( )

8 가장 많은 학생들이 받고 싶은 선물은 무엇일까요?

( )

[9~12] 성민이네 반 학생들의 취미를 조사하였습니다. 물음에 답하세요.

학생들의 취미

학생	취미	학생	취미	학생	취미
성민	독서	경민	운동	주원	독서
지원	피아노	승연	독서	성진	운동
연우	운동	지영	피아노	주영	게임
민재	게임	민호	운동	승민	운동
미라	독서	승훈	운동	재민	게임
인수	게임	은서	운동	소희	독서

9 승연이의 취미는 무엇일까요?

( )

10 조사한 자료를 보고 표로 나타내어 보세요.

취미별 학생 수

취미	독서	피아노	운동	게임	합계
학생 수(명)					

11 취미가 운동인 학생은 몇 명일까요?

( )

12 학생 수가 많은 취미부터 차례로 써 보세요.

( )

[13~15] 마을별 강아지를 기르는 가구 수를 조사하여 표로 나타내었습니다. 물음에 답하세요.

마을별 강아지를 기르는 가구 수

마을	호수	숲속	무지개	사랑	합계
가구 수(가구)	36	18	31		110

13 사랑 마을에서 강아지를 기르는 가구는 몇 가구일까요?

( )

14 표를 보고 그림그래프로 나타내어 보세요.

마을별 강아지를 기르는 가구 수

마을	가구 수
호수	
숲속	
무지개	
사랑	

◎ 10가구 ○ 1가구

15 표를 보고 그림그래프로 나타내어 보세요.

마을별 강아지를 기르는 가구 수

마을	가구 수
호수	
숲속	
무지개	
사랑	

◎ 10가구 △ 5가구 ○ 1가구

[16~17] 반별로 도서관에서 책을 빌려 간 학생 수를 조사하여 표와 그림그래프로 나타내었습니다. 물음에 답하세요.

반별 책을 빌려 간 학생 수

반	1반	2반	3반	4반	합계
학생 수(명)	11		13		

반별 책을 빌려 간 학생 수

반	학생 수
1반	
2반	☺☺☺☺☺☺
3반	
4반	☺☺☺

☺10명
☺1명

16 표와 그림그래프를 완성해 보세요.

17 책을 빌려 간 3학년 학생은 모두 몇 명인지 알아보려면 표와 그림그래프 중 어느 것이 더 편리할까요?

(   )

18 네 농장의 오리가 모두 77마리라면 라 농장의 오리는 몇 마리일까요?

농장별 오리 수

농장	오리 수
가	🦆🦆
나	🦆🦆🦆🦆🦆
다	🦆🦆🦆🦆🦆🦆🦆
라	

🦆10마리 🦆1마리

(   )

19 승호네 문구점에서 일주일 동안 팔린 볼펜 수를 조사하여 표로 나타내었습니다. 승호네 문구점에서 다음 주에는 어떤 색 볼펜을 어떻게 준비하면 좋을지 쓰고, 그 이유를 설명해 보세요.

색깔별 팔린 볼펜 수

색깔	검정색	빨간색	파란색	초록색	합계
볼펜 수(자루)	29	45	22	17	113

답 ....

이유 ....

....

20 윤하네 반 학급 문고의 종류별 책 수를 조사하여 그림그래프로 나타내었습니다. 가장 많은 책은 가장 적은 책보다 몇 권 더 많은지 풀이 과정을 쓰고 답을 구해 보세요.

종류별 책 수

책	책 수
동화책	📗📗📗📘📘📘
위인전	📗📗📗📗📗
과학책	📗📗📘📘📘📘
만화책	📗📗📘📘

📗10권 📘1권

풀이 ....

....

....

답

단원 평가 Level ❷

[1~2] 준성이네 학교 학생들이 좋아하는 동물을 조사하여 나타낸 그림그래프입니다. 물음에 답하세요.

좋아하는 동물별 학생 수

동물	학생 수
강아지	◎ ◎ ◎ ◎ ○ ○ ○ ○
고양이	◎ ◎ ◎ ○ ○ ○ ○ ○
토끼	◎ ◎ ○ ○ ○ ○ ○ ○
햄스터	◎ ◎ ○ ○ ○ ○

◎ 10명 ○ 1명

1 토끼를 좋아하는 학생은 몇 명일까요?

( )

2 고양이를 좋아하는 학생은 햄스터를 좋아하는 학생보다 몇 명 더 많을까요?

( )

3 유진이네 학교 3학년 학생들의 등교 교통 수단을 조사하여 나타낸 그림그래프입니다. 3학년 전체 학생 수가 90명일 때 그림그래프를 완성해 보세요.

교통 수단별 학생 수

교통 수단	학생 수
도보	😊 😊 😊 😊 😊 😊 😊 😊
자전거	
버스	😊 😊 😊 😊 😊

😊 10명 😊 1명

[4~6] 유하네 반과 해주네 반 학생들이 배우고 싶은 악기를 조사하여 나타낸 표입니다. 물음에 답하세요.

배우고 싶은 악기별 학생 수

악기	피아노	드럼	첼로	플루트	합계
유하네 반 학생 수(명)	11	6	9	4	
해주네 반 학생 수(명)		7	6	3	29

4 유하네 반 학생은 모두 몇 명일까요?

( )

5 유하네 반과 해주네 반에서 첼로를 배우고 싶은 학생은 모두 몇 명일까요?

( )

6 피아노를 배우고 싶은 학생은 누구네 반 학생이 몇 명 더 많을까요?

( )반, ( )명

7 하루 동안 어느 음식점에서 팔린 음식의 수를 조사하여 그림그래프로 나타내었습니다. 팔린 파스타와 샐러드의 수의 차를 구해 보세요.

음식 종류별 판매량

음식	판매량
파스타	◎ ◎ ◎ ◎ △ ○ ○
피자	◎ ◎ ◎ ○ ○ ○ ○
샐러드	◎ ◎ ◎ △
리소토	◎ △ ○ ○ ○ ○

◎ 10접시 △ 5접시 ○ 1접시

( )

[8~11] 민주네 반 학생들이 좋아하는 색깔을 2가지씩 조사한 것입니다. 물음에 답하세요.

좋아하는 색깔

민주	서연	정우	현서	유찬
초록색 보라색	빨간색 파란색	노란색 초록색	보라색 파란색	파란색 노란색
예은	은성	민선	윤아	민하
빨간색 파란색	파란색 초록색	초록색 노란색	보라색 초록색	파란색 보라색
상윤	채은	태민	현우	예나
초록색 파란색	파란색 보라색	노란색 초록색	파란색 보라색	파란색 빨간색

8 현서가 좋아하는 색깔은 무슨 색과 무슨 색일까요?

(   ), (   )

9 조사한 내용을 보고 표로 나타내어 보세요.

좋아하는 색깔별 학생 수

색깔	초록색	보라색	빨간색	노란색	파란색	합계
학생 수 (명)						

10 민주네 반 학생은 모두 몇 명일까요?

(   )

11 가장 많은 학생들이 좋아하는 색의 색종이를 민주네 반 학생들에게 나누어 주려고 합니다. 어떤 색의 색종이를 준비하면 될까요?

(   )

[12~15] 농장별 기르는 닭의 수를 조사하여 나타낸 그림그래프입니다. 물음에 답하세요.

농장별 닭의 수

농장	닭의 수
가	🐔🐔🐔🐔🐔🐔🐔🐓
나	🐔🐔🐔🐔🐔🐓🐓🐓
다	🐔🐔🐔🐔🐓🐓🐓
라	🐔🐔🐔🐔🐔🐔🐔🐓🐓

🐔10마리 🐓1마리

12 기르는 닭의 수가 가장 많은 농장과 가장 적은 농장의 닭의 수의 차를 구해 보세요.

(   )

13 다 농장보다 닭을 더 많이 기르고 있는 농장을 모두 써 보세요.

(   )

14 기르고 있는 닭의 수가 가 농장의 2배인 농장은 어디일까요?

(   )

15 닭 한 마리마다 알을 5개씩 낳았다면 알은 모두 몇 개일까요?

(   )

[16~18] 과수원별 귤 생산량을 조사하여 나타낸 표와 그림그래프입니다. 물음에 답하세요.

과수원별 귤 생산량

과수원	싱싱	초록	푸른	햇살	합계
생산량(상자)		162		219	

과수원별 귤 생산량

과수원	생산량
싱싱	
초록	
푸른	
햇살	

🟠100상자 🔵10상자 🔴1상자

16 위의 표와 그림그래프를 완성해 보세요.

17 바르게 설명한 것의 기호를 써 보세요.

> ㉠ 귤 생산량이 두 번째로 많은 과수원은 햇살 과수원입니다.
> ㉡ 귤 생산량이 햇살 과수원보다 적은 과수원은 싱싱 과수원과 초록 과수원입니다.
> ㉢ 푸른 과수원의 귤 생산량은 초록 과수원의 2배입니다.

( )

18 귤 생산량이 가장 많은 과수원과 가장 적은 과수원의 귤 생산량의 차는 몇 상자일까요?

( )

19 목장별 일주일 동안 생산한 우유의 양을 조사하여 표로 나타내었습니다. 가 목장의 생산량은 라 목장의 생산량의 $\frac{1}{3}$일 때 나 목장의 생산량은 몇 kg인지 풀이 과정을 쓰고 답을 구해 보세요.

목장별 우유 생산량

목장	가	나	다	라	합계
생산량(kg)			62	51	165

풀이 _____

_____

답 _____

20 마을별 신생아 수를 조사하여 나타낸 그림그래프입니다. 도로의 서쪽과 동쪽 중 어느 쪽에 신생아 수가 몇 명 더 많은지 풀이 과정을 쓰고 답을 구해 보세요.

마을별 신생아 수

👶100명 👶10명

풀이 _____

_____

답 _____

사고력이 반짝

● 모든 칸을 한 번씩만 지나도록 같은 동물끼리 선으로 연결해 보세요.

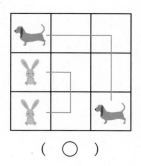

(○)

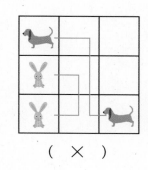

(×)

남는 칸이 있으면
안 돼요.

모든 칸은 한 번씩만
지나갈 수 있어요.

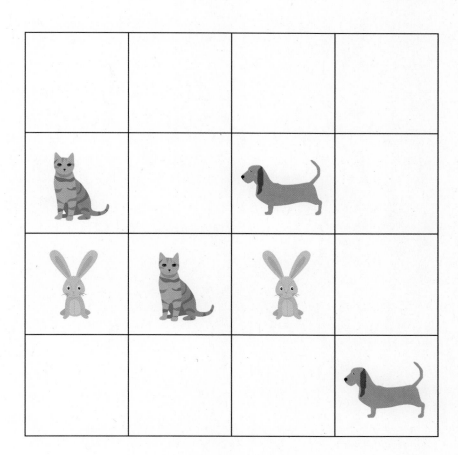

계산이 아닌

개념을 깨우치는

수학을 품은 연산

디딤돌
연산은
수학이다.

디딤돌

1~6학년(학기용)

수학 공부의 새로운 패러다임

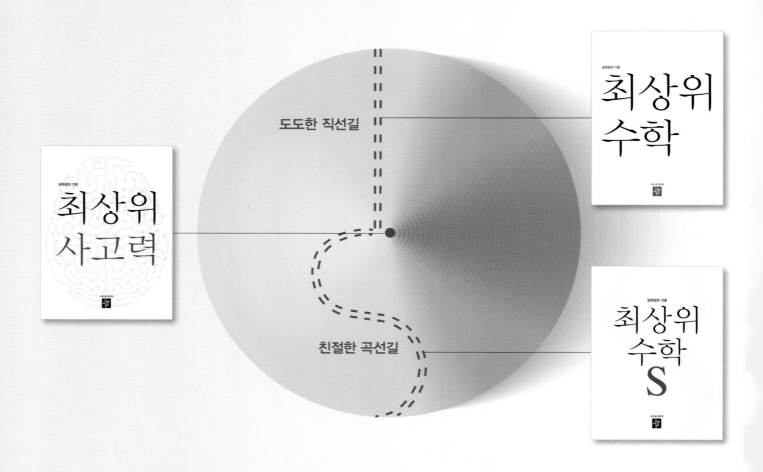

디딤돌

실력 보강
자료집

3–2

수학 좀 한다면

초등수학

실력 보강 자료집

3
2

- **서술형 문제** | 서술형 문제를 집중 연습해 보세요.

- **단원 평가** | 시험에 잘 나오는 문제를 한번 더 풀어 단원을 확실하게 마무리해요.

서술형 문제

1 정화는 줄넘기를 하루에 40번씩 하려고 합니다. 6월 한 달 동안에는 줄넘기를 모두 몇 번 하게 되는지 풀이 과정을 쓰고 답을 구해 보세요.

풀이 ⓔ 6월은 30일까지 있으므로 6월 한 달 동안 줄넘기를 모두 $40 \times 30 = 1200$(번) 하게 됩니다.

답   1200번

1⁺ 민국이는 훌라후프를 하루에 35번씩 돌리려고 합니다. 9월 한 달 동안에는 훌라후프를 모두 몇 번 돌리게 되는지 풀이 과정을 쓰고 답을 구해 보세요.

풀이 _____

_____

답 _____

2 그림과 같이 네 변의 길이가 모두 298 m로 같은 사각형 모양의 밭이 있습니다. 이 밭의 네 변의 길이의 합은 몇 m인지 풀이 과정을 쓰고 답을 구해 보세요.

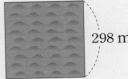

298 m

풀이 ⓔ 사각형의 네 변의 길이가 모두 같으므로 네 변의 길이의 합은 $298 \times 4 = 1192$(m)입니다.

답   1192 m

2⁺ 그림과 같이 세 변의 길이가 모두 357 m로 같은 삼각형 모양의 밭이 있습니다. 이 밭의 세 변의 길이의 합은 몇 m인지 풀이 과정을 쓰고 답을 구해 보세요.

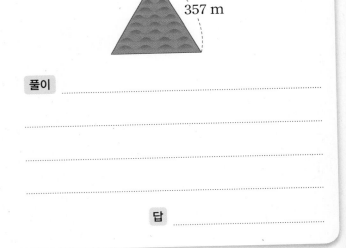

357 m

풀이 _____

_____

_____

답 _____

3 색종이가 한 묶음에 20장씩 40묶음 있습니다. 색종이는 모두 몇 장인지 풀이 과정을 쓰고 답을 구해 보세요.

▶ 한 묶음의 색종이 수와 묶음 수의 곱을 구합니다.

풀이

답

4 1년은 365일이라고 할 때 6년은 모두 며칠인지 구하려고 합니다. 풀이 과정을 쓰고 답을 구해 보세요.

▶ 6년이 모두 며칠인지 구하려면 1년의 날수와 6의 곱을 구합니다.

풀이

답

5 사탕이 한 봉지에 7개씩 들어 있습니다. 25봉지에 들어 있는 사탕은 모두 몇 개인지 풀이 과정을 쓰고 답을 구해 보세요.

▶ 한 봉지에 들어 있는 사탕 수와 봉지 수의 곱을 구합니다.

풀이

답

6 정민이네 학교 3학년 반별 학생 수는 다음과 같습니다. 수업 준비물로 색종이를 한 명에게 5장씩 주려고 할 때 색종이는 모두 몇 장 필요한지 풀이 과정을 쓰고 답을 구해 보세요.

▶ 필요한 색종이 수는 3학년 학생 수의 합과 한 명에게 나누어 주려는 색종이 수의 곱을 구합니다.

반	1반	2반	3반	4반	5반
학생 수(명)	25	24	23	28	26

풀이 _____

_____

_____

답 _____

7 강당에 의자가 54개씩 26줄 놓여 있었습니다. 이 중에서 의자 685개를 창고로 옮겼습니다. 강당에 남아 있는 의자는 몇 개인지 풀이 과정을 쓰고 답을 구해 보세요.

▶ 처음 강당에 놓여 있던 의자는 몇 개인지 구합니다.

풀이 _____

_____

_____

답 _____

8 어느 과일 가게에서 오늘 한 상자에 20개씩 들어 있는 사과 80상자와 한 상자에 15개씩 들어 있는 배 60상자를 팔았습니다. 오늘 판 사과와 배는 모두 몇 개인지 풀이 과정을 쓰고 답을 구해 보세요.

▶ 오늘 판 사과와 배의 수를 각각 구한 다음 두 수의 합을 구합니다.

풀이 _____

_____

_____

답 _____

9 ㉠과 ㉡의 곱을 구하려고 합니다. 풀이 과정을 쓰고 답을 구해 보세요.

> ㉠ 10이 5개, 1이 8개인 수
> ㉡ 10이 7개인 수

풀이

답

▶ 10이 ■개, 1이 ▲개인 수는 ■▲임을 이용하여 ㉠과 ㉡을 구하고 두 수의 곱을 구합니다.

1

10 은수는 동화책을 하루에 48쪽씩 25일 동안 읽었고, 민지는 하루에 36쪽씩 32일 동안 읽었습니다. 은수와 민지 중 누가 동화책을 몇 쪽 더 많이 읽었는지 풀이 과정을 쓰고 답을 구해 보세요.

풀이

답   ,

▶ 은수와 민지가 읽은 동화책의 쪽수를 각각 구한 다음 두 수의 차를 구합니다.

11 어떤 수에 24를 곱해야 할 것을 잘못하여 뺐더니 68이 되었습니다. 바르게 계산하면 얼마인지 풀이 과정을 쓰고 답을 구해 보세요.

풀이

답

▶ 어떤 수를 먼저 구한 후 바르게 계산한 값을 구합니다.

단원 평가 Level ❶

1 ☐ 안에 알맞은 수를 써넣으세요.

$70 \times 3 = \boxed{}$ ➡ $70 \times 30 = \boxed{}$

2 계산해 보세요.

(1) 3 2 4
   ×   2

(2)   4 3
   × 2 0

3 ☐ 안에 알맞은 수를 써넣으세요.

```
         4
     ×  3  5
    ─────────
    ☐ ☐        ··· 4 × ☐
   ☐ ☐ ☐      ··· 4 × ☐
   ☐ ☐ ☐
```

4 5×43의 곱셈에서 ☐ 안의 두 숫자끼리의 곱 이 실제로 나타내는 수 는 얼마일까요?

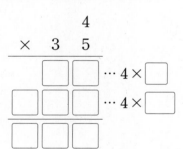

(   )

5 계산 결과가 같은 것끼리 이어 보세요.

40×60 •   • 20×90

90×40 •   • 60×60

60×30 •   • 80×30

6 계산 결과를 비교하여 ○ 안에 >, =, <를 알맞게 써넣으세요.

$35 \times 70 \bigcirc 42 \times 60$

7 빈 곳에 알맞은 수를 써넣으세요.

```
      ×58          ×9
  7  ──→  ☐  ──→  ☐
```

8 책을 두 군데로 다음과 같이 분류할 때, 책의 수가 더 많은 쪽의 기호를 써 보세요.

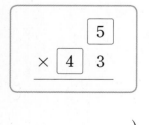

(   )

9 하은이의 심장은 1분에 70번씩 뜁니다. 하은이의 심장이 같은 빠르기로 뛴다면 1시간 동안 몇 번 뛸까요?

(   )

10 혜주네 반 학생은 35명입니다. 한 사람에게 색종이를 25장씩 나누어 주었더니 7장이 남았습니다. 처음에 있던 색종이는 모두 몇 장일까요?

(   )

11 정호의 지난달 휴대 전화 요금 내역입니다. 일반 문자 요금은 1건에 16원, 그림 문자 요금은 1건에 28원입니다. 정호가 사용한 문자 요금은 모두 얼마일까요?

내역	사용량
일반 문자	23건
그림 문자	15건

(   )

12 ㉠★㉡=㉠×㉡−㉠이라고 약속할 때 다음을 계산해 보세요.

$$58 ★ 38$$

(   )

13 문구점에서 학용품을 다음과 같이 팔고 있습니다. 정호는 학용품을 사고 5000원을 냈습니다. 영수증을 보고 정호가 받아야 할 거스름돈은 얼마인지 구해 보세요.

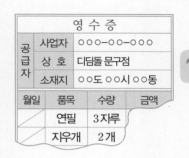

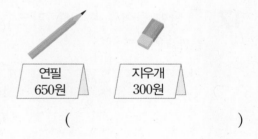

(   )

14 ☐ 안에 들어갈 수 있는 자연수 중에서 가장 작은 수를 구해 보세요.

$$452 × \boxed{} > 2900$$

(   )

15 어떤 수에 69를 곱해야 할 것을 잘못하여 더했더니 92가 되었습니다. 바르게 계산하면 얼마일까요?

(   )

16 ☐ 안에 알맞은 수를 써넣으세요.

$$
\begin{array}{r}
3\ \square\ 5 \\
\times\quad\quad 4 \\
\hline
1\ 4\ 6\ 0
\end{array}
$$

17 ☐ 안에 들어갈 수 있는 자연수는 모두 몇 개일까요?

$$50 \times 30 < 430 \times \square < 40 \times 60$$

(   )

18 수 카드 ② , ④ , ⑥ 을 한 번씩만 사용하여 계산 결과가 가장 큰 곱셈식을 만들고, 계산해 보세요.

$$\square\ \square \times 5\ \square = \square$$

19 도로의 한쪽에 처음부터 끝까지 40그루의 나무가 서 있습니다. 나무와 나무 사이의 간격이 20 m로 일정하다면 도로의 길이는 몇 m인지 풀이 과정을 쓰고 답을 구해 보세요. (단, 나무의 두께는 생각하지 않습니다.)

풀이

답

20 ㉠과 ㉡에 알맞은 수는 얼마인지 풀이 과정을 쓰고 답을 구해 보세요.

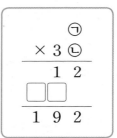

풀이

답   ,

단원 평가 Level ❷

1 ☐ 안에 알맞은 수를 써넣으세요.

(1) $40 \times 9 = $ ☐

➡ $40 \times $ ☐ $= 3600$

(2) $21 \times 4 = $ ☐

➡ $21 \times $ ☐ $= 840$

2 덧셈식을 곱셈식으로 나타내어 보세요.

$321 + 321 + 321$

☐ $\times$ ☐ $=$ ☐

3 ☐ 안에 알맞은 수를 써넣으세요.

$17 \times 9 = $ ☐

$17 \times 20 = $ ☐

$17 \times 29 = $ ☐

4 계산 결과를 비교하여 ○ 안에 >, =, <를 알맞게 써넣으세요.

$7 \times 38 \bigcirc 4 \times 52$

5 계산 결과가 작은 것부터 차례대로 기호를 써 보세요.

㉠ 491×5 ㉡ 687×3 ㉢ 502×4

( )

6 ㉠과 ㉡의 곱을 구해 보세요.

㉠ 10이 6개, 1이 9개인 수
㉡ 10이 8개인 수

( )

7 ☐ 안에 알맞은 수를 써넣으세요.

$$\begin{array}{r} \boxed{}\,9 \\ \times 7\ 0 \\ \hline 4\ 8\ 3\ \boxed{} \end{array}$$

8 한 변의 길이가 168 m인 정사각형 모양의 밭이 있습니다. 이 밭의 네 변의 길이의 합은 몇 m일까요?

( )

9 조기와 같은 물고기를 한 줄에 10마리씩 두 줄로 엮은 것을 '두름'이라고 합니다. 조기 한 두름은 20마리입니다. 조기 40두름은 모두 몇 마리일까요?

(   )

10 수아는 수학 문제를 매일 15문제씩 풉니다. 수아가 6월 한 달 동안 푼 문제는 모두 몇 문제일까요?

(   )

11 사과가 한 상자에 30개씩 40상자 있고, 배가 한 상자에 20개씩 50상자 있습니다. 사과와 배 중 어느 것이 몇 개 더 많을까요?

(   ), (   )

12 한 시간에 48켤레의 운동화를 만드는 기계가 있습니다. 기계가 쉬지 않고 작동할 때 이 기계가 이틀 동안 만들 수 있는 운동화는 모두 몇 켤레일까요?

(   )

13 ☐ 안에 들어갈 수 있는 자연수는 모두 몇 개일까요?

$$41 \times 24 < \square < 22 \times 45$$

(   )

14 성주는 미술 시간에 길이가 5 cm인 이쑤시개를 한 변으로 하는 삼각형 18개를 각각 만들었습니다. 성주가 사용한 이쑤시개의 길이의 합은 몇 cm일까요?

(   )

15 수 카드 중 4장을 한 번씩만 사용하여 가장 큰 두 자리 수와 가장 작은 두 자리 수를 만들었습니다. 만든 두 수의 곱을 구해 보세요.

| 3 | 7 | 1 | 9 | 6 |

(   )

16 규칙을 찾아 35◎28의 값을 구해 보세요.

$$7◎9 = 64$$
$$20◎4 = 81$$
$$6◎12 = 73$$

( )

17 민영이네 학교 도서관에는 책이 2000권 있습니다. 이 중 동화책은 24권씩 36상자, 위인전은 45권씩 18상자이고 나머지는 과학책입니다. 과학책은 몇 권일까요?

( )

18 미술관의 입장료가 어린이는 350원이고, 어른은 어린이의 2배보다 50원 더 비싸다고 합니다. 어린이 6명과 어른 5명의 입장료는 모두 얼마일까요?

( )

19 사탕을 한 사람에게 13개씩 42명에게 나누어 주면 5개가 남고, 초콜릿을 한 사람에게 16개씩 51명에게 나누어 주려면 14개가 모자란다고 합니다. 사탕과 초콜릿 중 어느 것이 몇 개 더 많은지 풀이 과정을 쓰고 답을 구해 보세요.

풀이

답 ,

20 길이가 135 cm인 색 테이프 7장을 같은 길이만큼씩 겹치게 한 줄로 길게 이어 붙였습니다. 이어 붙인 색 테이프의 전체 길이가 861 cm라면 색 테이프는 몇 cm씩 겹치게 이어 붙였는지 풀이 과정을 쓰고 답을 구해 보세요.

풀이

답

1 6÷2의 몫을 이용하여 60÷2의 몫은 얼마인지 구하려고 합니다. 풀이 과정을 쓰고 답을 구해 보세요.

풀이 ⑩ 60÷2의 몫은 6÷2의 몫의 10배입니다. 따라서 6÷2 = 3이므로 60÷2의 몫은 30입니다.

답　　30

1⁺ 8÷4의 몫을 이용하여 80÷4의 몫은 얼마인지 구하려고 합니다. 풀이 과정을 쓰고 답을 구해 보세요.

풀이 _____

답 _____

2 사탕 17개를 5명에게 똑같이 나누어 주려고 합니다. 한 명에게 몇 개씩 줄 수 있고 몇 개가 남는지 풀이 과정을 쓰고 답을 구해 보세요.

풀이 ⑩ 17÷5 = 3…2이므로 한 명에게 3개씩 나누어 줄 수 있고 2개가 남습니다.

답　　3개　,　2개

2⁺ 초콜릿 23개를 4명에게 똑같이 나누어 주려고 합니다. 한 명에게 몇 개씩 줄 수 있고 몇 개가 남는지 풀이 과정을 쓰고 답을 구해 보세요.

풀이 _____

답 _____ , _____

3 미술 시간에 선생님께서 색종이 128장을 수아네 반 학생들에게 똑같이 나누어 주셨습니다. 한 명에게 4장씩 나누어 주었다면 수아네 반 학생은 몇 명인지 풀이 과정을 쓰고 답을 구해 보세요.

▶ 전체 색종이 수를 한 명에게 나누어 준 색종이 수로 나누면 반 학생 수를 구할 수 있습니다.

풀이

답

4 복숭아 257개를 8상자에 똑같이 나누어 담으려고 합니다. 한 상자에 복숭아를 몇 개씩 담을 수 있고 몇 개가 남는지 풀이 과정을 쓰고 답을 구해 보세요

▶ 전체 복숭아 수를 상자 수로 나누면 한 상자에 담을 수 있는 복숭아 수를 구할 수 있습니다.

풀이

답   ,

5 연주는 일주일 동안 매일 같은 쪽수씩 동화책을 읽었습니다. 일주일 동안 84쪽을 읽었다면 하루에 몇 쪽씩 읽었는지 풀이 과정을 쓰고 답을 구해 보세요.

▶ 연주가 하루에 읽은 쪽수는 전체 쪽수를 읽은 날수로 나누어 구합니다.

풀이

답

6 구슬이 한 상자에 10개씩 9상자 있습니다. 한 명에게 6개씩 나누어 주면 몇 명에게 나누어 줄 수 있는지 풀이 과정을 쓰고 답을 구해 보세요.

▶ 구슬의 수를 구한 후 구슬의 수를 6으로 나누어 구합니다.

풀이 ....

....

답 ....

7 미술 공예품을 한 개 만드는 데 철사가 6 cm 필요합니다. 철사 95 cm 로 이 미술 공예품을 몇 개까지 만들 수 있는지 풀이 과정을 쓰고 답을 구해 보세요.

▶ 6 cm보다 짧은 철사로는 미술 공예품을 만들 수 없습니다.

풀이 ....

....

답 ....

8 동화책이 34권, 위인전이 38권 있습니다. 이 책을 책꽂이 4칸에 똑같이 나누어 꽂으려면 한 칸에 몇 권씩 꽂아야 하는지 풀이 과정을 쓰고 답을 구해 보세요.

▶ 먼저 전체 책의 수를 구한 후 한 칸에 꽂아야 하는 책의 수를 구합니다.

풀이 ....

....

답 ....

9 수 카드 중에서 3장을 골라 가장 큰 세 자리 수를 만들었습니다. 그 수를 남은 한 수로 나누었을 때 몫을 구하려고 합니다. 풀이 과정을 쓰고 답을 구해 보세요.

6   4   8   3

풀이

답

▶ 수 카드의 수를 큰 수부터 차례대로 놓은 후 가장 큰 세 자리 수를 만들고 남은 수로 만든 세 자리 수를 나누어 몫을 구합니다.

10 어떤 수를 3으로 나누어야 할 것을 잘못하여 곱했더니 90이 되었습니다. 바르게 계산하면 몫은 얼마인지 풀이 과정을 쓰고 답을 구해 보세요.

풀이

답

▶ 어떤 수를 먼저 구한 다음 바르게 계산합니다.

11 조건을 모두 만족하는 수 중에서 가장 큰 수를 구하려고 합니다. 풀이 과정을 쓰고 답을 구해 보세요.

> • 두 자리 수입니다.
> • 6으로 나누면 나머지가 2입니다.

풀이

답

▶ 먼저 6으로 나누어떨어지는 수 중에서 가장 큰 두 자리 수를 구합니다.

단원 평가 Level ❶

1 수 모형을 보고 □ 안에 알맞은 수를 써넣으세요.

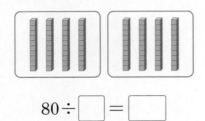

$$80 \div \boxed{} = \boxed{}$$

2 □ 안에 알맞은 수를 써넣으세요.

(1)

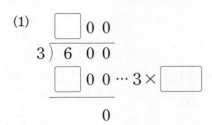

$$\boxed{} 0 \ 0 \cdots 3 \times \boxed{}$$

(2)

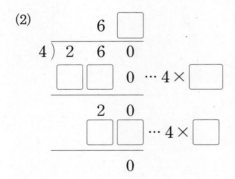

3 몫을 찾아 이어 보세요.

| 60÷3 | • | • | 14 |

| 90÷6 | • | • | 15 |

| 70÷5 | • | • | 20 |

4 계산해 보세요.

(1)
$$6 \overline{)9 \ 6}$$

(2)
$$5 \overline{)7 \ 8}$$

5 □÷8에서 나머지가 될 수 있는 수를 모두 찾아 ○표 하세요.

| 4 | 5 | 6 | 7 | 8 | 9 |

6 몫의 크기를 비교하여 ○ 안에 >, =, <를 알맞게 써넣으세요.

$$77 \div 7 \ \bigcirc \ 45 \div 3$$

7 □ 안에 알맞은 수를 써넣으세요.

$$87 \div 5 = \boxed{} \cdots \boxed{}$$

확인 $5 \times \boxed{} = \boxed{}$,

$$\boxed{} + \boxed{} = \boxed{}$$

8 몫이 큰 것부터 차례대로 기호를 써 보세요.

> ㉠ 80÷5　　㉡ 63÷4
> ㉢ 197÷8　㉣ 191÷7

(　　　　　　　　　)

9 쿠키 57개를 상자 3개에 똑같이 나누어 담으려고 합니다. 한 상자에 몇 개씩 담아야 할까요?

(　　　　　　　　　)

10 색종이가 164장 있습니다. 2모둠에게 똑같이 나누어 주려면 한 모둠에게 몇 장씩 주어야 할까요?

(　　　　　　　　　)

11 1부터 9까지의 수 중 56을 나누어떨어지게 하는 수를 모두 구해 보세요.

(　　　　　　　　　)

12 색 테이프 155 cm를 6명에게 똑같이 나누어 주려고 합니다. 한 명에게 색 테이프를 몇 cm씩 줄 수 있고 몇 cm가 남을까요?

(　　　　　), (　　　　　)

13 ▲에 알맞은 수를 구해 보세요.

> $18 \times 5 = \blacksquare$
> $\blacksquare \div 3 = \blacktriangle$

(　　　　　　　　　)

14 공책이 한 묶음에 10권씩 6묶음 있습니다. 4명이 똑같이 나누어 가지면 한 사람이 몇 권을 가질 수 있을까요?

(　　　　　　　　　)

15 구슬 62개를 5명에게 똑같이 나누어 주려고 합니다. 구슬을 남김없이 나누어 주려면 적어도 몇 개가 더 필요할까요?

(　　　　　　　　　)

16 ☐ 안에 알맞은 수를 써넣으세요.

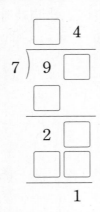

17 어떤 수를 2로 나누어야 할 것을 잘못하여 곱했더니 96이 되었습니다. 바르게 계산한 몫은 얼마일까요?

(   )

18 세 장의 수 카드를 한 번씩 사용하여 (두 자리 수)÷(한 자리 수)의 나눗셈식을 만들려고 합니다. 몫이 가장 큰 나눗셈식을 만들고 계산해 보세요.

4   5   7

(   )

19 <u>잘못</u> 계산한 부분을 찾아 이유를 쓰고 바르게 계산해 보세요.

$$
\begin{array}{r}
1\ 9 \\
4\ )\overline{9\ 0} \\
4 \\
\hline
5\ 0 \\
3\ 6 \\
\hline
1\ 4
\end{array}
$$

→

이유 ....

....

....

20 민수네 반은 남학생이 15명, 여학생이 13명입니다. 체육 시간에 두 모둠으로 똑같이 나누어 피구 연습을 하려고 합니다. 한 모둠은 몇 명이 되는지 풀이 과정을 쓰고 답을 구해 보세요.

풀이 ....

....

....

답 ....

단원 평가 Level ❷

1 몫이 가장 큰 것을 찾아 기호를 써 보세요.

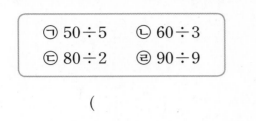

ㄱ 50÷5   ㄴ 60÷3
ㄷ 80÷2   ㄹ 90÷9

(   )

2 몫을 찾아 이어 보세요.

60÷5	•		•	11
66÷6	•		•	12
52÷4	•		•	13

3 계산해 보고 계산이 맞는지 확인해 보세요.

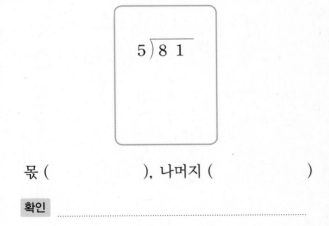

5) 8 1

몫 (   ), 나머지 (   )

확인 ....

4 몫의 크기를 비교하여 ○ 안에 >, =, <를 알맞게 써넣으세요.

720÷4 ○ 960÷6

5 잘못 계산한 부분을 찾아 바르게 계산해 보세요.

```
      1 1
   5 ) 6 6
      5
      ─
      6
      5
      ─
      1
```

➡

6 두 나눗셈의 몫의 차를 구해 보세요.

745÷5   816÷3

(   )

7 다음 나눗셈에서 나올 수 있는 나머지 중에서 가장 큰 자연수를 구해 보세요.

□÷7

(   )

8 자두 맛 사탕 156개와 포도 맛 사탕 132개가 있습니다. 사탕을 한 명에게 8개씩 모두 나누어 주려고 합니다. 몇 명에게 나누어 줄 수 있을까요?

(   )

9 ㉠과 ㉡에 알맞은 수의 차를 구해 보세요.

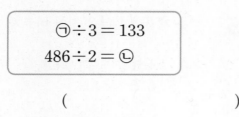

$$㉠÷3=133$$
$$486÷2=㉡$$

(   )

10 ☐ 안에 알맞은 수를 써넣으세요.

$$\boxed{}÷4=27\cdots3$$

11 ☐ 안에 알맞은 수를 써넣으세요.

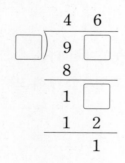

12 ㉢+㉣의 값을 구해 보세요.

$$287÷3=㉠\cdots㉡$$
$$㉠÷2=㉢\cdots㉣$$

(   )

13 귤을 학생 6명에게 8개씩 나누어 주었더니 5개가 남았습니다. 처음에 있던 귤은 모두 몇 개일까요?

(   )

14 정현이는 연필 9타를 가지고 있습니다. 이 연필을 7명에게 똑같이 나누어 주려고 합니다. 한 명에게 몇 자루씩 줄 수 있고 몇 자루가 남는지 차례로 구해 보세요. (단, 연필 1타는 12자루입니다.)

(   ), (   )

15 미나네 가족은 주말농장에서 고구마 78개를 수확하였습니다. 이 고구마를 한 봉지에 5개씩 남는 것이 없도록 똑같이 나누어 담으려면 고구마는 적어도 몇 개가 더 있어야 할까요?

(   )

16 십의 자리 숫자가 4인 두 자리 수 중에서 3으로 나누어떨어지는 수들의 합을 구해 보세요.

(   )

17 ☐ 안에 1부터 9까지의 수를 넣어 나누어떨어지는 나눗셈을 만들 때 ☐ 안에 들어갈 수 있는 수는 모두 몇 개일까요?

$$\boxed{\ \square 6 \div 8\ }$$

(   )

18 민아, 규현, 수지가 말하는 조건을 모두 만족하는 수를 구해 보세요.

> 민아: 70보다 크고 80보다 작은 수야.
> 규현: 6으로 나누어떨어져.
> 수지: 4로 나누면 나머지가 2야.

(   )

19 어떤 수를 9로 나누어야 할 것을 잘못하여 6으로 나누었더니 몫이 26이고 나머지가 3이 되었습니다. 바르게 계산했을 때 몫과 나머지는 얼마인지 풀이 과정을 쓰고 답을 구해 보세요.

풀이 ....

....

....

....

답 ....

20 길이가 900 m인 길의 양쪽에 처음부터 끝까지 똑같은 간격으로 가로등이 세워져 있습니다. 가로등이 모두 12개일 때 가로등과 가로등 사이의 거리는 몇 m인지 풀이 과정을 쓰고 답을 구해 보세요. (단, 가로등의 두께는 생각하지 않습니다.)

풀이 ....

....

....

....

답 ....

▤ 서술형 문제

1 원의 반지름이 오른쪽 원의 반지름의 2배가 되는 원을 그렸습니다. 새로 그린 원의 지름은 몇 cm인지 풀이 과정을 쓰고 답을 구해 보세요.

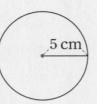

풀이 ⑩ 새로 그린 원의 반지름은

$5 \times 2 = 10$(cm)입니다.

따라서 새로 그린 원의 지름은 $10 \times 2 = 20$(cm)

입니다.

답 _____20 cm_____

1⁺ 원의 반지름이 오른쪽 원의 반지름의 3배가 되는 원을 그렸습니다. 새로 그린 원의 지름은 몇 cm인지 풀이 과정을 쓰고 답을 구해 보세요.

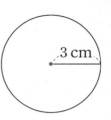

풀이 _____

_____

_____

답 _____

2 선분 ㄱㄴ의 길이는 몇 cm인지 풀이 과정을 쓰고 답을 구해 보세요.

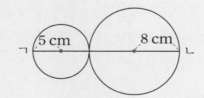

풀이 ⑩ 반지름이 5 cm인 원의 지름은

$5 \times 2 = 10$(cm)이고, 반지름이 8 cm인 원의

지름은 $8 \times 2 = 16$(cm)입니다.

선분 ㄱㄴ의 길이는 두 원의 지름의 합이므로

$10 + 16 = 26$(cm)입니다.

답 _____26 cm_____

2⁺ 선분 ㄱㄴ의 길이는 몇 cm인지 풀이 과정을 쓰고 답을 구해 보세요.

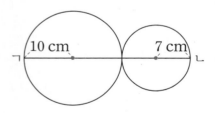

풀이 _____

_____

_____

_____

답 _____

3 원의 지름은 어느 선분인지 쓰고, 원의 지름에 대해 알 수 있는 점을 설명해 보세요.

▶ 지름은 원의 중심을 지납니다.

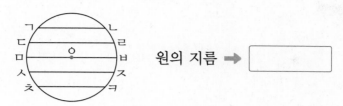

원의 지름 ➡ ☐

설명 ....
....

4 원에 반지름을 3개 그은 후 길이를 재어 보고, 원의 반지름에 대해 알 수 있는 점을 설명해 보세요.

▶ 원의 중심과 원 위의 한 점을 이은 선분을 원의 반지름이라고 합니다.

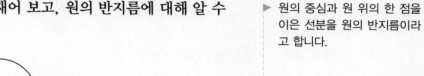

설명 ....
....

5 그림과 같이 컴퍼스를 벌려 원을 그렸을 때 원의 지름은 몇 cm가 되는지 풀이 과정을 쓰고 답을 구해 보세요.

▶ 먼저 컴퍼스를 벌린 길이를 보고 원의 반지름을 구한 후 원의 지름을 구합니다.

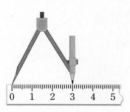

풀이 ....
....
....

답 ....

3. 원 23

6 오른쪽 그림에서 큰 원의 지름이 20 cm일 때, 작은 원의 반지름은 몇 cm인지 풀이 과정을 쓰고 답을 구해 보세요.

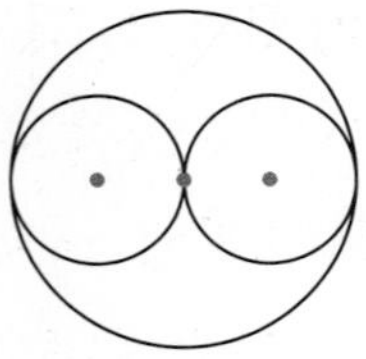

▶ 한 원에서 지름은 반지름의 2배입니다.

풀이 ....

....

....

답 ....

7 직사각형 안에 크기가 같은 원을 서로 원의 중심을 지나도록 겹쳐 그렸습니다. 직사각형의 가로가 18 cm라면 한 원의 반지름은 몇 cm인지 풀이 과정을 쓰고 답을 구해 보세요.

▶ 직사각형의 가로에 원의 반지름이 몇 번 놓이는지 알아봅니다.

풀이 ....

....

....

답 ....

8 오른쪽 그림과 같이 크기가 같은 원 3개의 중심을 이어 삼각형을 만들었습니다. 삼각형의 세 변의 길이의 합이 12 cm일 때 원의 반지름은 몇 cm인지 풀이 과정을 쓰고 답을 구해 보세요.

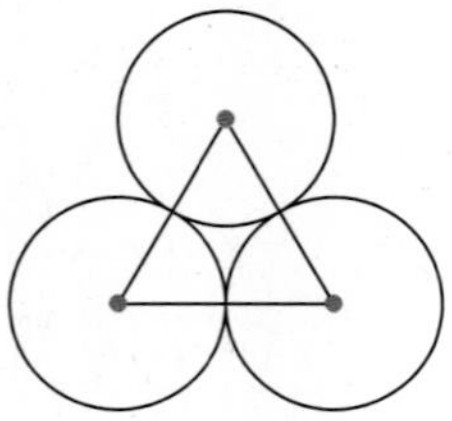

▶ 삼각형의 한 변의 길이는 원의 반지름 몇 개의 길이와 같은지 알아봅니다.

풀이 ....

....

....

답 ....

9 오른쪽 그림은 크기가 다른 세 개의 원을 이용하여 모양을 그린 것입니다. 각 원이 더 큰 원의 중심을 지나고, 가장 큰 원의 지름이 16 cm일 때 가장 작은 원의 반지름은 몇 cm인지 풀이 과정을 쓰고 답을 구해 보세요.

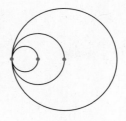

▶ 가장 큰 원의 지름은 중간 원의 지름의 2배입니다.

풀이

답

10 오른쪽 그림과 같이 원의 중심을 한 꼭짓점으로 하는 삼각형을 그렸습니다. 삼각형의 세 변의 길이의 합이 21 cm일 때 원의 지름은 몇 cm인지 풀이 과정을 쓰고 답을 구해 보세요.

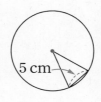

5 cm

▶ 삼각형의 두 변의 길이는 원의 반지름과 같습니다.

풀이

답

3

11 주어진 모양과 똑같이 그리고 그린 방법을 설명해 보세요.

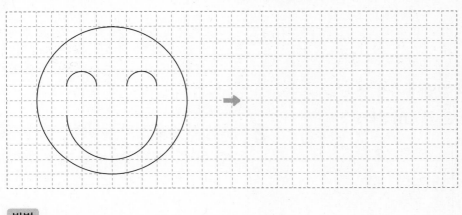

▶ 크고 작은 원들의 반지름이 모눈 몇 칸인지 알아봅니다.

방법

단원 평가 Level ❶

1 원의 중심은 어느 것일까요?

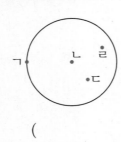

(   )

2 원의 지름을 나타내는 선분은 모두 몇 개일까요?

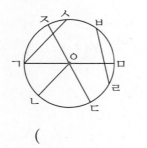

(   )

3 ☐ 안에 알맞은 수를 써넣으세요.

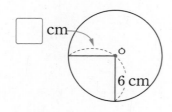

4 한 변이 12 cm인 정사각형 안에 가장 큰 원을 그렸습니다. 이 원의 지름은 몇 cm일까요?

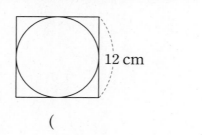

(   )

5 원의 지름에 대한 설명으로 <u>잘못된</u> 것을 찾아 기호를 써 보세요.

> ㉠ 원을 둘로 똑같이 나누는 선분이 지름입니다.
> ㉡ 원의 중심을 지납니다.
> ㉢ 원 안에 그을 수 있는 가장 긴 선분입니다.
> ㉣ 한 원에서 지름은 2개입니다.

(   )

6 컴퍼스를 사용하여 지름이 24 cm인 원을 그리려고 합니다. 컴퍼스의 침과 연필심 사이의 거리는 몇 cm로 해야 할까요?

(   )

7 가장 큰 원을 찾아 기호를 써 보세요.

> ㉠ 반지름이 6 cm인 원
> ㉡ 반지름이 4 cm인 원
> ㉢ 지름이 8 cm인 원
> ㉣ 지름이 4 cm인 원

(   )

8 주어진 점을 원의 중심으로 하여 지름이 1 cm인 원과 지름이 2 cm인 원을 그려 보세요.

9 오른쪽과 같은 모양을 그릴 때, 컴퍼스의 침을 꽂아야 할 곳은 모두 몇 군데일까요?

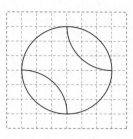

(   )

10 주어진 모양과 똑같이 그려 보세요.

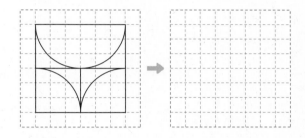

[11~12] 규칙을 찾아 원을 그리려고 합니다. 물음에 답하세요.

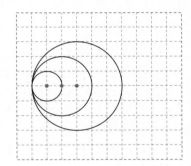

11 규칙을 찾아 ☐ 안에 알맞은 수를 써넣으세요.

원의 중심이 오른쪽으로 ☐ 칸씩 옮겨 가고, 원의 반지름이 1칸, 2칸, 3칸으로 ☐ 칸씩 늘어나는 규칙입니다.

12 규칙에 따라 모눈종이에 원을 1개 더 그려 보세요.

13 정사각형 안에 원을 그렸습니다. 정사각형의 네 변의 길이의 합은 몇 cm일까요?

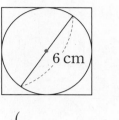

(   )

14 삼각형 ㄱㅇㄴ의 세 변의 길이의 합은 몇 cm일 까요?

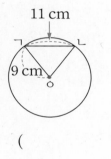

(   )

15 크기가 같은 원 5개를 서로 원의 중심을 지나 도록 겹쳐 그렸더니 전체 길이가 42 cm였습니다. 원의 지름은 몇 cm일까요?

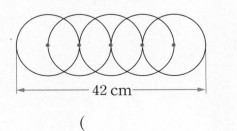

(   )

16 모양을 그릴 때 컴퍼스의 침을 꽂아야 할 곳의 수가 다른 하나를 찾아 기호를 써 보세요.

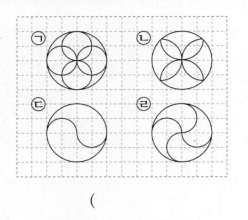

(   )

17 크기가 같은 원 3개를 이어붙였습니다. 점 ㄱ, 점 ㄴ, 점 ㄷ이 원의 중심일 때 선분 ㄱㄷ의 길이는 몇 cm일까요?

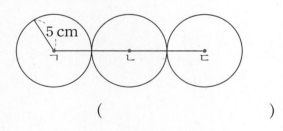

(   )

18 직사각형 1개와 원 1개를 반으로 잘라서 다음과 같은 모양을 만들었습니다. 직사각형의 네 변의 길이의 합이 60 cm일 때 원의 반지름은 몇 cm일까요?

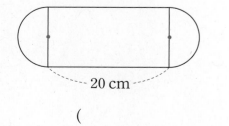

(   )

19 작은 원의 지름이 10 cm일 때 큰 원의 지름은 몇 cm인지 구하려고 합니다. 풀이 과정을 쓰고 답을 구해 보세요.

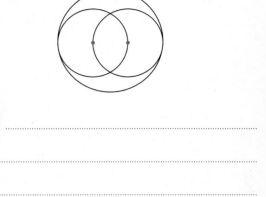

풀이

답

20 어떤 규칙이 있는지 '원의 중심'과 '반지름'을 넣어 설명해 보세요.

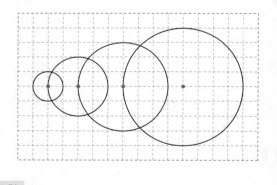

규칙

단원 평가 Level ❷

1 원의 반지름을 모두 찾아 기호를 써 보세요.

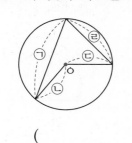

( )

2 길이가 가장 긴 선분을 찾아 써 보세요.

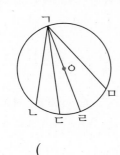

( )

3 원의 지름은 몇 cm일까요?

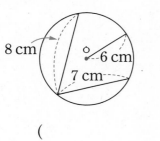

( )

4 큰 원부터 차례대로 기호를 써 보세요.

> ㉠ 반지름이 4 cm인 원
> ㉡ 지름이 6 cm인 원
> ㉢ 반지름이 2 cm인 원
> ㉣ 지름이 7 cm인 원

( )

5 오른쪽 그림과 같이 정사각형 안에 가장 큰 원을 그렸습니다. 원의 지름은 몇 cm일까요?

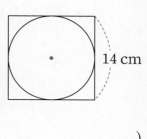

( )

6 점 ㄱ, 점 ㄴ, 점 ㄷ은 원의 중심입니다. 작은 원의 반지름이 5 cm일 때 큰 원의 지름은 몇 cm일까요?

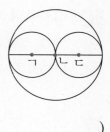

( )

7 원의 중심은 같고 원의 반지름이 다른 모양을 찾아 기호를 써 보세요.

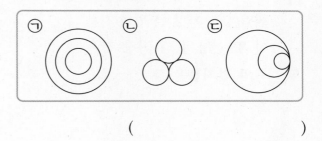

( )

8 선분 ㄱㄴ의 길이는 몇 cm일까요?

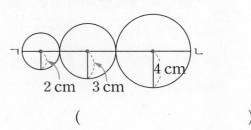

( )

9 다음과 같은 모양을 그릴 때 컴퍼스의 침을 꽂아야 할 곳은 모두 몇 군데일까요?

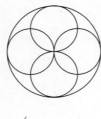

(   )

10 직사각형 안에 반지름이 5 cm인 세 원을 딱 맞게 그렸습니다. 선분 ㄴㄷ의 길이는 몇 cm일까요?

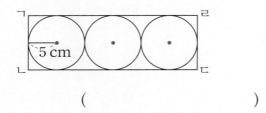

(   )

11 점 ㄱ, 점 ㄴ, 점 ㄷ은 원의 중심입니다. 가장 큰 원의 지름이 32 cm일 때 가장 작은 원의 반지름은 몇 cm일까요?

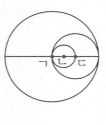

(   )

12 정사각형 안에 반지름이 4 cm인 원 4개를 이어 붙여서 그렸습니다. 정사각형의 네 변의 길이의 합은 몇 cm일까요?

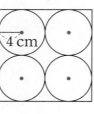

(   )

13 직사각형 안에 크기가 같은 원 2개를 이어 붙여서 그렸습니다. 직사각형의 네 변의 길이의 합이 24 cm일 때 원의 지름은 몇 cm일까요?

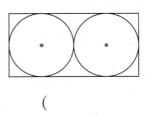

(   )

14 크기가 같은 원 6개를 서로 중심이 지나도록 겹쳐서 그린 것입니다. 선분 ㄱㄴ의 길이는 몇 cm일까요?

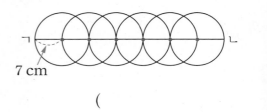

(   )

15 가로가 18 cm인 직사각형 안에 크기가 같은 원 5개를 서로 중심이 지나도록 겹쳐서 그렸습니다. 원의 반지름은 몇 cm일까요?

(   )

16 한 변이 20 cm인 정사각형 안에 원을 이용하여 오른쪽 그림과 같은 모양을 그렸습니다. 선분 ㄴㅁ의 길이는 몇 cm일까요?

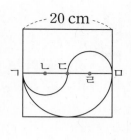

(   )

17 점 ㄱ, 점 ㄴ, 점 ㄷ은 원의 중심입니다. 큰 원의 지름이 30 cm일 때 선분 ㄱㄷ의 길이는 몇 cm일까요?

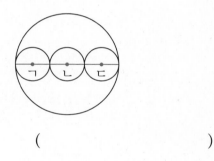

(   )

18 두 원의 중심과 두 원이 만나는 한 점을 연결하여 삼각형 ㄱㄴㄷ을 만들었습니다. 삼각형 ㄱㄴㄷ의 세 변의 길이의 합은 몇 cm일까요?

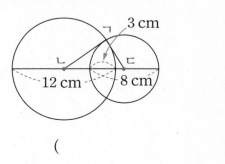

(   )

19 반지름이 6 cm인 원 8개의 중심을 이어 직사각형을 만들었습니다. 직사각형의 네 변의 길이의 합은 몇 cm인지 풀이 과정을 쓰고 답을 구해 보세요.

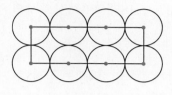

풀이 _____

_____

_____

답 _____

20 지름이 4 cm인 원을 그림과 같이 이어 붙여서 바깥쪽에 있는 원의 중심을 서로 이어 삼각형을 만들고 있습니다. 만든 삼각형의 세 변의 길이의 합이 84 cm가 되려면 원은 모두 몇 개 그려야 할지 풀이 과정을 쓰고 답을 구해 보세요.

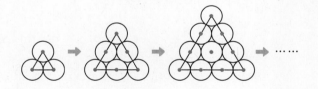

풀이 _____

_____

_____

_____

답 _____

📃 서술형 문제

1 복숭아 48개를 한 상자에 6개씩 담았습니다. 복숭아 30개는 전체 복숭아의 몇 분의 몇인지 풀이 과정을 쓰고 답을 구해 보세요.

풀이　예 48개를 6개씩 묶으면 8묶음이 되고 30개는 그중의 5묶음입니다.

따라서 복숭아 30개는 전체 복숭아의 $\frac{5}{8}$입니다.

답　$\frac{5}{8}$

1⁺ 귤 72개를 한 상자에 8개씩 담았습니다. 귤 32개는 전체 귤의 몇 분의 몇인지 풀이 과정을 쓰고 답을 구해 보세요.

풀이

답

2 가분수 $\frac{7}{4}$을 대분수로 나타내고 방법을 설명해 보세요.

$$\frac{7}{4} = \boxed{1\frac{3}{4}}$$

방법　예 가분수 $\frac{7}{4}$에서 자연수로 표현할 수 있는 가분수 $\frac{4}{4}$를 자연수 1로 나타내면 1과 $\frac{3}{4}$이므로 $\frac{7}{4} = 1\frac{3}{4}$입니다.

2⁺ 가분수 $\frac{10}{7}$을 대분수로 나타내고 방법을 설명해 보세요.

$$\frac{10}{7} = \boxed{}$$

방법

3 16마리의 토끼 중에서 $\frac{3}{4}$이 흰색 토끼입니다. 흰색 토끼는 몇 마리인지 풀이 과정을 쓰고 답을 구해 보세요.

▶ 전체 토끼 수의 $\frac{1}{4}$을 구한 다음 $\frac{3}{4}$은 $\frac{1}{4}$이 3개임을 이용하여 구합니다.

풀이 _____

_____

_____

답 _____

4 수아는 12 m의 색 테이프 중 $\frac{2}{3}$를 사용하여 리본을 만들었습니다. 수아가 사용한 색 테이프는 몇 m인지 풀이 과정을 쓰고 답을 구해 보세요.

▶ 전체 색 테이프 길이의 $\frac{1}{3}$을 구한 다음 $\frac{2}{3}$를 구합니다.

풀이 _____

_____

_____

답 _____

4

5 주은이는 사탕 35개 중 25개를 친구들에게 나누어 주었습니다. 한 봉지에 5개씩 담아 나누어 주었다면 주은이가 친구들에게 나누어 준 사탕은 전체의 몇 분의 몇인지 풀이 과정을 쓰고 답을 구해 보세요.

▶ 사탕 35개를 한 봉지에 5개씩 담으면 몇 봉지가 되고 이 중 25개는 몇 봉지인지 알아봅니다.

풀이 _____

_____

_____

답 _____

6 정민이는 1시간의 $\frac{1}{4}$ 동안 강아지와 산책을 했습니다. 정민이가 산책을 한 시간은 몇 분인지 풀이 과정을 쓰고 답을 구해 보세요.

▶ $\frac{1}{■}$ 은 전체를 똑같이 ■부분으로 나눈 것 중의 1부분입니다.

풀이

답

7 분모가 8인 가분수 중에서 분자가 가장 작은 분수는 얼마인지 구하려고 합니다. 풀이 과정을 쓰고 답을 구해 보세요.

▶ 가분수는 분자가 분모와 같거나 분모보다 큰 분수입니다.

풀이

답

8 ☐ 안에 들어갈 수 있는 자연수는 모두 몇 개인지 풀이 과정을 쓰고 답을 구해 보세요.

$$\frac{29}{8} > 3\frac{☐}{8}$$

▶ $\frac{29}{8}$ 를 대분수로 나타내어 크기를 비교합니다.

풀이

답

9 3장의 수 카드 중 2장을 사용하여 만들 수 있는 진분수는 모두 몇 개인지 풀이 과정을 쓰고 답을 구해 보세요.

$$\boxed{2} \quad \boxed{3} \quad \boxed{7}$$

풀이

답

▶ 진분수는 분자가 분모보다 작은 분수입니다.

10 어떤 철사의 $\dfrac{3}{5}$은 12 cm입니다. 이 철사의 길이는 몇 cm인지 풀이 과정을 쓰고 답을 구해 보세요.

풀이

답

▶ 철사의 $\dfrac{1}{5}$을 구한 후 철사의 전체 길이는 $\dfrac{5}{5}$임을 이용하여 구합니다.

4

11 현주는 전체 쪽수가 72쪽인 동화책을 오늘은 $\dfrac{5}{9}$만큼 읽었고, 내일은 나머지의 $\dfrac{3}{8}$만큼 읽으려고 합니다. 현주가 내일 읽어야 할 동화책은 몇 쪽인지 풀이 과정을 쓰고 답을 구해 보세요.

풀이

답

▶ (오늘 읽은 쪽수)
  = (72를 똑같이 9묶음으로 나눈 것 중의 5묶음)
  (내일 읽을 쪽수)
  = (남은 쪽수를 똑같이 8묶음으로 나눈 것 중의 3묶음)

단원 평가 Level ❶

1 그림을 보고 ☐ 안에 알맞은 수를 써넣으세요.

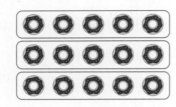

5는 15의 $\dfrac{\square}{\square}$ 입니다.

2 별을 4개씩 묶고 ☐ 안에 알맞은 수를 써넣으세요.

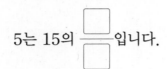

20의 $\dfrac{4}{5}$ 는 ☐ 입니다.

3 보기 에서 알맞은 분수를 모두 찾아 써 보세요.

진분수 (   )

가분수 (   )

대분수 (   )

4 ◯ 안에 >, =, <를 알맞게 써넣으세요.

$$\dfrac{6}{5} \;\bigcirc\; \dfrac{9}{5}$$

5 수직선에서 ㉮가 가리키는 수를 대분수로 나타내어 보세요.

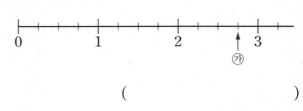

(   )

6 크기가 같은 것끼리 이어 보세요.

$\dfrac{15}{7}$ ·   · $2\dfrac{5}{7}$

$3\dfrac{2}{7}$ ·   · $2\dfrac{1}{7}$

$\dfrac{19}{7}$ ·   · $\dfrac{23}{7}$

7 구슬이 32개 있습니다. 그중 8개는 친구에게 주고 4개는 동생에게 주었습니다. ☐ 안에 알맞은 수를 써넣으세요.

(1) 친구에게 준 구슬 8개는 32개의 $\dfrac{1}{\square}$ 입니다.

(2) 동생에게 준 구슬 4개는 32개의 $\dfrac{1}{\square}$ 입니다.

8 나타내는 수가 가장 큰 수는 어느 것일까요?

( )

① 21의 $\frac{2}{3}$ ② 40의 $\frac{1}{5}$ ③ 16의 $\frac{3}{4}$

④ 12의 $\frac{5}{6}$ ⑤ 18의 $\frac{1}{2}$

9 500원짜리 동전의 지름은 $\frac{53}{2}$ mm입니다. 500원짜리 동전의 지름을 대분수로 나타내어 보세요.

( )

10 지호와 정우의 책가방의 무게는 다음과 같습니다. 누구의 책가방이 더 무거울까요?

지호: $1\frac{3}{8}$ kg   정우: $\frac{9}{8}$ kg

( )

11 $3\frac{1}{5}$ 보다 크고 $\frac{23}{5}$ 보다 작은 분수를 모두 찾아 써 보세요.

$4\frac{3}{5}$ $5\frac{1}{5}$ $3\frac{4}{5}$ $4\frac{1}{5}$

( )

12 조건에 맞는 분수를 찾아 ○표 하세요.

분모와 분자의 합이 14이고 진분수입니다.

$\frac{7}{8}$ $\frac{5}{9}$ $\frac{8}{6}$

13 길이가 20 cm인 용수철에 100 g짜리 추 1개를 매달면 처음 용수철 길이의 $\frac{1}{5}$ 만큼이 늘어난다고 합니다. 이 용수철에 100 g짜리 추 1개를 매달았을 때 늘어난 길이는 몇 cm일까요?

( )

14 민경이는 하루의 $\frac{3}{8}$ 은 잠을 자고 $\frac{1}{6}$ 은 공부를 합니다. 민경이가 하루에 잠을 자는 시간과 공부하는 시간은 모두 몇 시간일까요?

( )

15 □ 안에 들어갈 수 있는 자연수는 모두 몇 개일까요?

$$3\frac{2}{5} < \frac{\square}{5} < 5\frac{1}{5}$$

(   )

16 영수와 혜교는 다음과 같은 분수를 만들려고 합니다. 영수와 혜교가 만들 수 있는 분수는 모두 몇 개일까요?

- 영수: 분모가 4인 진분수
- 혜교: 자연수 부분이 3이고 분모가 3인 대분수

(   )

17 □ 안에 알맞은 수를 써넣으세요.

25는 $\boxed{}$의 $\frac{5}{6}$입니다.

18 $\boxed{2}$, $\boxed{5}$, $\boxed{7}$ 3장의 수 카드를 한 번씩 사용하여 만들 수 있는 대분수를 모두 쓰고 가분수로 나타내어 보세요.

(   )

19 하영이는 매일 $\frac{1}{3}$시간씩 피아노를 칩니다. 하영이가 일주일 동안 피아노를 친 시간을 대분수로 나타내려고 합니다. 풀이 과정을 쓰고 답을 구해 보세요.

풀이 _____

_____

_____

_____

답 _____

20 분수의 크기를 비교하여 큰 수부터 차례대로 쓰려고 합니다. 풀이 과정을 쓰고 답을 구해 보세요.

$$4\frac{2}{7} \qquad \frac{5}{7} \qquad \frac{34}{7} \qquad 3\frac{4}{7}$$

풀이 _____

_____

_____

_____

답 _____

단원 평가 Level ❷

1 □ 안에 알맞은 수를 써넣으세요.

(1) 24는 42의 $\dfrac{\square}{7}$ 입니다.

(2) 30은 54의 $\dfrac{5}{\square}$ 입니다.

2 가장 큰 분수를 찾아 써 보세요.

$$2\frac{2}{11} \qquad 1\frac{10}{11} \qquad 2\frac{1}{11}$$

(   )

3 □ 안에 알맞은 수가 다른 하나를 찾아 기호를 써 보세요.

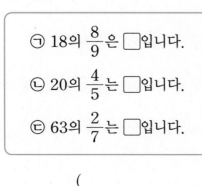

㉠ 18의 $\dfrac{8}{9}$ 은 □입니다.

㉡ 20의 $\dfrac{4}{5}$ 는 □입니다.

㉢ 63의 $\dfrac{2}{7}$ 는 □입니다.

(   )

4 수직선에서 ㉠이 나타내는 수를 대분수로 나타내어 보세요.

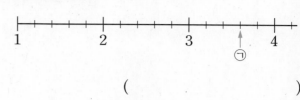

(   )

5 대분수를 가분수로, 가분수를 대분수로 나타낸 것 중 바르게 나타낸 것은 어느 것일까요?

(   )

① $\dfrac{62}{9} = 6\dfrac{2}{9}$ ② $4\dfrac{1}{7} = \dfrac{41}{7}$

③ $\dfrac{24}{7} = 3\dfrac{4}{7}$ ④ $5\dfrac{3}{8} = \dfrac{43}{8}$

⑤ $\dfrac{53}{11} = 5\dfrac{2}{11}$

6 연주네 가족은 물 20 L 중에서 $\dfrac{2}{5}$ 만큼을 마셨습니다. 마신 물은 몇 L일까요?

(   )

7 분모가 6인 진분수를 모두 써 보세요.

(   )

8 주머니에 빨간색, 노란색 구슬이 들어 있습니다. 노란색 구슬은 전체의 $\frac{3}{9}$입니다. 전체 구슬의 수가 54개일 때 노란색 구슬은 몇 개일까요?

(   )

9 병철이네 집에서 병원까지의 거리는 $4\frac{1}{3}$ km 이고 도서관까지의 거리는 $\frac{14}{3}$ km입니다. 병철이네 집에서 더 먼 곳은 어디일까요?

(   )

10 젤리가 30개 있습니다. 민수는 전체 젤리의 $\frac{7}{10}$을 먹고 나머지는 채원이가 먹었습니다. 채원이가 먹은 젤리는 몇 개일까요?

(   )

11 어떤 수의 $\frac{1}{6}$은 12입니다. 어떤 수의 $\frac{1}{8}$은 얼마일까요?

(   )

12 희선이네 반 여학생 수는 반 전체 학생 수의 $\frac{4}{9}$이고 16명입니다. 희선이네 반 전체 학생은 몇 명일까요?

(   )

13 3보다 크고 4보다 작은 대분수 중에서 분자와 분모의 합이 6인 대분수는 모두 몇 개인지 구해 보세요.

(   )

14 ☐ 안에 들어갈 수 있는 자연수의 합을 구해 보세요.

$$\frac{46}{8} < \square < \frac{46}{5}$$

(   )

15 딸기가 $\frac{54}{7}$ kg 있습니다. 이 딸기를 한 봉지에 1 kg씩 담으려고 합니다. 모두 몇 봉지에 담을 수 있을까요?

(   )

16 분모와 분자의 합이 14이고 차가 8인 가분수가 있습니다. 이 가분수를 구하고, 대분수로 나타내어 보세요.

가분수 (   )

대분수 (   )

17 4장의 수 카드를 한 번씩 모두 사용하여 만들 수 있는 가장 큰 대분수를 가분수로 나타내었을 때 분자와 분모의 합을 구해 보세요.

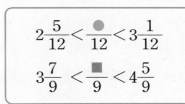

(   )

18 한 자리 수인 짝수 중에서 3개를 골라 한 번씩 사용하여 대분수를 만들려고 합니다. 4보다 크고 5보다 작은 대분수를 모두 구해 보세요.

(   )

19 승혜는 연필 36자루를 가지고 있습니다. 그 중에서 $\frac{1}{3}$을 준호에게 주고 나머지의 $\frac{3}{8}$을 윤아에게 주었습니다. 승혜에게 남은 연필은 몇 자루인지 풀이 과정을 쓰고 답을 구해 보세요.

풀이 ....

....

....

....

답

20 ●와 ■ 안에 공통으로 들어갈 수 있는 수는 모두 몇 개인지 풀이 과정을 쓰고 답을 구해 보세요.

$$2\frac{5}{12} < \frac{●}{12} < 3\frac{1}{12}$$
$$3\frac{7}{9} < \frac{■}{9} < 4\frac{5}{9}$$

풀이 ....

....

....

....

답

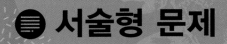
1 더 무거운 것을 찾아 기호를 쓰려고 합니다. 풀이 과정을 쓰고 답을 구해 보세요.

> ㉠ 1020 g ㉡ 10 kg 20 g

풀이 ㉠ 1020 g = 1000 g + 20 g

= 1 kg 20 g

1 kg 20 g < 10 kg 20 g이므로 더 무거운 것은 ㉡입니다.

답 ㉡

1⁺ 더 가벼운 것을 찾아 기호를 쓰려고 합니다. 풀이 과정을 쓰고 답을 구해 보세요.

> ㉠ 5 kg 30 g ㉡ 5300 g

풀이

답

2 들이가 200 mL인 그릇으로 1 L들이 물통을 가득 채우려고 합니다. 물을 적어도 몇 번 부어야 하는지 풀이 과정을 쓰고 답을 구해 보세요.

풀이 물통의 들이는 1 L = 1000 mL입니다.

200 + 200 + 200 + 200 + 200 = 1000이므로 200 mL들이 그릇으로 적어도 5번 부어야 합니다.

답 5번

2⁺ 들이가 500 mL인 그릇으로 3 L들이 수조를 가득 채우려고 합니다. 물을 적어도 몇 번 부어야 하는지 풀이 과정을 쓰고 답을 구해 보세요.

풀이

답

3 들이가 많은 것부터 차례대로 기호를 쓰려고 합니다. 풀이 과정을 쓰고 답을 구해 보세요.

> ㉠ 2700 mL   ㉡ 2 L 600 mL   ㉢ 3200 mL   ㉣ 3 L

풀이 ....

....

....

답

▶ 들이의 단위를 통일하여 비교해 봅니다.
$$1 \text{ L} = 1000 \text{ mL}$$

4 가장 무거운 것과 가장 가벼운 것의 합은 몇 kg 몇 g인지 풀이 과정을 쓰고 답을 구해 보세요.

> 4 kg 300 g   3600 g   4030 g   3 kg 90 g

풀이 ....

....

....

답

▶ 무게의 단위를 통일하여 비교해 봅니다.
$$1 \text{ kg} = 1000 \text{ g}$$

5 단위를 <u>잘못</u> 사용한 문장을 찾아 기호를 쓰고 바르게 고쳐 보세요.

> ㉠ 소방차의 무게는 약 10 t입니다.
> ㉡ 귤 한 개의 무게는 약 100 kg입니다.
> ㉢ 의자의 무게는 약 2 kg입니다.

답

바르게 고치기 ....

▶ 주변의 무게를 이용해서 어림해 봅니다. 지우개 한 개의 무게는 약 20 g입니다.

6 슈퍼마켓에 두 종류의 우유가 있습니다. 3000원으로 더 많은 양의 우유를 사는 방법을 쓰고 그렇게 생각한 이유를 설명해 보세요.

▶ 3000원으로 2 L짜리 우유 1개를 사거나 900 mL짜리 우유 2개를 살 수 있습니다.

우유
3000원
2 L

Milk
1500원
900 mL

방법 _____

이유 _____

_____

_____

7 수현이와 기훈이가 멜론 1통의 무게를 다음과 같이 어림하였습니다. 멜론의 무게를 더 가깝게 어림한 사람은 누구인지 풀이 과정을 쓰고 답을 구해 보세요.

▶ 어림한 무게와 실제 무게의 차이가 적을수록 가깝게 어림한 것입니다.

1 kg 300 g 수현 1 kg 200 g 1 kg 500 g 기훈

풀이 _____

_____

답 _____

8 비커에 다음과 같이 물이 들어 있습니다. 두 비커에 들어 있는 물을 더하면 물은 몇 L 몇 mL가 되는지 풀이 과정을 쓰고 답을 구해 보세요.

▶ 눈금 한 칸의 크기가 100 mL 임을 이용하여 두 비커에 있는 물의 양을 구하고 물의 양의 합을 구합니다.

1000 mL
900
800

600
500
400

풀이 _____

_____

_____

답 _____

9 어머니께서 고구마 5 kg을 사 오셨습니다. 그중에서 1 kg 500 g을 먹고 2 kg 600 g은 이웃집에 나누어 주었습니다. 남은 고구마는 몇 g인지 풀이 과정을 쓰고 답을 구해 보세요.

▶ (남은 고구마의 무게)
  = (사 온 고구마의 무게)
   − (먹은 고구마의 무게)
   − (나누어 준 고구마의 무게)

풀이 ....

....

....

답 ....

10 수조에 물이 2500 mL 있었습니다. 지연이가 수조에 1 L 200 mL의 물을 더 붓고 원영이가 700 mL의 물을 덜어 냈습니다. 수조에 남아 있는 물의 양은 몇 L인지 풀이 과정을 쓰고 답을 구해 보세요.

▶ (수조에 남아 있는 물의 양)
  = (처음에 있던 물의 양)
   + (더 부은 물의 양)
   − (덜어 낸 물의 양)

풀이 ....

....

....

답 ....

5

11 수영이와 동호가 딴 귤의 무게는 모두 30 kg입니다. 수영이가 딴 귤의 무게는 동호가 딴 귤의 무게보다 2 kg 더 무겁습니다. 수영이가 딴 귤은 몇 kg인지 풀이 과정을 쓰고 답을 구해 보세요.

▶ 수영이가 딴 귤의 무게를 예상하고 동호가 딴 귤의 무게를 구한 후 맞는지 확인해 봅니다.

풀이 ....

....

....

답 ....

단원 평가 Level ❶

1 물의 양이 얼마인지 써 보세요.

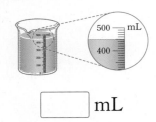

☐ mL

2 저울의 눈금을 보고 ☐ 안에 알맞은 수를 써넣으세요.

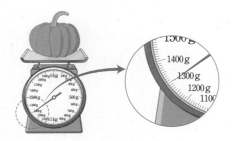

저울의 눈금이 ☐ g을 가리키고 있으므로 호박의 무게는 ☐ kg ☐ g입니다.

3 무게가 약 3 kg인 것을 찾아 기호를 써 보세요.

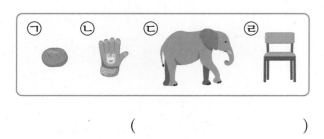

㉠   ㉡   ㉢   ㉣

( )

4 ☐ 안에 알맞은 수를 써넣으세요.

$$
\begin{array}{r}
3\ \text{kg}\quad 500\ \text{g} \\
+\ 1\ \text{kg}\quad 700\ \text{g} \\
\hline
\boxed{}\ \text{kg}\quad \boxed{}\ \text{g}
\end{array}
$$

5 알맞은 단위에 ○표 하세요.

(1) 양동이의 들이는 약 10(L , mL)입니다.

(2) 우유갑의 들이는 약 200(L , mL)입니다.

6 무게를 바르게 말한 사람은 누구일까요?

> 서연: 책가방의 무게는 2 g이야.
> 민호: 세탁기의 무게는 100 kg이니까 1 t 이야.
> 수영: 사과의 무게는 300 g이야.

( )

7 각 물건의 들이와 무게를 조사하였습니다. 알맞은 단위를 써넣으세요.

물건	들이/무게	단위
생수	2	
주스	500	
사과 1상자	10	
트럭	1	

8 ☐ 안에 알맞은 수를 써넣으세요.

(1) 2500 mL = ☐ L ☐ mL

(2) 3 L 40 mL = ☐ mL

9 같은 것끼리 이어 보세요.

1 kg 30 g	•		•	2000 kg
2 t	•		•	1030 g
34 kg 500 g	•		•	34500 g

10 사과와 귤의 무게를 비교한 것입니다. 사과 1개와 귤 1개 중에서 어느 것이 더 무거울까요?

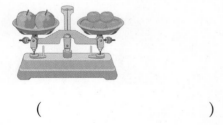

( )

11 들이가 많은 것부터 차례대로 기호를 써 보세요.

> ㉠ 10 L ㉡ 1020 mL
> ㉢ 1 L 200 mL ㉣ 1002 mL

( )

12 무게가 100 kg인 상자가 30개 있습니다. 이 상자들의 무게는 모두 몇 t일까요?

( )

13 영석이는 한 병에 1 L 300 mL가 들어 있는 오렌지주스 2병을 샀습니다. 영석이가 산 오렌지주스의 양은 모두 몇 L 몇 mL일까요?

( )

14 바구니에 토마토 1 kg 600 g과 복숭아 2 kg 100 g이 들어 있습니다. 바구니에 들어 있는 토마토와 복숭아는 모두 몇 kg 몇 g일까요?

( )

15 장독대에 있는 장독 중 가장 큰 장독의 들이는 49 L 700 mL이고 가장 작은 장독의 들이는 5 L 200 mL입니다. 두 장독의 들이의 차는 몇 L 몇 mL일까요?

( )

16 항아리와 양동이에 물을 가득 채우려면 ㉮ 컵과 ㉯ 컵으로 각각 다음과 같이 부어야 합니다. 바르게 말한 것에 ○표, **틀리게** 말한 것에 ×표 하세요.

	㉮ 컵	㉯ 컵
항아리	12개	10개
양동이	6개	5개

(1) 양동이보다 항아리의 들이가 더 많습니다.

(   )

(2) ㉮ 컵과 ㉯ 컵 중에 들이가 적은 컵은 ㉯ 컵입니다.

(   )

(3) 항아리의 들이는 양동이의 들이의 2배입니다.

(   )

17 슬기와 지혜가 산 음료수입니다. 음료수 양의 합을 비교하면 누가 산 음료수의 양이 몇 mL 더 많은지 구해 보세요.

	슬기	지혜
식혜	1 L 200 mL	1 L 300 mL
수정과	500 mL	450 mL

(   ), (   )

18 6 kg까지 담을 수 있는 가방이 있습니다. 이 가방에 2 kg 300 g의 물건이 담겨 있다면 몇 kg 몇 g을 더 담을 수 있을까요?

(   )

19 들이가 가장 많은 것을 찾아 쓰고, 그 이유를 설명해 보세요.

꿀병
1 L 500 mL   우유갑
1000 mL   간장병
1800 mL

답

이유

20 유나의 책가방과 공책의 무게를 각각 잰 것입니다. 공책을 책가방에 넣어 무게를 재면 몇 kg 몇 g인지 풀이 과정을 쓰고 답을 구해 보세요.

풀이

답

단원 평가 Level ❷

1 양동이에 물을 채우려고 합니다. 양동이에 물을 가득 채우려면 ㉠ 컵, ㉡ 컵, ㉢ 컵, ㉣ 컵으로 각각 다음과 같이 물을 부어야 합니다. 물음에 답하세요.

	㉠ 컵	㉡ 컵	㉢ 컵	㉣ 컵
부은 횟수(번)	5	8	6	4

(1) 들이가 가장 적은 컵의 기호를 써 보세요.

( )

(2) 들이가 가장 많은 컵의 기호를 써 보세요.

( )

(3) ㉣ 컵의 들이는 ㉡ 컵의 들이의 몇 배일까요?

( )

2 무게가 가장 가벼운 것을 찾아 기호를 써 보세요.

㉠ 4 kg 500 g   ㉡ 4010 g
㉢ 4200 g   ㉣ 5 kg 40 g

( )

3 ☐ 안에 알맞은 수를 써넣으세요.

(1)
$$\begin{array}{r} 7 \text{ L } 300 \text{ mL} \\ + \ 5 \text{ L } 800 \text{ mL} \\ \hline \boxed{}\text{L }\boxed{}\text{mL} \end{array}$$

(2)
$$\begin{array}{r} 13 \text{ L } 200 \text{ mL} \\ - \ 4 \text{ L } 700 \text{ mL} \\ \hline \boxed{}\text{L }\boxed{}\text{mL} \end{array}$$

4 들이가 가장 많은 것과 가장 적은 것의 차는 몇 L 몇 mL일까요?

3600 mL   3070 mL
2 L 800 mL   2 L 90 mL

( )

5 다음 중 잘못된 것을 모두 고르세요.

( )

① 3 kg 200 g = 3200 g
② 45 kg 60 g = 4560 g
③ 9 kg 50 g = 9500 g
④ 20 kg 700 g = 20700 g
⑤ 8 kg 100 g = 8100 g

6 들이가 더 적은 것의 기호를 써 보세요.

㉠ 3 L 600 mL + 4 L 500 mL
㉡ 8200 mL

( )

7 물이 ㉮ 통에는 4 L 600 mL 들어 있고 ㉯ 통에는 2 L 900 mL 들어 있습니다. 두 통에 들어 있는 물은 모두 몇 L 몇 mL일까요?

( )

8 분식점에서 식용유를 어제는 3 L 800 mL 사용하였고, 오늘은 6 L 200 mL 사용하였습니다. 오늘 사용한 식용유는 어제 사용한 식용유보다 몇 L 몇 mL 더 많을까요?

( )

9 동우는 정육점에서 소고기 4 kg 700 g과 돼지고기 5 kg 800 g을 샀습니다. 동우가 산 소고기와 돼지고기는 모두 몇 kg 몇 g일까요?

( )

10 밀가루 5 kg 중 부침개를 만드는 데 2700 g 을 사용했습니다. 부침개를 만들고 남은 밀가루는 몇 kg 몇 g일까요?

( )

11 ☐ 안에 알맞은 수를 써넣으세요.

$$
\begin{array}{r}
15 \ \text{kg} \ \boxed{} \ \text{g} \\
- \ \boxed{} \ \text{kg} \quad 700 \quad \text{g} \\
\hline
11 \ \text{kg} \quad 750 \quad \text{g}
\end{array}
$$

12 빨간색 물감 1300 mL와 노란색 물감을 섞었더니 주황색 물감 4 L 200 mL가 되었습니다. 노란색 물감은 몇 L 몇 mL 섞었을까요?

( )

13 우유를 일주일 동안 명주는 1 L 900 mL 마셨고, 재찬이는 400 mL 더 많이 마셨습니다. 두 사람이 일주일 동안 마신 우유는 모두 몇 L 몇 mL일까요?

( )

14 아버지의 몸무게는 지희의 몸무게의 2배보다 4 kg 900 g 더 무겁습니다. 지희의 몸무게가 32 kg 700 g일 때 아버지의 몸무게는 몇 kg 몇 g일까요?

( )

15 무게가 650 g인 상자에 책을 넣어 저울에 올려놓았더니 3 kg에서 170 g이 모자랐습니다. 책의 무게는 몇 kg 몇 g일까요?

( )

16 빈 상자에 똑같은 구슬 7개를 넣어 무게를 달아 보았더니 3 kg이었습니다. 빈 상자의 무게가 1 kg 600 g이라면 구슬 한 개의 무게는 몇 g 일까요?

(   )

17 수박 한 통의 무게는 멜론 2통의 무게보다 1 kg 250 g 더 무겁습니다. 수박 한 통의 무게가 3450 g이라면 멜론 한 통의 무게는 몇 kg 몇 g일까요?

(   )

18 무게가 2 kg 160 g인 빈 물통에 물을 반만큼 채운 후 무게를 재어 보니 6 kg 340 g이었습니다. 물을 가득 채운 물통의 무게는 몇 kg 몇 g 일까요?

(   )

19 주스의 반을 재우가 마시고 나머지의 반을 민하가 마셨습니다. 민하가 마신 후, 그 나머지의 반을 서우가 마셨더니 250 mL가 남았습니다. 처음에 있던 주스는 몇 L인지 풀이 과정을 쓰고 답을 구해 보세요.

풀이

답

20 접시 위에 오렌지 1개를 올려놓고 무게를 재면 830 g이고, 접시 위에 귤 1개를 올려놓고 무게를 재면 720 g입니다. 같은 접시 위에 오렌지 1개와 귤 1개를 올려놓고 무게를 재면 1 kg 410 g이라면 접시만의 무게는 몇 g인지 풀이 과정을 쓰고 답을 구해 보세요.

풀이

답

5

1 과수원별 복숭아 수확량을 조사하여 나타낸 그림그래프입니다. 해 과수원은 달 과수원보다 몇 상자 더 많이 수확하였는지 풀이 과정을 쓰고 답을 구해 보세요.

과수원별 복숭아 수확량

과수원	수확량
해	🍑🍑🍑🍑🍑🍑🍑
달	🍑🍑🍑🍑🍑
별	🍑🍑🍑🍑🍑🍑🍑🍑🍑

🍑 10상자
🍑 1상자

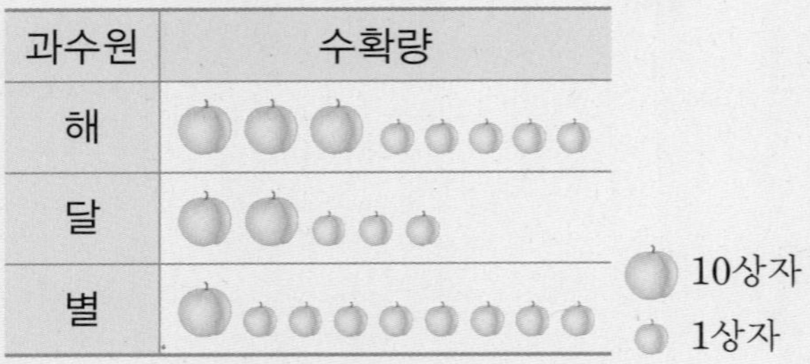

풀이 **예** 해 과수원의 수확량은 35상자이고 달 과수원의 수확량은 23상자입니다. 따라서 해 과수원은 달 과수원보다 $35 - 23 = 12$(상자) 더 많이 수확하였습니다.

답 ___12상자___

1⁺ 마을별 자동차의 수를 조사하여 나타낸 그림그래프입니다. 나 마을의 자동차는 가 마을의 자동차보다 몇 대 더 많은지 풀이 과정을 쓰고 답을 구해 보세요.

마을별 자동차 수

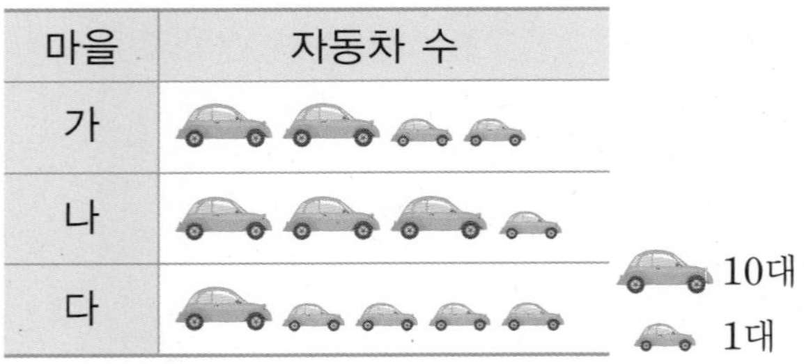

마을	자동차 수
가	🚗🚗🚗🚗
나	🚗🚗🚗🚗
다	🚗🚗🚗🚗

🚗 10대
🚗 1대

풀이

답 _____

2 위의 그림그래프를 보고 알 수 있는 내용을 2가지 써 보세요.

예 • 복숭아를 가장 많이 수확한 과수원은 해 과수원입니다.

• 복숭아를 가장 많이 수확한 과수원과 가장 적게 수확한 과수원의 수확량의 차는 17상자입니다.

2⁺ 위의 그림그래프를 보고 알 수 있는 내용을 2가지 써 보세요.

[3~5] 정민이네 반 학생들이 좋아하는 색깔을 조사하여 나타낸 표입니다. 물음에 답하세요.

좋아하는 색깔별 학생 수

색깔	노란색	빨간색	파란색	초록색	합계
학생 수(명)	6	7	8	4	25

3 표를 보고 알 수 있는 내용을 3가지 써 보세요.

....

....

....

▶ 표를 보면 각 항목별 수와 합계를 쉽게 알 수 있습니다.

4 가장 많은 학생이 좋아하는 색의 학생 수는 가장 적은 학생이 좋아하는 색의 학생 수보다 몇 명 더 많은지 풀이 과정을 쓰고 답을 구해 보세요.

풀이 ....

....

....

답 ....

▶ 가장 많은 학생이 좋아하는 색과 가장 적은 학생이 좋아하는 색의 학생 수를 알아봅니다.

5 정민이네 반이 현장 체험 학습 때 입고 갈 반티를 맞추려고 합니다. 무슨 색깔로 정하면 좋을지 쓰고 그 이유를 설명해 보세요.

답 ....

이유 ....

....

▶ 반티의 색깔을 무슨 색깔로 정해야 가장 많은 학생들이 좋아할지 생각해 봅니다.

[6~8] 수린이는 반 친구들이 키우고 싶어 하는 반려동물을 조사하였습니다. 물음에 답하세요.

키우고 싶어 하는 반려동물

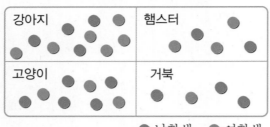

● 남학생 ● 여학생

6 조사한 자료를 보고 표로 나타내려고 합니다. 풀이 과정을 쓰고 표로 나타내어 보세요.

▶ 각각의 붙임딱지를 두 번 세거나 빠뜨리지 않게 표시하며 세어 표로 나타냅니다.

풀이 ....

....

....

답   키우고 싶은 반려동물별 학생 수

동물	강아지	햄스터	고양이	거북	합계
남학생 수(명)					
여학생 수(명)					

7 강아지를 키우고 싶어 하는 남학생과 고양이를 키우고 싶어 하는 여학생은 모두 몇 명인지 풀이 과정을 쓰고 답을 구해 보세요.

▶ 6번에서 완성한 표를 보고 강아지를 키우고 싶어 하는 남학생 수와 고양이를 키우고 싶어 하는 여학생 수를 알아봅니다.

풀이 ....

....

답 ....

8 위와 같이 조사한 자료를 표로 나타내었을 때 편리한 점을 2가지 써 보세요.

▶ 자료와 표를 비교해 봅니다.

....

....

[9~11] 마을별 초등학교 신입생 수를 조사하여 나타낸 그림그래프입니다. 물음
에 답하세요.

마을별 초등학교 신입생 수

마을	신입생 수
사랑	😊😊😊😊😊😊😊
믿음	😊😊😊😊😊😊😊😊
소망	😊😊😊😊

😊 10명
😊 1명

9 사랑 마을과 소망 마을의 초등학교 신입생은 모두 몇 명인지 풀이 과정
을 쓰고 답을 구해 보세요.

풀이 ....

....

....

답 ....

▶ 사랑 마을과 소망 마을의 신
입생 수를 알아봅니다.

10 세 마을의 신입생들에게 안전 호루라기를 한 개씩 주려면 안전 호루라기
는 모두 몇 개 필요한지 풀이 과정을 쓰고 답을 구해 보세요.

풀이 ....

....

....

답 ....

▶ 안전 호루라기는 신입생 수만
큼 필요하므로 각 마을의 신
입생 수의 합을 구합니다.

6

11 위와 같은 그림그래프로 나타낼 때 편리한 점을 2가지 써 보세요.

....

....

▶ 그림그래프는 조사한 수를 그
림으로 나타낸 그래프입니다.

단원 평가 Level ❶

[1~4] 준수네 반 학생들이 좋아하는 간식을 조사한 것입니다. 물음에 답하세요.

학생들이 좋아하는 간식

햄버거	김밥
피자	떡볶이

1 햄버거를 좋아하는 학생은 몇 명일까요?

( )

2 조사한 것을 보고 표로 나타내어 보세요.

좋아하는 간식별 학생 수

간식	햄버거	김밥	피자	떡볶이	합계
학생 수(명)					

3 가장 많은 학생이 좋아하는 간식은 무엇일까요?

( )

4 조사한 학생 수를 알아보려고 할 때 그림과 표 중에서 어느 것이 더 편리할까요?

( )

[5~7] 수연이네 학교 3학년 학생들이 반별로 모은 빈병의 수를 조사하여 나타낸 표와 그림그래프입니다. 물음에 답하세요.

반별 모은 빈병 수

반	1반	2반	3반	4반	합계
빈병 수(개)	32		45	19	

반별 모은 빈병 수

반	빈병 수
1반	
2반	
3반	
4반	

🍶10개 🍶1개

5 🍶과 🍶은 각각 몇 개를 나타낼까요?

🍶 ( )

🍶 ( )

6 2반 학생들이 모은 빈병은 몇 개일까요?

( )

7 수연이네 학교 3학년 학생들이 모은 빈병은 모두 몇 개일까요?

( )

[8～11] 민수네 반 학생들이 좋아하는 과목을 조사하여 나타낸 표입니다. 물음에 답하세요.

좋아하는 과목별 학생 수

과목	국어	수학	사회	과학	합계
남학생 수(명)	7	5	2	4	18
여학생 수(명)	3	7	5	3	18

8 과학을 좋아하는 남학생은 몇 명일까요?

( )

9 조사한 여학생은 몇 명일까요?

( )

10 국어를 좋아하는 학생은 몇 명일까요?

( )

11 가장 많은 학생이 좋아하는 과목은 무엇일까요?

( )

[12～14] 어느 공장에서 월별 장난감 생산량을 조사하여 나타낸 표입니다. 물음에 답하세요.

월별 장난감 생산량

월	9월	10월	11월	12월	합계
생산량(상자)	36		17	23	120

12 9월부터 12월까지의 장난감 생산량은 모두 몇 상자일까요?

( )

13 10월의 장난감 생산량은 몇 상자일까요?

( )

14 월별 장난감 생산량을 그림그래프로 나타내어 보세요.

월별 장난감 생산량

월	생산량
9월	
10월	
11월	
12월	

☐ 10상자 ☐ 1상자

[15~18] 학교별 학생 수를 조사하여 만든 표를 보고 그림그래프로 나타내려고 합니다. 물음에 답하세요.

학교별 학생 수

초등학교	천우	송원	서해	율전	합계
학생 수(명)	941	730	812	637	3120

15 학교별 학생 수는 세 자리 수입니다. 그림을 몇 가지로 나타내면 좋을까요?

(   )

16 학생 100명을 ◎, 10명을 △, 1명을 ○으로 나타낸다면 천우 초등학교의 학생 수는 ◎, △, ○ 그림 몇 개로 나타내어야 할까요?

◎ (   )
△ (   )
○ (   )

17 표를 보고 그림그래프로 나타내어 보세요.

학교별 학생 수

초등학교	학생 수
천우	
송원	
서해	
율전	

◎ 100명 △ 10명 ○ 1명

18 학생 수가 적은 학교부터 차례대로 써 보세요.

(   )

[19~20] 외국인들이 좋아하는 한국 음식을 조사하여 나타낸 그림그래프입니다. 물음에 답하세요.

외국인이 좋아하는 한국 음식

음식	사람 수
비빔밥	☺☺☺☺☺☺☺
불고기	☺☺☺
갈비탕	☺☺☺☺☺☺
떡갈비	☺☺☺☺☺☺

☺ 10명
☺ 1명

19 가장 많은 외국인이 좋아하는 음식과 가장 적은 외국인이 좋아하는 음식의 사람 수의 차는 몇 명인지 풀이 과정을 쓰고 답을 구해 보세요.

풀이

답

20 우리 집에 외국 손님이 오신다면 어떤 음식을 준비하는 것이 좋을지 쓰고 이유를 설명해 보세요.

답

이유

단원 평가 Level ❷

점수

확인

[1~3] 민주네 반 학생들이 좋아하는 과일을 조사하여 나타낸 것입니다. 물음에 답하세요.

좋아하는 과일

수박	사과	사과	수박	딸기	딸기
사과	수박	딸기	사과	사과	수박
포도	사과	딸기	수박	포도	사과
딸기	수박	사과	사과	딸기	수박

1 좋아하는 과일별 학생 수를 표로 나타내어 보세요.

좋아하는 과일별 학생 수

과일	수박	사과	딸기	포도	합계
학생 수 (명)					

2 딸기를 좋아하는 학생 수는 포도를 좋아하는 학생 수의 몇 배일까요?

( )

3 많은 학생들이 좋아하는 과일부터 차례대로 써 보세요.

( )

[4~7] 민성이가 5일 동안 컴퓨터를 한 시간을 조사하여 나타낸 표입니다. 물음에 답하세요.

요일별 컴퓨터를 한 시간

요일	월	화	수	목	금	합계
시간(분)	50	55	62	45	52	264

4 표를 보고 그림그래프로 나타내어 보세요.

요일별 컴퓨터를 한 시간

요일	시간
월	
화	
수	
목	
금	

◉ 10분 ○ 5분 △ 1분

5 그림 ◉, ○, △은 각각 몇 분을 나타내고 있을까요?

◉ ( )

○ ( )

△ ( )

6 어느 요일에 가장 컴퓨터를 많이 했을까요?

( )

7 컴퓨터를 가장 많이 한 요일을 알아보려고 할 때 표와 그림그래프 중 어느 것이 더 편리할까요?

( )

[8~11] 각 음료수 속에 들어 있는 각설탕의 수를 조사하여 나타낸 표입니다. 물음에 답하세요.

음료수별 각설탕의 수

음료수	가	나	다	라
각설탕의 수 (개)	12	20	7	16

8 표를 보고 그림그래프를 그릴 때 그림을 몇 가지로 나타내는 것이 좋을까요?

(   )

9 표를 보고 그림그래프로 나타내어 보세요.

음료수별 각설탕의 수

음료수	각설탕 수
가	
나	
다	
라	

□ 10개 □ 1개

10 각설탕이 가장 많이 들어 있는 음료수는 어느 것일까요?

(   )

11 나 음료수와 똑같은 음료수를 27개 준비하였습니다. 27개의 음료수에 담긴 각설탕은 모두 몇 개일까요?

(   )

[12~14] 과수원별 사과 생산량을 조사하여 나타낸 그림그래프입니다. 물음에 답하세요.

과수원별 사과 생산량

과수원	생산량
가	🍎🍎🍎🍏🍏🍏🍏
나	🍎🍎🍎🍏🍏
다	🍎🍎🍎🍎🍏🍏
라	🍎🍎🍎🍎🍎

🍎100상자 🍏10상자

12 그림그래프에 대한 설명으로 옳은 것을 찾아 기호를 써 보세요.

┌─────────────────────────────┐
│ ㉠ 그림그래프를 보고 전체 과수원의 사과 생산량의 합을 쉽게 알 수 있습니다. │
│ ㉡ 그림그래프를 보고 사과의 크기를 알 수 있습니다. │
│ ㉢ 생산량이 가장 많은 과수원은 라 과수원입니다. │
│ ㉣ 수량을 작은 그림으로 최대한 나타내고 나머지를 큰 그림으로 나타냅니다. │
└─────────────────────────────┘

(   )

13 그림그래프를 보고 표로 나타내어 보세요.

과수원별 사과 생산량

과수원	가	나	다	라	합계
생산량 (상자)					

14 사과 생산량이 적은 과수원부터 차례대로 기호를 써 보세요.

(   )

[15~18] 수호가 요일별로 푼 수학 문제 수를 조사하여 나타낸 표와 그림그래프입니다. 물음에 답하세요.

요일별 푼 수학 문제 수

요일	월	화	수	목	합계
문제 수(개)	35	24	60		150

요일별 푼 수학 문제 수

요일	문제 수
월	◯◯◯ ◦◦◦◦◦
화	
수	
목	

◯ 10개   ◦ 1개

15 목요일에 푼 수학 문제는 몇 개일까요?

(   )

16 표를 보고 그림그래프를 완성해 보세요.

17 수학 문제를 두 번째로 많이 푼 날은 무슨 요일일까요?

(   )

18 수학 문제를 한 개씩 풀 때마다 어머니께서 칭찬 붙임딱지 3장씩을 붙여 주셨습니다. 4일 동안 받은 칭찬 붙임딱지는 모두 몇 장일까요?

(   )

19 월요일에 팔린 우유의 수는 목요일에 팔린 우유의 수의 $\frac{1}{2}$일 때 화요일에 팔린 우유는 몇 통인지 풀이 과정을 쓰고 답을 구해 보세요.

요일별 팔린 우유 수

요일	월	화	수	목	합계
우유 수(통)			24	32	96

풀이 _____

_____

답 _____

20 소 한 마리는 사료를 하루에 3 kg씩 먹고 상동 목장은 원동 목장보다 사료가 하루에 18 kg 더 필요하다고 합니다. 상동 목장에서 기르고 있는 소는 몇 마리인지 풀이 과정을 쓰고 답을 구해 보세요.

목장별 소의 수

목장	소의 수
상동	
하동	🐮🐮🐮🐮🐮🐮🐮
일동	🐮🐮🐮🐮🐮🐮
원동	🐮🐮🐮 🐂🐂

🐮100마리   🐮10마리   🐂1마리

풀이 _____

_____

답 _____

한걸음 한걸음 디딤돌을 걷다 보면
수학이 완성됩니다.

● **개념 다지기**
원리, 기본

● **문제해결력 강화**
문제유형, 응용

● **심화 완성**
최상위 수학S, 최상위 수학

최상위
수학
S

최상위
수학

● **연산 개념 다지기**
디딤돌 연산

디딤돌
연산은
수학이다.

● **개념+문제해결력 강화를 동시에**
기본+유형, 기본+응용

● **상위권의 힘, 사고력 강화**
최상위 사고력

최상위
사고력

개념 이해 ▶ **개념 응용** ▶ **개념 확장** ▶

학습 능력과 목표에 따라
맞춤형이 가능한 디딤돌 초등 수학

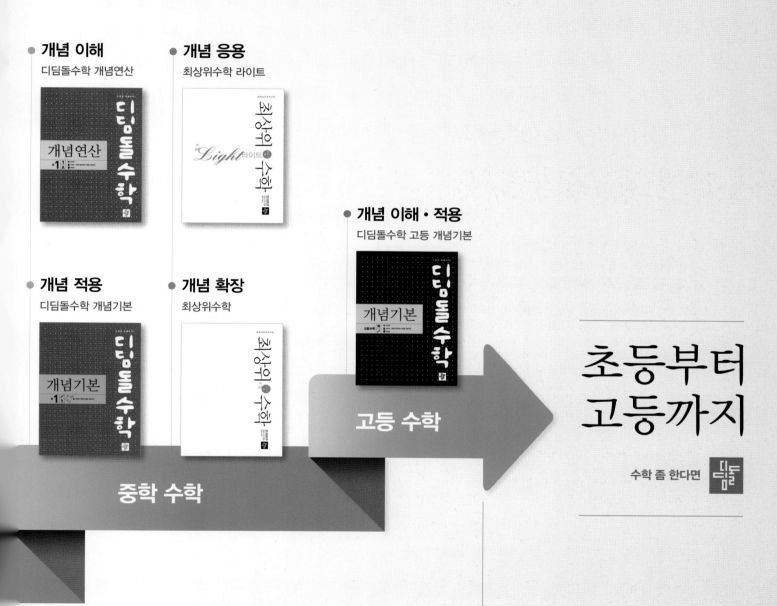

● **개념 이해**
디딤돌수학 개념연산

● **개념 응용**
최상위수학 라이트

● **개념 이해·적용**
디딤돌수학 고등 개념기본

● **개념 적용**
디딤돌수학 개념기본

● **개념 확장**
최상위수학

고등 수학

중학 수학

초등부터
고등까지

수학 좀 한다면

개념을 이해하고, 깨우치고, 꺼내 쓰는
올바른 중고등 개념 학습서

수능까지 연결되는 독해 로드맵

디딤돌 독해력은 수능까지 연결되는 체계적인 라인업을 통하여

수능에서 요구하는 핵심 독해 원리에 대한 이해는 물론,

단계 별로 심화되며 연결되는 학습의 과정을 통해

깊이 있고 종합적인 독해 사고의 능력까지 기를 수 있도록 도와줍니다.

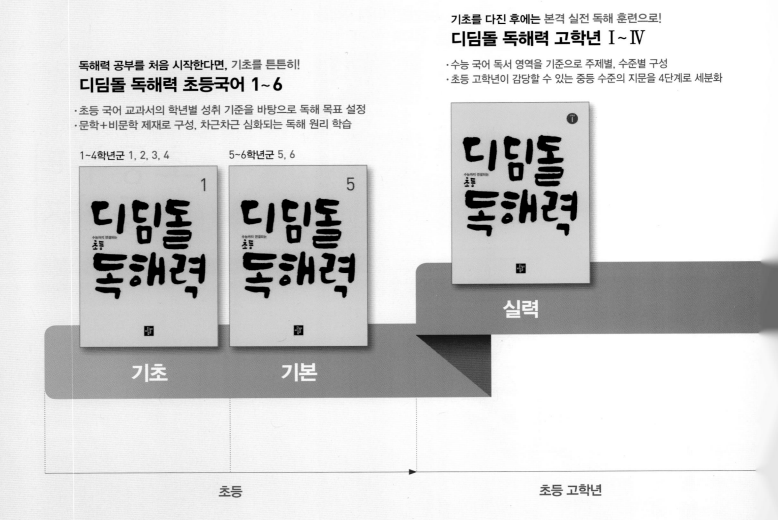

기초를 다진 후에는 본격 실전 독해 훈련으로!
디딤돌 독해력 고학년 Ⅰ~Ⅳ

·수능 국어 독서 영역을 기준으로 주제별, 수준별 구성
·초등 고학년이 감당할 수 있는 중등 수준의 지문을 4단계로 세분화

독해력 공부를 처음 시작한다면, 기초를 튼튼히!
디딤돌 독해력 초등국어 1~6

·초등 국어 교과서의 학년별 성취 기준을 바탕으로 독해 목표 설정
·문학+비문학 제재로 구성, 차근차근 심화되는 독해 원리 학습

1~4학년군 1, 2, 3, 4   5~6학년군 5, 6

기초   기본   실력

초등   초등 고학년

기본+응용 | 정답과 풀이

수학 좀 한다면

디딤돌

3
2

정답과 풀이

1 곱셈

학생들은 일상생활에서 배열이나 묶음과 같은 곱셈 상황을 경험합니다. 예를 들면 교실에서 사물함, 책상, 의자 등 줄을 맞춰 배열된 사물들과 묶음 단위로 판매되는 학용품이나 간식 등이 곱셈 상황입니다. 학생들은 이 같은 상황에서 사물의 수를 세거나 필요한 금액 등을 계산할 때 곱셈을 적용할 수 있습니다. 여러 가지 곱셈을 배우는 이번 단원에서는 다양한 형태의 곱셈 계산 원리와 방법을 스스로 발견할 수 있도록 지도합니다. 수 모형 놓아 보기, 모눈의 수 묶어 세기 등의 다양한 활동을 통해 곱셈의 알고리즘이 어떻게 형성되는지를 스스로 탐구할 수 있도록 합니다. 이 단원에서 학습하는 다양한 형태의 곱셈은 고학년에서 학습하게 되는 넓이, 확률 개념 등의 바탕이 됩니다.

8~9쪽

교과서 개념 이해 1 (세 자리 수) × (한 자리 수)를 구해 볼까요 (1)

1 (1) 2, 4 (2) 3, 6 (3) 4, 8 (4) 468

2 213, 3, 639

3 (위에서부터) 3 / 20, 10 / 800, 400 / 826

4 (1) 8, 40, 800 / 848 (2) 9, 60, 300 / 369

5 (1) 844 (2) 848   **6** 300, 900 / 936

7 (1) 824 (2) 993 (3) 666 (4) 486

8 (1) 231 × 3 = 693 (2) 121 × 4 = 484

9 142 × 2 = 284 / 284번

1 234 = 200 + 30 + 4이므로 234 × 2는 200 × 2, 30 × 2, 4 × 2의 합과 같습니다.

2 백 모형은 2 × 3 = 6(개), 십 모형은 1 × 3 = 3(개), 일 모형은 3 × 3 = 9(개)이므로 213 × 3 = 639입니다.

3 413 = 400 + 10 + 3이므로 413 × 2는 400 × 2, 10 × 2, 3 × 2의 합과 같습니다.

4 (1) 212 = 200 + 10 + 2이므로 212 × 4는 200 × 4, 10 × 4, 2 × 4의 합과 같습니다.
   (2) 123 = 100 + 20 + 3이므로 123 × 3은 100 × 3, 20 × 3, 3 × 3의 합과 같습니다.

5 세 자리 수의 일, 십, 백의 자리에 차례로 한 자리 수를 곱하여 일, 십, 백의 자리에 씁니다.

6 312를 300으로 어림하면 312 × 3을 300 × 3으로 생각하여 약 900으로 예상할 수 있습니다.

7 (1)
```
  4 1 2
×     2
─────────
  8 2 4
```
(2)
```
  3 3 1
×     3
─────────
  9 9 3
```
(3)
```
  1 1 1
×     6
─────────
  6 6 6
```
(4)
```
  2 4 3
×     2
─────────
  4 8 6
```

8 (1) 231 + 231 + 231 = 231 × 3 = 693 (3번)
   (2) 121 + 121 + 121 + 121 = 121 × 4 = 484 (4번)

9
```
  1 4 2
×     2
─────────
  2 8 4
```

10~11쪽

교과서 개념 이해 2 (세 자리 수) × (한 자리 수)를 구해 볼까요 (2)

❶ • 십

1 (1) 2, 6 / 2, 6 / 7, 21 (2) 1 (3) 681

2 (위에서부터) 9 / 30, 10 / 600, 200 / 657

3 400, 800 / 838

4
```
    1
  1 2 3
×     4
─────────
  4 9 2
```

5 (1) 580 (2) 828 (3) 384 (4) 878

6 30   **7** 387

8 325 × 2 = 650 / 650개

1 227 = 200 + 20 + 7이므로 227 × 3은 200 × 3, 20 × 3, 7 × 3의 합과 같습니다.

2 219 = 200 + 10 + 9이므로 219 × 3은 200 × 3, 10 × 3, 9 × 3의 합과 같습니다.

3 419를 400으로 어림하면 419 × 2를 400 × 2로 생각하여 약 800으로 예상할 수 있습니다.

4 일의 자리 계산 $3 \times 4 = 12$에서 2는 일의 자리에 쓰고 1은 십의 자리로 올림합니다.

5
(1)
$$\begin{array}{r} \overset{3}{}1\,1\,6 \\ \times 5 \\ \hline 5\,8\,0 \end{array}$$
(2)
$$\begin{array}{r} \overset{2}{}2\,0\,7 \\ \times 4 \\ \hline 8\,2\,8 \end{array}$$
(3)
$$\begin{array}{r} \overset{2}{}1\,2\,8 \\ \times 3 \\ \hline 3\,8\,4 \end{array}$$
(4)
$$\begin{array}{r} \overset{1}{}4\,3\,9 \\ \times 2 \\ \hline 8\,7\,8 \end{array}$$

6 일의 자리 계산 $9 \times 4 = 36$에서 30을 십의 자리로 올림한 것이므로 □ 안의 숫자 3이 실제로 나타내는 값은 30입니다.

7 $129 + 129 + 129 = 129 \times 3 = 387$

8
$$\begin{array}{r} \overset{1}{}3\,2\,5 \\ \times 2 \\ \hline 6\,5\,0 \end{array}$$

교과서 개념 이해 **3** (세 자리 수)×(한 자리 수)를 구해 볼까요(3)   12~13쪽

1 (1) 2, 6 / 6, 18 / 3, 9   (2) 8   (3) 789

2 (위에서부터) 3 / 60, 20 / 2100, 700 / 2169

3 (1) 4, 160, 800 / 964   (2) 6, 270, 1500 / 1776

4
$$\begin{array}{r} \overset{2}{}5\,4\,1 \\ \times 7 \\ \hline 3\,7\,8\,7 \end{array}$$

5 (1) 576   (2) 3248   (3) 2492   (4) 3204

6 581×6 / 3486

7 706, 1059, 1412

8 $250 \times 7 = 1750$ / 1750권

1 $263 = 200 + 60 + 3$이므로 263×3은 200×3, 60×3, 3×3의 합과 같습니다.

2 $723 = 700 + 20 + 3$이므로 723×3은 700×3, 20×3, 3×3의 합과 같습니다.

3 (1) $241 = 200 + 40 + 1$이므로 241×4는 200×4, 40×4, 1×4의 합과 같습니다.

(2) $592 = 500 + 90 + 2$이므로 592×3은 500×3, 90×3, 2×3의 합과 같습니다.

4 십의 자리 계산 $4 \times 7 = 28$에서 2는 백의 자리로 올림하고, 백의 자리 계산 $5 \times 7 = 35$에서 3은 천의 자리에 씁니다.

5
(1)
$$\begin{array}{r} \overset{2}{}1\,9\,2 \\ \times 3 \\ \hline 5\,7\,6 \end{array}$$
(2)
$$\begin{array}{r} 8\,1\,2 \\ \times 4 \\ \hline 3\,2\,4\,8 \end{array}$$
(3)
$$\begin{array}{r} \overset{1}{}6\,2\,3 \\ \times 4 \\ \hline 2\,4\,9\,2 \end{array}$$
(4)
$$\begin{array}{r} \overset{2\,2}{}5\,3\,4 \\ \times 6 \\ \hline 3\,2\,0\,4 \end{array}$$

6 곱셈식으로 나타내면 581×6이고, $581 \times 6 = 3486$입니다.

7
$$\begin{array}{r} \overset{1}{}3\,5\,3 \\ \times 2 \\ \hline 7\,0\,6 \end{array}$$
$$\begin{array}{r} \overset{1}{}3\,5\,3 \\ \times 3 \\ \hline 1\,0\,5\,9 \end{array}$$
$$\begin{array}{r} \overset{2\,1}{}3\,5\,3 \\ \times 4 \\ \hline 1\,4\,1\,2 \end{array}$$

8
$$\begin{array}{r} \overset{3}{}2\,5\,0 \\ \times 7 \\ \hline 1\,7\,5\,0 \end{array}$$

개념 적용 **기본기 다지기**   14~17쪽

1 200   **2** 312, 936

3 (1) >   (2) <   **4** 884 cm

5 639개   **6** 3, 3/900, 60, 12/972

7 876

8 20 / ⑩ 일의 자리 계산 $4 \times 6 = 24$에서 20을 십의 자리로 올림한 것이므로 20을 나타냅니다.

9 520쪽   **10** 687

11 36개   **12** ㉣

13 $641 \times 7 = 4487$ / 4487

14
$$\begin{array}{r} \overset{1}{}3\,6\,2 \\ \times 2 \\ \hline 7\,2\,4 \end{array}$$
⑩ 십의 자리의 계산에서 올림한 수 1을 더하지 않고 계산했습니다.

15 1808 **16** ㉠ **17** 1260번

18 ㉡ **19** 625개 **20** 4280원

21 1606 cm **22** 6 **23** 7

24 5, 3 **25** 936 **26** 684

27 1290

---

1 $131 \times 2 = 100 \times 2 + 30 \times 2 + 1 \times 2 = 262$이므로 빨간색 숫자 2는 200을 나타냅니다.

2 곱셈에서는 곱하는 두 수를 바꾸어 곱해도 곱은 같습니다.

3 (1) 곱하는 수가 2로 같고 곱해지는 수가 $431 > 424$이므로 $431 \times 2 > 424 \times 2$입니다.
(2) 곱해지는 수가 210으로 같고 곱하는 수가 $2 < 4$이므로 $210 \times 2 < 210 \times 4$입니다.

4 정사각형의 네 변의 길이는 모두 같습니다.
따라서 정사각형의 네 변의 길이의 합은
$221 \times 4 = 884$(cm)입니다.

5 $213 \times 3 = 639$(개)

6 324를 $300 + 20 + 4$로 생각하여 계산한 것입니다.

7 $438 \times 2 = 876$

8

단계	문제 해결 과정
①	□ 안의 숫자 2가 나타내는 값은 얼마인지 구했나요?
②	올림을 이용하여 이유를 바르게 설명했나요?

9 (동화책 5권의 쪽수) $= 104 \times 5 = 520$(쪽)

10 100이 2개, 10이 1개, 1이 19개인 수는 229입니다.
➡ $229 \times 3 = 687$

11 (놓으려는 의자 수) $= 116 \times 4 = 464$(개)
(남는 의자 수) $= 500 - 464 = 36$(개)

12 곱해지는 수 421에서 4는 400을 나타내므로 □ 안에 들어갈 수는 400×8을 계산한 것입니다.

13 ■를 ▲번 더한 값은 ■ $\times$ ▲의 값과 같습니다.

서술형
14

단계	문제 해결 과정
①	잘못 계산한 이유를 썼나요?
②	잘못 계산한 부분을 바르게 계산했나요?

---

15 452씩 4칸이므로 $452 \times 4 = 1808$입니다.

16 ㉠ $431 \times 8 = 3448$ ㉡ $523 \times 6 = 3138$
㉢ $614 \times 5 = 3070$
➡ 곱이 가장 큰 것은 ㉠입니다.

17 일주일은 7일이므로 $180 \times 7 = 1260$(번)입니다.

18

㉠
$$\begin{array}{r} 8\ 6\ 3 \\ \times \qquad 2 \\ \hline 1\ 7\ 2\ 6 \end{array}$$

㉡
$$\begin{array}{r} 6\ 3\ 2 \\ \times \qquad 8 \\ \hline 5\ 0\ 5\ 6 \end{array}$$

㉢
$$\begin{array}{r} 8\ 6\ 2 \\ \times \qquad 3 \\ \hline 2\ 5\ 8\ 6 \end{array}$$

➡ ㉡ > ㉢ > ㉠

다른 풀이 |

$$\begin{array}{r} ②\ ③\ ④ \\ \times \qquad ① \end{array}$$ 큰 수부터 ①, ②, ③, ④의 순서로 놓을 때 곱이 가장 큽니다.

19 (학생 수) $= 25 + 23 + 27 + 24 + 26 = 125$(명)
따라서 초콜릿은 모두 $125 \times 5 = 625$(개) 필요합니다.

20 1달러가 856원이므로 5달러는 $856 \times 5 = 4280$(원)입니다.

21 (분홍색 리본) $= 125 \times 6 = 750$(cm)
(노란색 리본) $= 214 \times 4 = 856$(cm)
➡ $750 + 856 = 1606$(cm)

22 □ $\times 4$의 일의 자리가 4인 것은 1×4, 6×4입니다. 이 중 십의 자리로 올림하여 십의 자리가 6이 되는 것은 6×4이므로 □ 안에 알맞은 수는 6입니다.

23 • 일의 자리: $5 \times 6 = 30$이므로 십의 자리로 올림한 수는 3입니다.
• 백의 자리: $1 \times 6 = 6$이므로 백의 자리로 올림한 수는 $10 - 6 = 4$입니다.
• 십의 자리: □ $\times 6 + 3 = 45$이므로 □ $\times 6 = 42$, □ $= 7$입니다.

24 같은 수를 곱하여 9가 되는 수는 $3 \times 3 = 9$, $7 \times 7 = 49$이므로 ㉡ $= 3$ 또는 ㉡ $= 7$입니다.
• ㉡ $= 3$일 때 십의 자리 계산에서 ㉠ $\times 3$의 일의 자리가 5가 되는 것은 5×3이므로 ㉠ $= 5$입니다.
➡ $553 \times 3 = 1659$(○)
• ㉡ $= 7$일 때 ㉠ $\times 7$의 일의 자리가 1이 되는 것은 3×7이므로 ㉠ $= 3$입니다.
➡ $337 \times 7 = 2359$ ($\times$)
따라서 ㉠ $= 5$, ㉡ $= 3$입니다.

25 $103 \star 9 = 103 \times 9 + 9 = 927 + 9 = 936$

26 $114 \circledcirc 7 = 114 \times 7 - 114 = 798 - 114 = 684$

27 $6 \circledcirc 209 \Rightarrow 6 + 209 = 215, \ 215 \times 6 = 1290$

교과서 개념이해
4 (몇십) × (몇십) 또는 (몇십몇) × (몇십)을 구해 볼까요
18~19쪽

1 (1) 10, 10, 100, 1200 (2) 10, 10, 100
 (3) 1, 2

2 (1) 240 (2) 240 (3) 2, 4

3 (위에서부터) (1) 1800, 100 (2) 480, 10

4 (왼쪽에서부터) 168, 1680

5 (1) 6, 60, 60, 600, 660
 (2) 20, 200, 200, 2000, 2200

6 (1) 1800 (2) 3600 (3) 1590 (4) 5040

7 600, 1800, 2700

8 $50 \times 30 = 1500$ / 1500원

9 $24 \times 30 = 720$ / 720개

---

3 (1) 20×90은 2×9의 100배입니다.
 (2) 24×20은 24×2의 10배입니다.

4 42×40은 42×4의 10배입니다.

5 (1) $33 \times 20 = 3 \times 20 + 30 \times 20$
 $= 60 + 600$
 $= 660$
 (2) $44 \times 50 = 4 \times 50 + 40 \times 50$
 $= 200 + 2000$
 $= 2200$

6 (1) 30×60은 $3 \times 6 = 18$에 0을 2개 붙입니다.
 (2) 90×40은 $9 \times 4 = 36$에 0을 2개 붙입니다.
 (3) 53×30은 $53 \times 3 = 159$에 0을 1개 붙입니다.
 (4) 63×80은 $63 \times 8 = 504$에 0을 1개 붙입니다.

7 20×30은 $2 \times 3 = 6$에 0을 2개 붙입니다.
 60×30은 $6 \times 3 = 18$에 0을 2개 붙입니다.
 90×30은 $9 \times 3 = 27$에 0을 2개 붙입니다

8 50×30은 $5 \times 3 = 15$에 0을 2개 붙입니다.

9 24×30은 $24 \times 3 = 72$에 0을 1개 붙입니다.

교과서 개념이해
5 (몇) × (몇십몇)을 구해 볼까요
20~21쪽

⚠ • 몇십

1 (1) 160 (2) 24 (3) 160, 24, 184
 (4) 160, 24, 184

2 (위에서부터) 36, 9 / 120, 30 / 156

3 (1) 9, 450 / 459 (2) 15, 350 / 365

4
$$\begin{array}{r} {}^{2} \\ 7 \\ \times\ 3\ 4 \\ \hline 2\ 3\ 8 \end{array}$$

5 (1) 84 (2) 215 (3) 130 (4) 104

6 182, =, 182

7
$$\begin{array}{r} 3 \\ \times\ 2\ 7 \\ \hline 2\ 1 \\ 6\ 0 \\ \hline 8\ 1 \end{array}$$

8 $5 \times 15 = 75$ / 75쪽

---

2 곱해지는 수에 곱하는 수의 일의 자리 수와 십의 자리 수를 차례로 곱합니다.

3 (1) $51 = 50 + 1$이므로 9×51은 9×50과 9×1의 합과 같습니다.
 (2) $73 = 70 + 3$이므로 5×73은 5×70과 5×3의 합과 같습니다.

4 일의 자리 계산 $7 \times 4 = 28$에서 8은 일의 자리에 쓰고 2는 십의 자리로 올림하여 $7 \times 3 = 21$에 더합니다.

5 (1)
$$\begin{array}{r} {}^{2} \\ 3 \\ \times\ 2\ 8 \\ \hline 8\ 4 \end{array}$$
(2)
$$\begin{array}{r} {}^{1} \\ 5 \\ \times\ 4\ 3 \\ \hline 2\ 1\ 5 \end{array}$$
(3)
$$\begin{array}{r} {}^{1} \\ 2 \\ \times\ 6\ 5 \\ \hline 1\ 3\ 0 \end{array}$$
(4)
$$\begin{array}{r} {}^{2} \\ 4 \\ \times\ 2\ 6 \\ \hline 1\ 0\ 4 \end{array}$$

6 곱셈에서 두 수를 바꾸어 곱해도 계산 결과는 같습니다.

7
$$\begin{array}{r} 3 \\ \times\ 2\ 7 \\ \hline 2\ 1 \quad \cdots\ 3 \times 7 \\ 6\ 0 \quad \cdots\ 3 \times 20 \\ \hline 8\ 1 \end{array}$$

8
$$\begin{array}{r} {}^{2}5 \\ \times\,1\,5 \\ \hline 7\,5 \end{array}$$

22~23쪽

교과서 개념 이해 **6** (몇십몇) × (몇십몇)을 구해 볼까요 (1)

❗ • 3

1 170, 85 / 255

2 (1) 350, 70, 420　(2) 840, 126, 966

3 (위에서부터) 13, 1 / 520, 40 / 533

4 (왼쪽에서부터) 48 / 48, 720 / 48, 720, 768

5 (1) 744　(2) 636　(3) 357　(4) 546

6 ㄹ　　　　　　**7** 12, 420

8 12 × 36 = 432 / 432자루

1 17 × 15 = 17 × 10 + 17 × 5
　　　　 = 170 + 85 = 255

2 (1) 12 = 10 + 2이므로 35 × 12는 35 × 10과 35 × 2의
　　합과 같습니다.
　(2) 23 = 20 + 3이므로 42 × 23은 42 × 20과 42 × 3의
　　합과 같습니다.

3 41 = 40 + 1과 같으므로 13 × 41은 13 × 40과
　13 × 1의 합과 같습니다.

4 곱해지는 수에 곱하는 수의 일의 자리 수와 십의 자리 수
　를 차례로 곱합니다.

5 (1)
$$\begin{array}{r} 3\,1 \\ \times\,2\,4 \\ \hline 1\,2\,4 \\ 6\,2\,0 \\ \hline 7\,4\,4 \end{array}$$
　(2)
$$\begin{array}{r} 1\,2 \\ \times\,5\,3 \\ \hline 3\,6 \\ 6\,0\,0 \\ \hline 6\,3\,6 \end{array}$$

　(3)
$$\begin{array}{r} 1\,7 \\ \times\,2\,1 \\ \hline 1\,7 \\ 3\,4\,0 \\ \hline 3\,5\,7 \end{array}$$
　(4)
$$\begin{array}{r} 4\,2 \\ \times\,1\,3 \\ \hline 1\,2\,6 \\ 4\,2\,0 \\ \hline 5\,4\,6 \end{array}$$

6
$$\begin{array}{r} 2\,3 \\ \times\,4\,3 \\ \hline 6\,9 \\ 9\,2\,0 \\ \hline 9\,8\,9 \end{array}$$
　⋯ 23 × 3
　⋯ 23 × 40

7 곱셈에서는 두 수를 바꾸어 곱해도 계산 결과는 같습니
다.
$$\begin{array}{r} 3\,5 \\ \times\,1\,2 \\ \hline 7\,0 \\ 3\,5\,0 \\ \hline 4\,2\,0 \end{array}\qquad\begin{array}{r} 1\,2 \\ \times\,3\,5 \\ \hline 6\,0 \\ 3\,6\,0 \\ \hline 4\,2\,0 \end{array}$$

8
$$\begin{array}{r} 1\,2 \\ \times\,3\,6 \\ \hline 7\,2 \\ 3\,6\,0 \\ \hline 4\,3\,2 \end{array}$$

24~25쪽

교과서 개념 이해 **7** (몇십몇) × (몇십몇)을 구해 볼까요 (2)

1 (1) 800, 180, 200, 45
　(2) 800, 180, 200, 45, 1225
　(3) 1225

2 (1) 4, 140, 840　(2) 8, 432, 2052

3 (위에서부터) 130, 5 / 1560, 60 / 1690

4 (왼쪽에서부터) 188 / 188, 1410 /
　188, 1410, 1598

5 (1) 1888　(2) 2544　(3) 3015　(4) 2604

6
$$\begin{array}{r} 7\,4 \\ \times\,3\,6 \\ \hline 4\,4\,4 \\ 2\,2\,2\,0 \\ \hline 2\,6\,6\,4 \end{array}$$

7 4, 100, 700　　　　**8** 24 × 35 = 840 / 840개

2 (1) 24 = 20 + 4이므로 35 × 24는 35 × 20과 35 × 4의
　　합과 같습니다.
　(2) 38 = 30 + 8이므로 54 × 38은 54 × 30과 54 × 8의
　　합과 같습니다.

3 65 = 60 + 5이므로 26 × 65는 26 × 60과 26 × 5의
　합과 같습니다.

4 곱해지는 수에 곱하는 수의 일의 자리 수와 십의 자리 수
　를 차례로 곱합니다.

5 (1)
$$\begin{array}{r} 3\,2 \\ \times\,5\,9 \\ \hline 2\,8\,8 \\ 1\,6\,0\,0 \\ \hline 1\,8\,8\,8 \end{array}$$
(2)
$$\begin{array}{r} 5\,3 \\ \times\,4\,8 \\ \hline 4\,2\,4 \\ 2\,1\,2\,0 \\ \hline 2\,5\,4\,4 \end{array}$$

(3)
$$\begin{array}{r} 6\,7 \\ \times\,4\,5 \\ \hline 3\,3\,5 \\ 2\,6\,8\,0 \\ \hline 3\,0\,1\,5 \end{array}$$
(4)
$$\begin{array}{r} 2\,8 \\ \times\,9\,3 \\ \hline 8\,4 \\ 2\,5\,2\,0 \\ \hline 2\,6\,0\,4 \end{array}$$

6 74×3은 실제로 74×30을 나타내므로
$74 \times 30 = 2220$을 자리에 맞춰 써야 합니다.

7 $28 = 4 \times 7$이므로 25×28에서 25×4를 먼저 계산하면 계산이 간단해집니다.

8
$$\begin{array}{r} 2\,4 \\ \times\,3\,5 \\ \hline 1\,2\,0 \\ 7\,2\,0 \\ \hline 8\,4\,0 \end{array}$$

개념 적용 기본기 다지기   26~29쪽

28 ④

29 45

30 60

31 40

32 6650

33 $60 \times 60 = 3600$ / 3600초

34 딸기 50개, 300 mg

35 144, 180, 216

36 (위에서부터) 9, 7

37 ⑩ 8월은 31일까지 있습니다. 서연이는 수학 문제를 9문제씩 31일 동안 풀었으므로 모두 $9 \times 31 = 279$(문제)를 풀었습니다. / 279문제

38 8

39 $18 \times 14 = 252$ / 252

40 656

41 (위에서부터) 3, 4, 3, 6, 4

42 210자

43 612

44 2, 50, 700

45
$$\begin{array}{r} 2\,9 \\ \times\,5\,4 \\ \hline 1\,1\,6 \\ 1\,4\,5\,0 \\ \hline 1\,5\,6\,6 \end{array}$$
⑩ 54에서 5는 50을 나타내므로 29×50에서 1450이라고 써야 하는데 145라고 써서 계산이 잘못되었습니다.

46 2040개

47 1590

48 1032

49 7, 5

50 (위에서부터) 4, 5 / 9

51 532

52 986

53 2331

---

28 ①, ②, ③, ⑤ 1800
④ 2000

29 • $70 \times 30 = 2100 \rightarrow ㉠ = 21$
• $40 \times 60 = 2400 \rightarrow ㉡ = 24$
➡ $㉠ + ㉡ = 21 + 24 = 45$

30 $90 \times 40 = 3600$입니다. 따라서 $60 \times \square = 3600$이어야 하므로 $60 \times 60 = 3600$에서 $\square = 60$입니다.

31 곱해지는 수가 15에서 30으로 2배가 되었으므로 곱하는 수는 80의 반인 40이 되어야 합니다.

32 10이 9개, 1이 5개인 수는 95이고, 10이 7개인 수는 70입니다. ➡ $95 \times 70 = 6650$

34 비타민 C가 딸기 50개에는 $90 \times 50 = 4500$(mg), 귤 70개에는 $60 \times 70 = 4200$(mg)이 들어 있습니다. 따라서 딸기 50개에 $4500 - 4200 = 300$(mg) 더 많이 들어 있습니다.

35 곱해지는 수가 1씩 커지므로 곱은 36씩 커집니다.

36
$$\begin{array}{r} 7 \\ \times\,3\,㉠ \\ \hline 2\,㉡\,3 \end{array}$$
$7 \times ㉠$에서 일의 자리가 3인 것은 $7 \times 9 = 63$이므로 $㉠ = 9$입니다.
$7 \times 3 = 21$에서 일의 자리에서 올림한 6을 더하면 27이므로 $㉡ = 7$입니다.

서술형
37

단계	문제 해결 과정
①	8월이 31일까지임을 알고 곱셈식을 세웠나요?
②	31일 동안 모두 몇 문제를 풀었는지 구했나요?

38 $4 \times 65 = 260$입니다.
$7 \times 34 = 238$, $8 \times 34 = 272$이므로 $\square$ 안에 들어갈 수 있는 자연수 중에서 가장 작은 수는 8입니다.

39 $18 \times 14 = 18 \times 10 + 18 \times 4$
   $\qquad\qquad = 180 + 72 = 252$

40 가장 큰 수는 41이고, 가장 작은 수는 16입니다.
   ➡ $41 \times 16 = 656$

41
$$\begin{array}{r} ㉠\ 9 \\ \times\ 1\ 6 \\ \hline 2\ 3\ ㉡ \\ ㉢\ 9\ 0 \\ \hline ㉣\ 2\ ㉤ \end{array}$$
   $9 \times 6 = 54$이므로
   ㉡$=4$이고, 십의 자리로 5를 올림합니다.
   ㉠$\times 6 + 5 = 23$이므로
   ㉠$\times 6 = 18$, ㉠$=3$입니다.
   $3 \times 1 = 3$이므로 ㉢$=3$, ㉤$=$㉡$=4$입니다.
   $1 + 2 + 3 = 6$이므로 ㉣$=6$입니다.

42 1주일은 7일이므로 2주일은 $7 \times 2 = 14$(일)입니다.
   ➡ $15 \times 14 = 210$(자)

43 2l×l5를 아래쪽으로 뒤집으면 5l×l2가 되므로
   $51 \times 12 = 612$입니다.

44 곱해지는 수 28을 14×2로 분해하여
   (몇십몇)×(몇십몇)을 (몇십몇)×(몇십)으로 계산하는
   방법입니다.

서술형
45

단계	문제 해결 과정
①	잘못 계산한 이유를 썼나요?
②	잘못 계산한 부분을 바르게 계산했나요?

46 하루는 24시간이므로 $85 \times 24 = 2040$(개)입니다.

47 • 5♥4: $5 \times 4 = 20$보다 1 작은 수 → 19
   • 8♥6: $8 \times 6 = 48$보다 1 작은 수 → 47
   • 2♥15: $2 \times 15 = 30$보다 1 작은 수 → 29
   따라서 37♥43은 $37 \times 43 = 1591$보다 1 작은 수이므
   로 1590입니다.

48 만들 수 있는 가장 큰 두 자리 수는 86, 가장 작은 두 자
   리 수는 12입니다.
   ➡ $86 \times 12 = 1032$

49
$$\begin{array}{r} 5 \\ \times\ 7\ 6 \\ \hline 3\ 8\ 0 \end{array} \qquad \begin{array}{r} 7 \\ \times\ 5\ 6 \\ \hline 3\ 9\ 2 \end{array}$$
   이므로 ㉠은 7, ㉡은 5입니다.
   다른 풀이 | (한 자리 수)×(두 자리 수)의 곱을 가장 크게
   만들려면 한 자리 수에 가장 큰 숫자를 놓고, 나머지 숫
   자로 가장 큰 두 자리 수를 만들면 됩니다. 따라서 가장
   큰 곱셈식은 $7 \times 56 = 392$입니다.

50
$$\begin{array}{r} ㉠\ ㉡ \\ \times\ ㉢\ 6 \\ \hline 4\ 3\ 2\ 0 \end{array}$$
   • 곱의 일의 자리 수가 0이므로 ㉡$=5$입니다.
   • ㉠$=9$, ㉢$=4$인 경우: $95 \times 46 = 4370$ (×)
   • ㉠$=4$, ㉢$=9$인 경우: $45 \times 96 = 4320$ (○)
   ➡ ㉠$=4$, ㉡$=5$, ㉢$=9$

51 어떤 수를 □라 하여 잘못 계산한 식을 세우면
   □$+14=52$이므로 □$=52-14=38$입니다.
   따라서 바르게 계산하면 $38 \times 14 = 532$입니다.

52 어떤 수를 □라 하여 잘못 계산한 식을 세우면
   □$+29=63$이므로 □$=63-29=34$입니다.
   따라서 바르게 계산하면 $34 \times 29 = 986$입니다.

53 주어진 수를 □라 하여 지호가 잘못 계산한 식을 세우면
   □$-37=26$이므로 □$=26+37=63$입니다.
   따라서 바르게 계산하면 $63 \times 37 = 2331$입니다.

개념 완성 응용력 기르기
30~33쪽

1 428 cm   **1-1** 1403 cm

1-2 20 cm

2 1, 2, 3, 4   **2-1** 1, 2

2-2 37

3 348, 2 / 696   **3-1** 531, 9 / 4779

3-2 73, 64 / 4672

4 **1단계** 예 딸기 36개: $12 \times 36 = 432$(킬로칼로리),
   옥수수 5개: $156 \times 5 = 780$(킬로칼로리),
   초콜릿 20개: $23 \times 20 = 460$(킬로칼로리)
   2단계 예 $432 + 780 + 460 = 1672$(킬로칼로리)
   / 1672 킬로칼로리

4-1 언니, 272 킬로칼로리

1 (색 테이프 3장의 길이의 합)$= 154 \times 3 = 462$(cm)
   17 cm씩 이어 붙인 부분이 2군데이므로
   (겹친 부분의 길이의 합)$= 17 \times 2 = 34$(cm)입니다.
   따라서 이어 붙인 색 테이프의 전체 길이는
   $462 - 34 = 428$(cm)입니다.

1-1 (색 테이프 40장의 길이의 합)$=38\times40=1520$(cm)
3 cm씩 이어 붙인 부분이 39군데이므로 (겹쳐진 부분의 길이의 합)$=3\times39=117$(cm)입니다.
따라서 (이어 붙인 색 테이프의 전체 길이)
$=1520-117=1403$(cm)입니다.

1-2 (색 테이프 27장의 길이의 합)$=14\times27=378$(cm)
3 cm씩 이어 붙인 부분이 26군데이므로 (겹쳐진 부분의 길이의 합)$=3\times26=78$(cm)입니다.
따라서 (이어 붙인 색 테이프의 전체 길이)
$=378-78=300$(cm)입니다.
한 개의 장식에 필요한 색 테이프의 길이를 □ cm라 하면 □$\times15=300$, $20\times15=300$이므로 □$=20$입니다.

2 32를 30으로 어림하면 $30\times40=1200$이므로
□$=4$로 예상할 수 있습니다.
□$=4$이면 $32\times40=1280$,
□$=5$이면 $32\times50=1600$입니다.
따라서 $32\times$□0이 1300보다 작아야 하므로 □ 안에 들어갈 수 있는 수는 1, 2, 3, 4입니다.

2-1 73을 70으로 어림하면 $70\times20=1400$이므로 □$=2$로 예상할 수 있습니다.
□$=2$이면 $73\times20=1460$,
□$=3$이면 $73\times30=2190$입니다.
따라서 $73\times$□0이 1500보다 작아야 하므로 □ 안에 들어갈 수 있는 수는 1, 2입니다.

2-2 $30\times70=2100$입니다.
58을 60으로 어림하면 $60\times35=2100$이므로
□$=36$으로 예상할 수 있습니다.
□$=36$이면 $58\times36=2088<2100$이므로 조건을 만족하지 않습니다.
□$=37$이면 $58\times37=2146>2100$이므로 조건을 만족합니다.
따라서 □>36이어야 하므로 □ 안에 들어갈 수 있는 자연수 중에서 가장 작은 수는 37입니다.

3 ㉠㉡㉢$\times$㉣에서 곱이 가장 작으려면 곱하는 수 ㉣에 가장 작은 수인 2를 놓아야 하고, 나머지 수 3, 4, 8로 만들 수 있는 가장 작은 수를 곱해야 하므로 알맞은 곱셈식은 348×2입니다.

3-1 ㉠㉡㉢$\times$㉣에서 곱이 가장 크려면 곱하는 수 ㉣에 가장 큰 수인 9를 놓아야 하고, 나머지 수 1, 5, 3으로 만들 수 있는 가장 큰 수를 곱해야 하므로 알맞은 곱셈식은 531×9입니다.

3-2 곱이 가장 크려면 두 자리 수의 십의 자리에 7, 6을 놓고, 일의 자리에 3, 4를 놓아야 합니다.
$74\times63=4662$, $73\times64=4672$이므로 곱이 가장 큰 곱셈식은 $73\times64=4672$입니다.

4-1 사과 2개: $114\times2=228$(킬로칼로리),
초콜릿 14개: $23\times14=322$(킬로칼로리)
➡ (민하가 먹은 간식의 열량)
$=228+322=550$(킬로칼로리)
삶은 고구마 3개: $210\times3=630$(킬로칼로리),
딸기 16개: $12\times16=192$(킬로칼로리)
➡ (언니가 먹은 간식의 열량)
$=630+192=822$(킬로칼로리)
따라서 $822>550$이므로 언니가 먹은 간식의 열량이 $822-550=272$(킬로칼로리) 더 많습니다.

1단원 단원 평가 Level ❶   34~36쪽

1 27, 2700
2 (왼쪽에서부터) 201, 2010
3 28, 120, 800 / 948   **4** 306, 340, 646
5 (1) 365 (2) 980   **6** ②
7 20   **8** 3115
9 ㉣   **10** ③
11 84, 2436   **12** 9×23 / 207
13 447 cm   **14** 1680개
15 6   **16** 546명
17 884   **18** 8
19 1050개   **20** 3010

1 30×90은 3×9에 0을 2개 붙입니다.

2 67×30은 67×3의 10배입니다.

3 $237 = 200 + 30 + 7$이므로 237×4는 200×4, 30×4, 7×4의 합과 같습니다.

4 곱해지는 수에 곱하는 수의 일의 자리 수와 십의 자리 수를 차례로 곱합니다.

5 (1)
$$\begin{array}{r} 5 \\ \times\ 7\ 3 \\ \hline 1\ 5 \\ 3\ 5\ 0 \\ \hline 3\ 6\ 5 \end{array}$$
(2)
$$\begin{array}{r} 2\ 8 \\ \times\ 3\ 5 \\ \hline 1\ 4\ 0 \\ 8\ 4\ 0 \\ \hline 9\ 8\ 0 \end{array}$$

6
$$\begin{array}{r} 3\ 6 \\ \times\ 2\ 4 \\ \hline 1\ 4\ 4 \cdots 36 \times 4 \\ 7\ 2\ 0 \cdots 36 \times 20 \\ \hline 8\ 6\ 4 \end{array}$$

7 일의 자리 계산 $7 \times 3 = 21$에서 20을 십의 자리로 올림한 것이므로 □ 안의 숫자 2가 실제로 나타내는 값은 20입니다.

8
$$\begin{array}{r} {}^{1}\ {}^{1}\quad \\ 6\ 2\ 3 \\ \times\qquad 5 \\ \hline 3\ 1\ 1\ 5 \end{array}$$

9 ㉠ $90 \times 40 = 3600$
㉡ $50 \times 50 = 2500$
㉢ $30 \times 70 = 2100$
㉣ $80 \times 60 = 4800$
따라서 곱이 가장 큰 것은 ㉣입니다.

10 ①, ②, ④, ⑤는 358×6을 나타내고, ③은 $358 + 6$을 나타냅니다.

11
$$\begin{array}{r} 7 \\ \times\ 1\ 2 \\ \hline 1\ 4 \\ 7\ 0 \\ \hline 8\ 4 \end{array} \longrightarrow \begin{array}{r} 8\ 4 \\ \times\ 2\ 9 \\ \hline 7\ 5\ 6 \\ 1\ 6\ 8\ 0 \\ \hline 2\ 4\ 3\ 6 \end{array}$$

12
$$\begin{array}{r} 9 \times 20 = 180 \\ 9 \times\ \ 3 =\ \ 27 \\ \hline 9 \times 23 = 207 \end{array}$$

13 (나무의 키) = (재현이의 키) $\times 3$
$= 149 \times 3$
$= 447$(cm)

14 1시간은 60분입니다.
(1시간 동안 만들 수 있는 장난감의 수)
= (1분 동안 만들 수 있는 장난감의 수) $\times 60$
$= 28 \times 60 = 1680$(개)

15 일의 자리의 계산은 $8 \times 4 = 32$이므로 일의 자리에서 올림한 수는 3이고, 백의 자리의 곱은 $5 \times 4 = 20$이므로 십의 자리에서 백의 자리로 올림한 수는 2입니다.
따라서 십의 자리의 계산은 □$\times 4 + 3 = 27$이므로 □$\times 4 = 24$, □$= 6$입니다.

16 (버스 한 대에 탄 사람 수) $= 45 - 6 = 39$(명)
(연우네 학교 학생들과 선생님 수)
$= 39 \times 14 = 546$(명)

17 어떤 수를 □라 하면 □$- 17 = 35$이므로
□$= 35 + 17 = 52$입니다.
따라서 바르게 계산하면 $52 \times 17 = 884$입니다.

18 42는 40에 가까우므로 $40 \times$□1이 3000에 가깝게 되는 □를 찾으면 7, 8입니다.
$42 \times 71 = 2982$, $42 \times 81 = 3402$에서 3000보다 큰 수는 3402이므로 □ 안에 들어갈 수 있는 자연수 중에서 가장 작은 수는 8입니다.

서술형
19 ⓔ (초콜릿 수) $= 20 \times 30 = 600$(개)
(사탕 수) $= 30 \times 15 = 450$(개)
따라서 초콜릿과 사탕은 모두
$600 + 450 = 1050$(개)입니다.

평가 기준	배점(5점)
초콜릿 수와 사탕 수를 각각 구했나요?	3점
초콜릿과 사탕은 모두 몇 개인지 구했나요?	2점

서술형
20 ⓔ 만들 수 있는 가장 큰 두 자리 수는 86이고 가장 작은 두 자리 수는 35입니다.
따라서 두 수의 곱은 $86 \times 35 = 3010$입니다.

평가 기준	배점(5점)
가장 큰 두 자리 수와 가장 작은 두 자리 수를 각각 만들었나요?	2점
두 수의 곱을 구했나요?	3점

1단원 단원 평가 Level ❷

1 ㉢ **2** ③

3 108, 756 **4** <

5 856 **6** 지현

7 1729번 **8** 423묶음

9 9 **10** 1742

11 (위에서부터) 7, 9, 0, 2

12 696 m **13** 5760분

14 5770원 **15** 538권

16 3471 **17** 5

18 $92 \times 74 = 6808$ / 6808

19 2052 **20** 499 cm

1 곱해지는 수 278에서 7은 70을 나타내므로 □ 안에 들어갈 수는 70×6을 계산한 것입니다.

2 ① $20 \times 80 = 1600$ ② $30 \times 50 = 1500$
③ $40 \times 70 = 2800$ ④ $50 \times 50 = 2500$
⑤ $90 \times 30 = 2700$
따라서 곱이 가장 큰 것은 ③입니다.

3 곱셈에서는 곱하는 두 수를 바꾸어 곱해도 곱은 같습니다.

4 $7 \times 86 = 602$, $8 \times 76 = 608$이므로
$602 < 608$입니다.

5 ㉠ 214의 9배 ➡ $214 \times 9 = 1926$
㉡ $214 + 214 + 214 + 214 + 214$
   ➡ $214 \times 5 = 1070$
따라서 $1926 - 1070 = 856$입니다.
다른 풀이 | ㉡은 214의 5배이므로 ㉠과 ㉡은 214의 4배 만큼 차이가 납니다.
➡ $214 \times 4 = 856$

6 지현의 계산: 일의 자리에서 십의 자리로 올림한 수 5를 더하지 않고 계산했습니다.

7 일주일은 7일이므로 $247 \times 7 = 1729$(번) 지나갑니다.

8 (학생 수) $= 27 + 29 + 28 + 29 + 28 = 141$(명)
따라서 색종이는 모두 $141 \times 3 = 423$(묶음) 필요합니다.

9 $22 \times 54 = 1188$입니다.
$132 \times \square = 1188$에서 $2 \times \square$의 일의 자리 숫자가 8이므로 □는 4 또는 9입니다.
$\square = 4$이면 $132 \times 4 = 528$ (×),
$\square = 9$이면 $132 \times 9 = 1188$ (○)
이므로 $\square = 9$입니다.

10 ㉠ 10이 5개, 1이 17개인 수는 67이고, ㉡ 10이 2개, 1이 6개인 수는 26입니다.
➡ $67 \times 26 = 1742$

11
```
      6 ㉠
   ×  ㉡ 3
   ───────
      2 0 1
    6 ㉢ 3 0
   ───────
    6 ㉣ 3 1
```
• ㉠ $\times 3$의 일의 자리 숫자가 1이므로 ㉠ $= 7$입니다.
• $7 \times$ ㉡의 일의 자리 숫자가 3이므로 ㉡ $= 9$입니다.
• $67 \times 9 = 603$이므로 ㉢ $= 0$입니다.
• $2 + 0 = 2$이므로 ㉣ $= 2$입니다.

12 (나무의 간격 수) $= 9 - 1 = 8$(군데)
➡ (도로의 길이) $= 8 \times 87 = 696$(m)

13 1일은 24시간이므로 4일은 $24 \times 4 = 96$(시간)입니다.
1시간은 60분이므로 96시간은 $96 \times 60 = 5760$(분)입니다.

14 연필: $450 \times 8 = 3600$(원)
도화지: $80 \times 14 = 1120$(원)
지우개: $350 \times 3 = 1050$(원)
➡ $3600 + 1120 + 1050 = 5770$(원)

15 (동화책의 수) $= 36 \times 42 = 1512$(권)
(위인전의 수) $= 25 \times 18 = 450$(권)
따라서 참고서의 수는
$2500 - 1512 - 450 = 988 - 450 = 538$(권)입니다.

16 $64 - 25 = 39$, $64 + 25 = 89$이므로
$64 ★ 25 = 39 \times 89 = 3471$입니다.

17 73을 70으로 어림하면 $70 \times 50 = 3500$이므로
□ $= 5$로 예상할 수 있습니다.
□ $= 5$이면 $73 \times 50 = 3650$이고
□ $= 6$이면 $73 \times 60 = 4380$입니다.
따라서 □ 안에 들어갈 수 있는 수는 1, 2, 3, 4, 5이므로 이 중 가장 큰 수는 5입니다.

18 곱이 가장 크려면 두 자리 수의 십의 자리에 9, 7을 놓고, 일의 자리에 2, 4를 놓아야 합니다.
$94 \times 72 = 6768$, $92 \times 74 = 6808$이므로 곱이 가장 큰 곱셈식은 $92 \times 74 = 6808$입니다.

서술형
19 예 어떤 수를 $\square$라 하고 잘못 계산한 식을 세우면
$\square - 27 = 49$이므로 $\square = 49 + 27 = 76$입니다.
따라서 바르게 계산하면 $76 \times 27 = 2052$입니다.

평가 기준	배점(5점)
잘못 계산한 식을 이용하여 뺄셈식을 세우고 어떤 수를 구했나요?	2점
바르게 계산한 값을 구했나요?	3점

서술형
20 예 (색 테이프 16장의 길이의 합) $= 34 \times 16 = 544$(cm)
3 cm씩 이어 붙인 부분이 15군데이므로
(겹쳐진 부분의 길이의 합) $= 3 \times 15 = 45$(cm)입니다.
따라서 (이어 붙인 색 테이프의 전체 길이)
$= 544 - 45 = 499$(cm)입니다.

평가 기준	배점(5점)
색 테이프 16장의 길이의 합과 겹쳐진 부분의 길이의 합을 구했나요?	3점
이어 붙인 색 테이프의 전체 길이를 구했나요?	2점

2 나눗셈

우리는 일상생활 속에서 많은 양의 물건을 몇 개의 그릇에 나누어 담거나 일정한 양을 몇 사람에게 똑같이 나누어 주어야 하는 경우를 종종 경험하게 됩니다. 이렇게 나눗셈이 이루어지는 실생활에서 나눗셈의 의미를 이해하고 식을 세워 문제를 해결할 수 있어야 합니다. 이 단원에서는 이러한 나눗셈 상황의 문제를 해결하기 위해 수 모형으로 조작해 보고 계산 원리를 발견하게 됩니다. 또한 나눗셈의 몫과 나머지의 의미를 바르게 이해하고 구하는 과정을 학습합니다. 이때 단순히 나눗셈 알고리즘의 훈련만으로 학습하는 것이 아니라 실생활의 문제 상황을 적절히 도입하여 곱셈과 나눗셈의 학습이 자연스럽게 이루어지도록 합니다.

교과서 개념이해 **1** (몇십)÷(몇)을 구해 볼까요(1) 42~43쪽

❗ • 10배

1 (1)

(2) 2 (3) 20

2 (1) 20 (2) 40 (3) 30

3 (1) 2, 20 (2) 2, 20   **4** (1) 10 (2) 30

5 (1) (위에서부터) 40 / 2, 80 (2) 20, 2, 10

6 (1) 10 (2) 20   **7** 10

8

9 40, 20, 10   **10** $90 \div 3 = 30$ / 30장

1 $8 \div 4 = 2 \Rightarrow 80 \div 4 = 20$

2 (1) $6 \div 3 = 2 \Rightarrow 60 \div 3 = 20$
(2) $8 \div 2 = 4 \Rightarrow 80 \div 2 = 40$
(3) $9 \div 3 = 3 \Rightarrow 90 \div 3 = 30$

3 나누어지는 수가 10배가 되면 몫도 10배가 됩니다.

4 (1) $4 \div 4 = 1 \Rightarrow 40 \div 4 = 10$
(2) $6 \div 2 = 3 \Rightarrow 60 \div 2 = 30$

5 나눗셈식을 세로로 쓸 때에는 나누어지는 수를 $\overline{)}$ 의 아래쪽에, 나누는 수를 $\overline{)}$ 의 왼쪽에, 몫을 $\overline{)}$ 의 위쪽에 씁니다.

6 (1) $7 \div 7 = 1 \Rightarrow 70 \div 7 = 10$
(2) $6 \div 3 = 2 \Rightarrow 60 \div 3 = 20$

7 $6 \div 6 = 1 \Rightarrow 60 \div 6 = 10$

8 $5 \div 5 = 1 \Rightarrow 50 \div 5 = 10$
$8 \div 4 = 2 \Rightarrow 80 \div 4 = 20$

9 $8 \div 2 = 4 \Rightarrow 80 \div 2 = 40$
$8 \div 4 = 2 \Rightarrow 80 \div 4 = 20$
$8 \div 8 = 1 \Rightarrow 80 \div 8 = 10$

10 $9 \div 3 = 3 \Rightarrow 90 \div 3 = 30$

7 나누어지는 수가 3배가 되면 몫도 3배가 됩니다.

8 $60 \div 4 = 15, \ 60 \div 5 = 12$
나누어지는 수가 같을 때 나누는 수가 작을수록 몫이 커집니다.

9
$$\begin{array}{r} 1\,4 \\ 5\overline{)7\,0} \\ 5 \\ \hline 2\,0 \\ 2\,0 \\ \hline 0 \end{array}$$

교과서 개념 이해 **2 (몇십)÷(몇)을 구해 볼까요(2)** 44~45쪽

1 (1) 1, 2 (2) 12

2 (1) 10, 5 / 15 (2) 40, 5 / 45

3 (위에서부터) 6 / 10 / 3, 0 / 3, 0, 6

4 (위에서부터) (1) 15, 6, 30, 30, 0
(2) 35, 6, 10, 10, 0

5 (1) 25 (2) 18   **6** 15 / 15, 60

7 15, 45   **8** >

9 $70 \div 5 = 14$ / 14개

2 (1) $60 = 40 + 20$이므로 $60 \div 4$의 몫은 $40 \div 4$와 $20 \div 4$의 몫의 합과 같습니다.
(2) $90 = 80 + 10$이므로 $90 \div 2$의 몫은 $80 \div 2$와 $10 \div 2$의 몫의 합과 같습니다.

5 (1)
$$\begin{array}{r} 2\,5 \\ 2\overline{)5\,0} \\ 4 \\ \hline 1\,0 \\ 1\,0 \\ \hline 0 \end{array}$$
(2)
$$\begin{array}{r} 1\,8 \\ 5\overline{)9\,0} \\ 5 \\ \hline 4\,0 \\ 4\,0 \\ \hline 0 \end{array}$$

6
$$\begin{array}{r} 1\,5 \\ 4\overline{)6\,0} \\ 4 \\ \hline 2\,0 \\ 2\,0 \\ \hline 0 \end{array}$$
$60 \div 4 = 15$
$\downarrow \quad \downarrow$
$4 \times 15 = 60$

교과서 개념 이해 **3 (몇십몇)÷(몇)을 구해 볼까요(1)** 46~47쪽

1 (1) 1, 3 (2) 13

2 (1) 1, 20 / 21 (2) 2, 30 / 32

3 (위에서부터) 1 / 40 / 2 / 2, 1

4 (위에서부터) (1) 23, 6, 9, 9, 0
(2) 11, 4, 4, 4, 0

5 (1) 24 (2) 31   **6** 21 / 21, 63

7 14   **8** 21, 42

9 $64 \div 2 = 32$ / 32개

2 (1) $42 = 40 + 2$이므로 $42 \div 2$의 몫은 $40 \div 2$와 $2 \div 2$의 몫의 합과 같습니다.
(2) $96 = 90 + 6$이므로 $96 \div 3$의 몫은 $90 \div 3$과 $6 \div 3$의 몫의 합과 같습니다.

5 (1)
$$\begin{array}{r} 2\,4 \\ 2\overline{)4\,8} \\ 4 \\ \hline 8 \\ 8 \\ \hline 0 \end{array}$$
(2)
$$\begin{array}{r} 3\,1 \\ 3\overline{)9\,3} \\ 9 \\ \hline 3 \\ 3 \\ \hline 0 \end{array}$$

6
$$\begin{array}{r} 2\,1 \\ 3\overline{)6\,3} \\ 6 \\ \hline 3 \\ 3 \\ \hline 0 \end{array}$$
$63 \div 3 = 21$
$\downarrow \quad \downarrow$
$3 \times 21 = 63$

7
$$
\begin{array}{r}
1\,4 \\
2\,)\overline{2\,8} \\
2 \\
\hline
8 \\
8 \\
\hline
0
\end{array}
$$

9
$$
\begin{array}{r}
3\,2 \\
2\,)\overline{6\,4} \\
6 \\
\hline
4 \\
4 \\
\hline
0
\end{array}
$$

8 나누어지는 수와 나누는 수를 똑같이 2배 하면 몫은 같습니다.

9
$$
\begin{array}{r}
2\,6 \\
2\,)\overline{5\,2} \\
4 \\
\hline
1\,2 \\
1\,2 \\
\hline
0
\end{array}
$$

개념 이해 4 (몇십몇)÷(몇)을 구해 볼까요(2) 48~49쪽

❶ ● 일

1 (1) 10　(2) 1, 4　(3) 14

2 (1) 5, 10 / 15　(2) 4, 20 / 24

3 (위에서부터) 4 / 4, 10 / 1, 6, 4

4 (위에서부터) (1) 28, 4, 16, 16, 0
　　　　　　　　(2) 18, 4, 32, 32, 0

5 (1) 13　(2) 12　　**6** 13 / 13, 52

7 48, 24, 12　　**8** 16, 16

9 52÷2＝26 / 26장

2 (1) 75＝50＋25이므로 75÷5의 몫은 50÷5와
　　25÷5의 몫의 합과 같습니다.
　　(2) 72＝60＋12이므로 72÷3의 몫은 60÷3과
　　12÷3의 몫의 합과 같습니다.

5　(1)
$$
\begin{array}{r}
1\,3 \\
5\,)\overline{6\,5} \\
5 \\
\hline
1\,5 \\
1\,5 \\
\hline
0
\end{array}
$$
　(2)
$$
\begin{array}{r}
1\,2 \\
7\,)\overline{8\,4} \\
7 \\
\hline
1\,4 \\
1\,4 \\
\hline
0
\end{array}
$$

6
$$
\begin{array}{r}
1\,3 \\
4\,)\overline{5\,2} \\
4 \\
\hline
1\,2 \\
1\,2 \\
\hline
0
\end{array}
$$
$52÷4＝13$
$4×13＝52$

7
$$
\begin{array}{r}
4\,8 \\
2\,)\overline{9\,6} \\
8 \\
\hline
1\,6 \\
1\,6 \\
\hline
0
\end{array}
\qquad
\begin{array}{r}
2\,4 \\
4\,)\overline{9\,6} \\
8 \\
\hline
1\,6 \\
1\,6 \\
\hline
0
\end{array}
\qquad
\begin{array}{r}
1\,2 \\
8\,)\overline{9\,6} \\
8 \\
\hline
1\,6 \\
1\,6 \\
\hline
0
\end{array}
$$

개념 적용 기본기 다지기 50~53쪽

1 (1) 3, 30　(2) 1, 10　　**2** (　) (○)

3 20, 20　　**4** ㉡

5 20　　**6** 10개

7 예 (한 봉지에 담은 사탕 수)＝80÷4＝20(개)
　(한 명에게 나누어 줄 수 있는 사탕 수)
　＝20÷2＝10(개) / 10개

8 ㉡, ㉠, ㉢　　**9** (1) 90　(2) 5

10 14 km

11 예 정사각형은 네 변의 길이가 모두 같습니다.
　➡ (정사각형의 한 변의 길이)＝60÷4＝15(cm)
　/ 15 cm

12 18명　　**13** (1) ＞　(2) ＜

14 (　) (○)　　**15** 33, 11

16 예 사과와 배는 모두 48＋40＝88(개) 있습니다. 한 봉지에 4개씩 담으므로 봉지는 모두 88÷4＝22(개) 필요합니다. / 22개

17 24　　**18** 11분

19 　　**20** 24

21 36, 12

22 (1) 17, 17　(2) 57, 19, 57

23 75÷5＝15 / 15개

24 예 일주일은 7일입니다.
　84÷7＝12이므로 하루에 12쪽씩 읽어야 합니다.
　/ 12쪽

25 77　　**26** 7　　**27** 315

1 나누어지는 수가 10배가 되면 몫도 10배가 됩니다.
(1) $6 \div 2 = 3$ ➡ $60 \div 2 = 30$
(2) $9 \div 9 = 1$ ➡ $90 \div 9 = 10$

2 나눗셈식을 세로로 쓸 때 각 자리에 맞추어 몫을 씁니다.

3 나누어지는 수가 2배가 되고, 나누는 수도 2배가 되면 몫은 같습니다.

4 ㉠ $40 \div 4 = 10$ ㉡ $80 \div 2 = 40$ ㉢ $90 \div 3 = 30$
➡ 몫이 가장 큰 것은 ㉡ $80 \div 2$입니다.

5 60 cm를 똑같이 3칸으로 나누면 한 칸은
$60 \div 3 = 20$(cm)입니다.

6 귤 50개를 바구니 5개에 똑같이 나누어 담았으므로 한 바구니의 귤의 수는 $50 \div 5 = 10$(개)입니다.

서술형
7

단계	문제 해결 과정
①	한 봉지에 담은 사탕 수를 구했나요?
②	한 명에게 줄 수 있는 사탕 수를 구했나요?

8 ㉠ $80 \div 5 = 16$ ㉡ $90 \div 6 = 15$ ㉢ $50 \div 2 = 25$
➡ $15 < 16 < 25$이므로 몫이 작은 것부터 차례로 기호를 쓰면 ㉡, ㉠, ㉢입니다.

9 나누는 수와 몫을 곱하면 나누어지는 수가 됩니다.
(1) $2 \times 45 = \square$에서 $\square = 90$입니다.
(2) $\square \times 12 = 60$에서 $12 \times 5 = 60$이므로
$\square = 5$입니다.

10 연료 5 L로 70 km를 달리므로 연료 1 L로는
$70 \div 5 = 14$(km)를 갈 수 있습니다.

서술형
11

단계	문제 해결 과정
①	문제에 알맞은 나눗셈식을 세웠나요?
②	정사각형의 한 변의 길이를 구했나요?

12 (도화지의 수) $= 10 \times 9 = 90$(장)
➡ $90 \div 5 = 18$이므로 18명에게 나누어 줄 수 있습니다.

13 (1) 나누어지는 수가 같을 때 나누는 수가 작을수록 몫은 더 큽니다.
(2) 나누는 수가 같을 때 나누어지는 수가 클수록 몫은 더 큽니다.

14 나누어지는 수의 십의 자리 수를 나누는 수로 먼저 나눈 다음 일의 자리 수를 나누어야 합니다.

15 $66 \div 2 = 33$, $33 \div 3 = 11$

서술형
16

단계	문제 해결 과정
①	사과와 배가 모두 몇 개인지 구했나요?
②	문제에 알맞은 나눗셈식을 세웠나요?
③	봉지는 모두 몇 개 필요한지 구했나요?

17 $69 \div 3 = 23$이므로 $\square$ 안에는 23보다 큰 수가 들어갈 수 있습니다.
따라서 $\square$ 안에 들어갈 수 있는 가장 작은 자연수는 24입니다.

18 1시간 28분 $= 60$분 $+ 28$분 $= 88$분
따라서 종이꽃 한 개를 만드는 데 $88 \div 8 = 11$(분)이 걸린 셈입니다.

19 $78 \div 6 = 13$, $75 \div 5 = 15$
$91 \div 7 = 13$, $96 \div 8 = 12$
$45 \div 3 = 15$

20 가장 큰 수는 96, 가장 작은 수는 4입니다.
따라서 $96 \div 4 = 24$입니다.

21 $72 \div 2 = 36$, $36 \div 3 = 12$이므로
㉠은 36, ㉡은 12입니다.

22 나누는 수와 몫을 곱하면 나누어지는 수가 됩니다.
(1) $68 \div 4 = 17$
➡ $4 \times 17 = 68$
(2) $57 \div 3 = 19$
➡ $3 \times 19 = 57$

서술형
24

단계	문제 해결 과정
①	문제에 알맞은 나눗셈식을 세웠나요?
②	하루에 읽어야 할 쪽수를 구했나요?

25 $66 \bullet 55 = 66 \div 3 + 55$
$= 22 + 55$
$= 77$

26 $70 \blacklozenge 2 = 70 \div 2 \div 5$
$= 35 \div 5$
$= 7$

27 $84 \times 4 = 336$, $84 \div 4 = 21$이므로
$84 \bigstar 4 = 336 - 21 = 315$입니다.

1 12, 1   2 몫, 나머지

3 (위에서부터) 1 / 10 / 6 / 4, 1 / 2

4 (위에서부터) (1) 8, 24, 1   (2) 42, 8, 5, 4, 1

5 (1) 3…1   (2) 21…2   6 (1) ×   (2) ○

7 21, 3 / 21, 84 / 84, 3, 87

8 8에 ○표

9 57÷5=11…2 / 11개, 2개

2
$$37 \div 5 = 7 \cdots 2$$
몫   나머지

5 (1)
```
     3
  9)2 8
    2 7
      1
```
(2)
```
      2 1
  3)6 5
     6
     5
     3
     2
```

6 (1)
```
      1 2
  4)4 9
     4
     9
     8
     1
```
(2)
```
      2 1
  4)8 4
     8
     4
     4
     0
```

7
```
      2 1
  4)8 7
     8
     7
     4
     3
```
$$87 \div 4 = 21 \cdots 3$$
$$4 \times 21 = 84, \ 84 + 3 = 87$$

8 나머지는 항상 나누는 수보다 작아야 합니다.
따라서 7로 나누었을 때 8은 나머지가 될 수 없습니다.

9
```
      1 1
  5)5 7
     5
     7
     5
     2
```

1 (1) 10   (2) 1, 6, 1   (3) 16, 1

2 (위에서부터) (1) 6 / 10 / 2, 4, 6 / 3
            (2) 4 / 5, 10 / 2, 0, 4 / 4

3 (위에서부터) (1) 29, 4, 19, 18, 1
            (2) 13, 5, 18, 15, 3

4 (1) 37…1   (2) 15…2   (3) 19…2   (4) 12…1

5 19 / 2   6 ㉠, ㉢

7
```
      1 8
  3)5 5
     3
     2 5
     2 4
       1
```

8 16, 4 / 16, 80 / 80, 4, 84

9 75÷6=12…3 / 12상자, 3개

---

4 (1)
```
      3 7
  2)7 5
     6
     1 5
     1 4
       1
```
(2)
```
      1 5
  6)9 2
     6
     3 2
     3 0
       2
```
(3)
```
      1 9
  3)5 9
     3
     2 9
     2 7
       2
```
(4)
```
      1 2
  7)8 5
     7
     1 5
     1 4
       1
```

5
```
      1 9
  4)7 8
     4
     3 8
     3 6
       2
```

6 나머지는 나누는 수보다 작아야 하므로 5로 나누었을 때
나머지가 될 수 있는 수는 5보다 작은 수입니다.

7 나머지가 나누는 수보다 크므로 몫을 1 크게 하여 계산
합니다.

8
```
      1 6
  5)8 4
     5
     3 4
     3 0
       4
```
$$84 \div 5 = 16 \cdots 4$$
$$5 \times 16 = 80, \ 80 + 4 = 84$$

9

$$
\begin{array}{r}
12 \\
6\overline{)75} \\
6 \\
\hline
15 \\
12 \\
\hline
3
\end{array}
$$

교과서 개념 이해 **7** (세 자리 수)÷(한 자리 수)를 구해 볼까요(1)   58~59쪽

1 3, 30, 300

2 (1) 4, 400 (2) 12, 120

3 (위에서부터) (1) 1, 9 / 3, 100 / 2, 7, 90
  (2) 6 / 3, 5, 50 / 4, 2, 6

4 (위에서부터) (1) 240, 8, 16, 16, 0
  (2) 53, 45, 27, 27, 0

5 (1) 150 (2) 57 (3) 200 (4) 123

6 75 / 75, 375

7 150÷6=25 / 25일

1 나누어지는 수가 10배, 100배가 되면 몫도 10배, 100배가 됩니다.

2 나누어지는 수가 10배, 100배가 되면 몫도 10배, 100배가 됩니다.

5

(1)
$$
\begin{array}{r}
150 \\
5\overline{)750} \\
5 \\
\hline
25 \\
25 \\
\hline
0
\end{array}
$$

(2)
$$
\begin{array}{r}
57 \\
3\overline{)171} \\
15 \\
\hline
21 \\
21 \\
\hline
0
\end{array}
$$

(3)
$$
\begin{array}{r}
200 \\
3\overline{)600} \\
6 \\
\hline
0
\end{array}
$$

(4)
$$
\begin{array}{r}
123 \\
6\overline{)738} \\
6 \\
\hline
13 \\
12 \\
\hline
18 \\
18 \\
\hline
0
\end{array}
$$

6
$$
\begin{array}{r}
75 \\
5\overline{)375} \\
35 \\
\hline
25 \\
25 \\
\hline
0
\end{array}
$$

375÷5=75

5×75=375

7
$$
\begin{array}{r}
25 \\
6\overline{)150} \\
12 \\
\hline
30 \\
30 \\
\hline
0
\end{array}
$$

교과서 개념 이해 **8** (세 자리 수)÷(한 자리 수)를 구해 볼까요(2)   60~61쪽

1 (위에서부터) (1) 4, 5 / 5, 100 / 2, 0, 40 / 2, 5, 5
  (2) 8 / 1, 2, 30 / 3, 2, 8

2 (위에서부터) (1) 269, 4, 13, 12, 19, 18, 1
  (2) 103, 7, 25, 21, 4

3 (1) 125…2 (2) 140…1 (3) 57…2 (4) 204…3

4 65, 2 / 65, 520 / 520, 2, 522

5 3, 4, 5에 ○표

6 138÷5=27…3 / 27개, 3개

2 (1) 백의 자리, 십의 자리, 일의 자리 순서로 계산합니다.
  (2) 백의 자리에서 7을 7로 나눈 다음 십의 자리에서 2를 7로 나눌 수 없으므로 몫의 십의 자리에 0을 쓰고 25를 7로 나눕니다.

3

(1)
$$
\begin{array}{r}
125 \\
6\overline{)752} \\
6 \\
\hline
15 \\
12 \\
\hline
32 \\
30 \\
\hline
2
\end{array}
$$

(2)
$$
\begin{array}{r}
140 \\
3\overline{)421} \\
3 \\
\hline
12 \\
12 \\
\hline
1 \\
0 \\
\hline
1
\end{array}
$$

(3)
$$
\begin{array}{r}
57 \\
9\overline{)515} \\
45 \\
\hline
65 \\
63 \\
\hline
2
\end{array}
$$

(4)
$$
\begin{array}{r}
204 \\
4\overline{)819} \\
8 \\
\hline
19 \\
16 \\
\hline
3
\end{array}
$$

4
$$
\begin{array}{r}
65 \\
8\overline{)522} \\
48 \\
\hline
42 \\
40 \\
\hline
2
\end{array}
$$

522÷8=65…2

8×65=520, 520+2=522

5 나머지는 항상 나누는 수보다 작아야 합니다.
따라서 6으로 나누었을 때 나머지가 될 수 있는 수는 6보다 작은 수입니다.

6
$$
\begin{array}{r}
27 \\
5\overline{)138} \\
10 \\
\hline
38 \\
35 \\
\hline
3
\end{array}
$$

28 (1) 8, 2   (2) 12, 1   **29** ③

30 67   **31** 8, 2

32 예 책은 모두 $47+38=85$(권) 있습니다.
$85 \div 9 = 9 \cdots 4$이므로 9권씩 9칸에 꽂고, 4권이 남습니다. 따라서 남은 4권도 꽂을 한 칸이 필요하므로 책꽂이는 모두 $9+1=10$(칸)이 필요합니다. / 10칸

33 (1) >   (2) <

34
$$\begin{array}{r} 1\ 4 \\ 4\,\overline{)\,5\ 8} \\ \underline{4} \\ 1\ 8 \\ \underline{1\ 6} \\ 2 \end{array}$$

35 7

36 2, 5, 8

37 18개

38 13, 130

39 100, 14 / 114   **40** 82

41 $280 \div 7 = 40$ / 40장   **42** 2, 6에 ○표

43 예 (8상자에 있는 쌓기나무의 수)$=16 \times 8 = 128$(개)
낱개 7개가 있으므로 쌓기나무는 모두
$128+7=135$(개)입니다.
따라서 $135 \div 5 = 27$이므로 27명에게 나누어 줄 수 있습니다. / 27명

44 201, 1   **45** (   )(○)(   )

46
$$\begin{array}{r} 2\ 0\ 1 \\ 3\,\overline{)\,6\ 0\ 4} \\ \underline{6} \\ 4 \\ \underline{3} \\ 1 \end{array}$$

47 $228 \div 7 = 32 \cdots 4$ / 32, 4

48 38, 5   **49** 98

50 113 / 6   **51** 152

52 98   **53** 51, 54, 57

54 78

28 (1)
$$\begin{array}{r} 8 \\ 9\,\overline{)\,7\ 4} \\ \underline{7\ 2} \\ 2 \end{array}$$

(2)
$$\begin{array}{r} 1\ 2 \\ 4\,\overline{)\,4\ 9} \\ \underline{4} \\ 9 \\ \underline{8} \\ 1 \end{array}$$

29 나누는 수가 나머지 4보다 커야 합니다.

30 ■$\div 3 = 22 \cdots 1$에서 $3 \times 22 = 66$, $66+1=$■이므로 ■$=67$입니다.

31 쿠키는 모두 $6 \times 7 = 42$(개)입니다. 한 명에게 5개씩 주면 $42 \div 5 = 8 \cdots 2$이므로 8명에게 주고 2개가 남습니다.

서술형
32

단계	문제 해결 과정
①	책이 모두 몇 권인지 구했나요?
②	나눗셈식을 세워 바르게 계산했나요?
③	책꽂이는 모두 몇 칸이 필요한지 구했나요?

33 (1) $50 \div 3 = 16 \cdots 2$, $57 \div 4 = 14 \cdots 1$
➡ $16 > 14$
(2) $90 \div 7 = 12 \cdots 6$, $72 \div 5 = 14 \cdots 2$
➡ $12 < 14$

34 나머지 6이 나누는 수 4보다 크므로 계산이 잘못된 것입니다. 몫을 1 크게 하여 나머지를 4보다 작게 해야 합니다.

35 나머지는 나누는 수보다 항상 작아야 하므로 8로 나누었을 때 나머지가 될 수 있는 수 중 가장 큰 자연수는 7입니다.

36
$$\begin{array}{r} 2\ \blacktriangle \\ 3\,\overline{)\,7\ \Box} \\ \underline{6} \\ 1\ \Box \end{array}$$
나눗셈이 나누어떨어지려면 $3 \times \blacktriangle = 1\Box$이어야 합니다. $3 \times 4 = 12$, $3 \times 5 = 15$, $3 \times 6 = 18$이므로 $\Box$ 안에 들어갈 수 있는 수는 2, 5, 8입니다.

37 $53 \div 3 = 17 \cdots 2$이므로 3개씩 17접시에 담고 2개가 남습니다. 남은 2개도 접시에 담아야 하므로 필요한 접시는 적어도 $17+1=18$(개)입니다.

38 나누는 수는 같고 나누어지는 수가 10배가 되면 몫도 10배가 됩니다.

39 342를 $300+42$로 생각하여 계산한 것입니다.

40 $984 \div 4 = 246$이므로 $3 \times \Box = 246$입니다.
➡ $\Box = 246 \div 3$, $\Box = 82$

42 4단 곱셈구구에서 곱의 십의 자리 숫자가 3인 경우를 찾아봅니다.
$4 \times 8 = 32$, $4 \times 9 = 36$에서 $832 \div 4 = 208$,
$836 \div 4 = 209$이므로 $\Box$ 안에 2, 6이 들어가면 나누어떨어집니다.

서술형
43

단계	문제 해결 과정
①	전체 쌓기나무의 수를 구했나요?
②	쌓기나무를 나누어 줄 수 있는 사람 수를 구했나요?

45 $564 \div 5 = 112 \cdots 4$
$746 \div 8 = 93 \cdots 2$
$681 \div 6 = 113 \cdots 3$

46 십의 자리에서 0을 3으로 나눌 수 없으므로 몫의 십의 자리에 0을 쓰고 4를 3으로 나눕니다.

48 $3 < 4 < 7 < 9$이므로 만들 수 있는 가장 작은 세 자리 수는 347입니다.
따라서 347을 남은 한 수인 9로 나누면
$347 \div 9 = 38 \cdots 5$입니다.

49 어떤 수를 □라고 하면 $□ \div 6 = 16 \cdots 2$입니다.
나누는 수와 몫의 곱에 나머지를 더하면 나누어지는 수가 되어야 하므로 $6 \times 16 = 96$, $96 + 2 = 98$에서
□=98입니다.
따라서 어떤 수는 98입니다.

50 어떤 수를 □라고 하면 $□ \div 7 = 130$, $7 \times 130 = □$,
□=910입니다.
따라서 어떤 수를 8로 나누면 $910 \div 8 = 113 \cdots 6$입니다.

51 어떤 수가 가장 큰 수가 되려면 나머지가 8이어야 합니다. 어떤 수를 □라고 하면 $□ \div 9 = 16 \cdots 8$에서
$9 \times 16 = 144$, $144 + 8 = 152$이므로
□=152입니다.

52 두 자리 수 중에서 6으로 나누어떨어지는 가장 큰 수는 $6 \times 16 = 96$입니다.
따라서 6으로 나누었을 때 나머지가 2인 가장 큰 두 자리 수는 $96 + 2 = 98$입니다.

53 나머지가 0이어야 합니다.
$3 \times 17 = 51$, $3 \times 18 = 54$, $3 \times 19 = 57$이므로
51, 54, 57이 3으로 나누어떨어집니다.

54 $70 \div 6 = 11 \cdots 4$이므로 $70 + 2 = 72$,
$72 + 6 = 78$이 70과 80 사이의 수 중 6으로 나누어떨어지는 수입니다.
$72 \div 5 = 14 \cdots 2$, $78 \div 5 = 15 \cdots 3$이므로 조건을 만족하는 수는 78입니다.

개념 완성 응용력 기르기
66~69쪽

1 2권   **1-1** 4개

1-2 2자루 / 3자루

2 (위에서부터) 3, 7 / 3 / 7 / 2

2-1 (위에서부터) 2 / 4 / 8 / 1, 7 / 6

2-2 2, 8

3 7, 6, 3, 25, 1

3-1 8, 5, 2, 42, 1

3-2 5, 2, 6, 8, 4

4 **1단계** 예 (간격 수)=(도로 길이)÷(나무 사이의 간격)
$= 96 \div 8 = 12$(군데)

2단계 예 도로의 처음과 끝에도 나무를 심어야 하므로
(한쪽에 심는 나무의 수)
=(간격 수)+1=12+1=13(그루)이고,
양쪽에 심어야 하므로
(양쪽에 심는 나무의 수)=13×2=26(그루)입니다. / 26그루

4-1 28그루

1 $94 \div 8 = 11 \cdots 6$이므로 8명에게 11권씩 주면 공책이 6권 남습니다.
남은 6권에 2권을 더하면 8권이 되어 8명에게 똑같이 1권씩 더 줄 수 있고 남는 것은 없습니다.
따라서 공책은 적어도 2권이 더 필요합니다.

1-1 $86 \div 6 = 14 \cdots 2$이므로 6개의 봉지에 14개씩 나누어 담으면 귤이 2개 남습니다.
남은 2개에 4개를 더하면 6개가 되어 6개의 봉지에 똑같이 1개씩 더 담을 수 있고 남는 것은 없습니다.
따라서 귤은 적어도 4개가 더 필요합니다.

1-2 $110 \div 7 = 15 \cdots 5$이므로 7명에게 15자루씩 나누어 주면 연필이 5자루 남습니다.
남은 5자루에 2자루를 더하면 7자루가 되어 7명에게 똑같이 1자루씩 더 줄 수 있으므로 연필은 적어도 2자루가 더 필요합니다.
$60 \div 7 = 8 \cdots 4$이므로 7명에게 8자루씩 나누어 주면 색연필이 4자루 남습니다.
남은 4자루에 3자루를 더하면 7자루가 되어 7명에게 똑같이 1자루씩 더 줄 수 있으므로 색연필은 적어도 3자루가 더 필요합니다.

2

$\begin{array}{r} 1\,9 \\ \hline ㉠\,)\,5\,㉡ \\ \hline ㉢ \\ \hline 2\,㉣ \\ \hline ㉤\,7 \\ \hline 0 \end{array}$

2㉣ᅳ㉤7=0이므로 ㉣=7, ㉤=2
㉠×9=27이므로 ㉠=3
㉡=㉣이므로 ㉡=7
5ᅳ㉢=2이므로 ㉢=3

2-1

$\begin{array}{r} ㉠\,4 \\ \hline ㉡\,)\,9\,7 \\ \hline ㉢ \\ \hline ㉣\,㉤ \\ \hline 1\,㉥ \\ \hline 1 \end{array}$

㉤=7
㉣7ᅳ1㉥=1이므로 ㉣=1, ㉥=6
9ᅳ㉢=1이므로 ㉢=8
㉡×4=16이므로 ㉡=4
4×㉠=8이므로 ㉠=2

2-2

$\begin{array}{r} \square\,㉡ \\ \hline 6\,)\,9\,\blacksquare \\ \hline \square \\ \hline \square\,㉠ \\ \hline 3\,\square \\ \hline 2 \end{array}$

6×㉡=3□이고,
6×5=30, 6×6=36이므로
㉡은 5 또는 6입니다.
잉크가 떨어진 부분의 숫자를 ㉠이라 할 때
㉡=5이면 3㉠ᅳ30=2이므로 ㉠=2입니다.
㉡=6이면 3㉠ᅳ36=2이므로 ㉠=8입니다.

3 나누어지는 수가 가장 크고, 나누는 수가 가장 작을 때 몫이 가장 큽니다.
3, 6, 7로 만들 수 있는 가장 큰 두 자리 수는 76이고, 가장 작은 한 자리 수는 3이므로 76÷3의 몫이 가장 큽니다.
➡ 76÷3=25…1

3-1 나누어지는 수가 가장 크고, 나누는 수가 가장 작을 때 몫이 가장 큽니다.
2, 5, 8로 만들 수 있는 가장 큰 두 자리 수는 85이고, 가장 작은 한 자리 수는 2이므로 85÷2의 몫이 가장 큽니다.
➡ 85÷2=42…1

3-2 세 장의 수 카드로 만들 수 있는 나눗셈식을 모두 구하면
56÷2=28, 65÷2=32…1, 26÷5=5…1, 62÷5=12…2, 25÷6=4…1, 52÷6=8…4 입니다.
이 중 나머지가 가장 큰 나눗셈식은 52÷6=8…4입니다.

4-1 도로 한쪽에서
(가로수 사이의 간격 수)=91÷7=13(군데)이고,
도로의 처음과 끝에도 가로수를 심으므로
(한쪽에 심는 가로수의 수)=13+1=14(그루)입니다.
따라서 (양쪽에 심는 가로수의 수)=14×2=28(그루) 입니다.

---

1 200 **2** 4, 40
3 84, 2, 42 **4** (1) 10 (2) 30
5 (위에서부터) 56, 35, 42, 42, 0
6 (1) 25…1 (2) 179 **7** 14
8 7, 2 / 7, 63 / 63, 2, 65
9 8
10

$\begin{array}{r} 1\,6 \\ \hline 4\,)\,6\,5 \\ \hline 4 \\ \hline 2\,5 \\ \hline 2\,4 \\ \hline 1 \end{array}$

11 19개 **12** 14봉지, 6개
13 48, 16 **14** ㉣
15 99 **16** 14봉지
17 (위에서부터) 1, 9 / 9 / 4 / 3 / 3, 6
18 0, 6 **19** 13팩
20 19, 1

1 백 모형 4개를 2묶음으로 나누면 한 묶음에 2개이므로 400÷2=200입니다.

2 나누어지는 수가 10배가 되면 몫도 10배가 됩니다.

3 나눗셈식을 세로로 쓸 때에는 나누어지는 수를 ⟍⎺의 아래쪽에, 나누는 수를 ⟍⎺의 왼쪽에, 몫을 ⟍⎺의 위쪽에 씁니다.

4 (1) 5÷5=1 ➡ 50÷5=10
(2) 9÷3=3 ➡ 90÷3=30

6 (1)

$\begin{array}{r} 2\,5 \\ \hline 3\,)\,7\,6 \\ \hline 6 \\ \hline 1\,6 \\ \hline 1\,5 \\ \hline 1 \end{array}$

(2)

$\begin{array}{r} 1\,7\,9 \\ \hline 5\,)\,8\,9\,5 \\ \hline 5 \\ \hline 3\,9 \\ \hline 3\,5 \\ \hline 4\,5 \\ \hline 4\,5 \\ \hline 0 \end{array}$

7

$$
\begin{array}{r}
1\,4 \\
4\,\overline{)5\,6} \\
4 \\
\hline
1\,6 \\
1\,6 \\
\hline
0
\end{array}
$$

8 나누는 수와 몫의 곱에 나머지를 더하면 나누어지는 수가 되어야 합니다.

9 나머지는 항상 나누는 수보다 작아야 합니다.
따라서 9로 나누었을 때 나머지가 될 수 있는 가장 큰 자연수는 8입니다.

10 나머지가 나누는 수보다 크므로 몫을 1 크게 하여 계산합니다.

11 (한 가구가 먹을 수 있는 감자 수)
＝(전체 감자 수)÷(가구 수)
＝95÷5＝19(개)

12 118÷8＝14…6이므로 8개씩 14봉지가 되고 6개가 남습니다.

13 192÷4＝48, 48÷3＝16

14 ㉠ 60÷2＝30   ㉡ 90÷3＝30
㉢ 40÷4＝10   ㉣ 80÷2＝40
따라서 몫이 가장 큰 것은 ㉣입니다.

15 어떤 수를 □라 하면 □÷8＝12…3입니다.
8×12＝96, 96+3＝99이므로 □＝99입니다.

16 (전체 사과 수)＝4×21＝84(개)
84÷6＝14이므로 사과를 한 봉지에 6개씩 담으면 14봉지가 됩니다.

17

$$
\begin{array}{r}
㉠㉡ \\
4\,\overline{)7\,㉢} \\
㉣ \\
\hline
㉤\,9 \\
㉥㉦ \\
\hline
3
\end{array}
$$

4×1＝4이므로 ㉠＝1, ㉣＝4
7-4＝3이므로 ㉤＝3
4×9＝36이므로 ㉡＝9, ㉥＝3, ㉦＝6

18 □＝0이라고 하면 90÷6＝15로 나누어떨어집니다.
또 90보다 6 큰 수인 96도 6으로 나누어떨어집니다.
따라서 □ 안에 들어갈 수 있는 수는 0, 6입니다.

19 예 80÷6＝13…2이므로 6개씩 13팩에 담고 2개가 남습니다.
따라서 팔 수 있는 달걀은 13팩입니다.

평가 기준	배점(5점)
나눗셈식을 세워 계산했나요?	3점
팔 수 있는 달걀은 몇 팩인지 구했나요?	2점

20 예 만들 수 있는 가장 큰 두 자리 수는 96입니다.
96÷5＝19…1이므로 몫은 19, 나머지는 1입니다.

평가 기준	배점(5점)
가장 큰 두 자리 수를 만들었나요?	2점
두 자리 수를 한 자리 수로 나눈 몫과 나머지를 구했나요?	3점

2단원 단원 평가 Level ❷   73~75쪽

1 20, 20, 20   **2** 100배

3 ✕

4
$$
\begin{array}{r}
1\,0 \\
5\,\overline{)5\,3} \\
5 \\
\hline
3
\end{array}
$$

5 ③, ⑤

6 106, 5   확인 8×106＝848, 848+5＝853

7 >   **8** 95

9 7   **10** 12칸

11 23   **12** 17장, 7장

13 (위에서부터) 1, 3 / 9 / 7 / 2 / 1

14 1, 2, 3, 4, 6, 8   **15** 3자루

16 132   **17** 7, 4, 3, 24, 2

18 8개   **19** 54, 2

20 204장

1 나누어지는 수가 2배, 3배가 되고, 나누는 수도 2배, 3배가 되면 몫은 같습니다.

2 나누는 수가 같고 나누어지는 수가 100배가 되면 몫도 100배가 됩니다.

3 $26 \div 2 = 13 \Rightarrow 39 \div 3 = 13$
$54 \div 3 = 18 \Rightarrow 90 \div 5 = 18$
$80 \div 4 = 20 \Rightarrow 60 \div 3 = 20$

4 십의 자리 계산에서 $50 \div 5 = 10$이므로 몫 1을 십의 자리 위에 써야 합니다.

5 나눗셈에서 나머지는 나누는 수보다 항상 작아야 합니다.

6
```
    1 0 6
  ┌───────
8 ) 8 5 3
    8
    ─────
      5 3
      4 8
    ─────
        5
```

7 $49 \div 3 = 16 \cdots 1$, $78 \div 5 = 15 \cdots 3$
$\Rightarrow 16 > 15$

8 나누는 수와 몫의 곱에 나머지를 더하면 나누어지는 수가 됩니다.
$\square \div 7 = 13 \cdots 4$에서 $7 \times 13 = 91$, $91 + 4 = 95$이므로 $\square = 95$입니다.

9 나머지는 나누는 수보다 작습니다. 나머지 중 가장 큰 수가 6이므로 나누는 수 ◆는 7입니다.

10 $80 \div 7 = 11 \cdots 3$이므로 7권씩 11칸에 꽂고 3권이 남습니다. 남은 3권도 한 칸이 필요하므로 $11 + 1 = 12$(칸)의 책꽂이가 필요합니다.

11 $552 \div 8 = 69$이므로 $3 \times \square = 69$입니다.
곱셈과 나눗셈의 관계를 이용하면
$\square = 69 \div 3$, $\square = 23$입니다.

12 10장씩 16묶음은 160장이고, $160 \div 9 = 17 \cdots 7$이므로 한 명에게 17장씩 나누어 주고 7장이 남습니다.

13
```
      ㉠ ㉡
  ┌───────
7 ) ㉢ 3
    ㉣
    ─────
    ㉤ 3
    2 ㉥
    ─────
      2
```
㉣$3 - 2$㉥$= 2$이므로 ㉤$= 2$, ㉥$= 1$
$7 \times$㉡$= 21$이므로 ㉡$= 3$
$7 \times$㉠$=$㉣이고, ㉣은 한 자리 수이므로
㉠$= 1$, ㉣$= 7$
㉢$- 7 = 2$이므로 ㉢$= 9$

14 $48 \div 1 = 48$, $48 \div 2 = 24$, $48 \div 3 = 16$, $48 \div 4 = 12$, $48 \div 6 = 8$, $48 \div 8 = 6$이므로 1부터 9까지의 수 중 48을 나누어떨어지게 하는 수는 1, 2, 3, 4, 6, 8입니다.

15 $95 \div 7 = 13 \cdots 4$이므로 7명에게 13자루씩 주면 4자루가 남습니다. $4 + 3 = 7$이므로 3자루가 더 있으면 한 명에게 14자루씩 나누어 줄 수 있습니다.

16 곱셈과 나눗셈의 관계를 이용하면
◆$\times 2 = 84$에서 ◆$= 84 \div 2$, ◆$= 42$
◆$\div 6 =$●에서 $42 \div 6 = 7$
$\Rightarrow 924 \div$●$=$★에서 $924 \div 7 = 132$이므로
★은 132입니다.

17 나누어지는 수가 가장 크고 나누는 수가 가장 작을 때 몫이 가장 큽니다.
$\Rightarrow 74 \div 3 = 24 \cdots 2$

18 (지우개 1묶음의 수)$= 51 \div 3 = 17$(개)
(지우개 2묶음의 수)$= 17 \times 2 = 34$(개)
(수수깡 1묶음의 수)$= 52 \div 4 = 13$(개)
(수수깡 2묶음의 수)$= 13 \times 2 = 26$(개)
$\Rightarrow 34 - 26 = 8$이므로 지우개 2묶음은 수수깡 2묶음보다 8개 더 많습니다.
참고 | 수수깡 2묶음의 수를 구할 때 $52 \div 2 = 26$(개)로 바로 구할 수도 있습니다.

서술형
19 ⓔ 어떤 수를 $\square$라고 하면 $\square \div 7 = 46 \cdots 4$에서
$7 \times 46 = 322$, $322 + 4 = 326$이므로 $\square = 326$입니다. 따라서 바르게 계산하면 $326 \div 6 = 54 \cdots 2$이므로 몫은 54, 나머지는 2입니다.

평가 기준	배점(5점)
어떤 수를 구했나요?	2점
바르게 계산했을 때의 몫과 나머지를 구했나요?	3점

서술형
20 ⓔ 가로는 $85 \div 5 = 17$이므로 17칸으로 나눌 수 있고, 세로는 $48 \div 4 = 12$이므로 12칸으로 나눌 수 있습니다. 따라서 직사각형 모양의 종이는
$17 \times 12 = 204$(장)까지 자를 수 있습니다.

평가 기준	배점(5점)
가로로 몇 칸, 세로로 몇 칸으로 나눌 수 있는지 구했나요?	3점
직사각형 모양의 종이는 몇 장까지 자를 수 있는지 구했나요?	2점

3 원

학생들은 2학년 1학기에 기본적인 평면도형과 입체도형의 구성과 함께 원을 배웠습니다. 일상생활에서 둥근 모양의 물체를 찾아보고 그러한 모양을 원이라고 학습하였으므로 학생들은 원을 찾아 보고 본뜨는 활동을 통해 원을 이해하고 있습니다. 이 단원은 원을 그리는 방법을 통하여 원의 의미를 이해하는 데 중점을 두고 있습니다. 정사각형 안에 꽉 찬 원 그리기, 점을 찍어 원 그리기, 자를 이용하여 원 그리기 활동 등을 통하여 원의 의미를 이해할 수 있을 것입니다. 또한 원의 지름과 반지름의 성질, 원의 지름과 반지름 사이의 관계를 이해함으로써 6학년 1학기 원의 넓이 학습을 준비합니다.

※ 선분 ㄱㄴ과 같이 기호를 나타낼 때 선분 ㄴㄱ으로 읽어도 정답으로 인정합니다.

교과서 개념 이해 1 원의 중심, 반지름, 지름을 알아볼까요 78~79쪽

1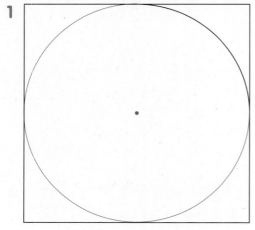

2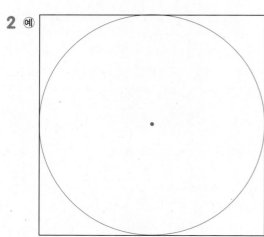

3 (왼쪽에서부터) 중심, 지름, 반지름

4 점 ㄷ

5 예

6 5　　　　　　　7 선분 ㄷㄹ

8 (1) 점 ㅇ　(2) 1개

(3)
반지름	선분 ㅇㄱ	선분 ㅇㄴ	선분 ㅇㄷ
길이(cm)	2	2	2

(4) 같습니다에 ○표

1 중심점으로부터 같은 거리만큼 점을 찍은 후 점들을 이어 원을 그립니다.

2 띠 종이를 누름 못으로 고정한 후 연필을 띠 종이의 구멍에 넣어 원을 그립니다.

4 누름 못과 띠 종이로 원을 그렸을 때 누름 못이 꽂혔던 점을 원의 중심이라고 하므로 원의 한가운데 있는 점이 원의 중심입니다.

5 원의 중심과 원 위의 한 점을 잇는 선분을 4개 긋습니다.

6 한 원에서 반지름은 모두 같습니다.

7 원 위의 두 점을 이은 선분 중 원의 중심을 지나는 선분을 원의 지름이라고 합니다.

8 한 원에서 원의 반지름은 셀 수 없이 많이 그을 수 있고 그 길이는 모두 같습니다.

교과서 개념 이해 2 원의 성질을 알아볼까요 80~81쪽

❶ • 지름　• 2

1 (1) 지름　(2) 지름

2 (1) 선분 ㅁㅂ　(2) 선분 ㅁㅂ

3 예
(1) 4 cm
(2) 같습니다에 ○표

4 (1) 6　(2) 3　(3) 2　　　5 8

6 8 cm　　　　　　　7 7 cm

8 5 cm

2 원의 지름은 원 안에 그을 수 있는 선분 중 가장 깁니다.

3 한 원에서 원의 지름은 셀 수 없이 많이 그을 수 있고 그 길이는 모두 같습니다.

4 한 원에서 지름은 반지름의 2배입니다.

5 한 원에서 지름은 모두 같습니다.

6 한 원에서 지름은 반지름의 2배입니다. 원의 반지름이
4 cm이므로 지름은 4 × 2＝8(cm)입니다.

7 한 원에서 반지름은 지름의 반입니다. 원의 지름이
14 cm이므로 반지름은 14÷2＝7(cm)입니다.

8 원의 지름은 10 cm입니다. 한 원에서 반지름은 지름의
반이므로 반지름은 10÷2＝5(cm)입니다.

교과서 개념 이해 **3** 컴퍼스를 이용하여 원을 그려 볼까요   82~83쪽

1 (1) 1 cm   (2) ① 중심 ② 1 ③ ㅇ

(3)
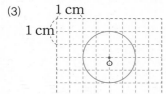

2 ③

3 예
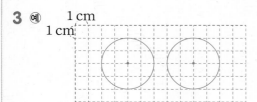

4
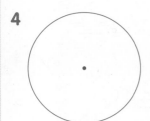

5
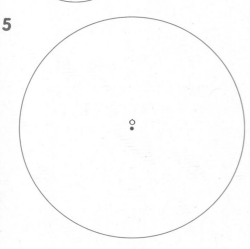

6
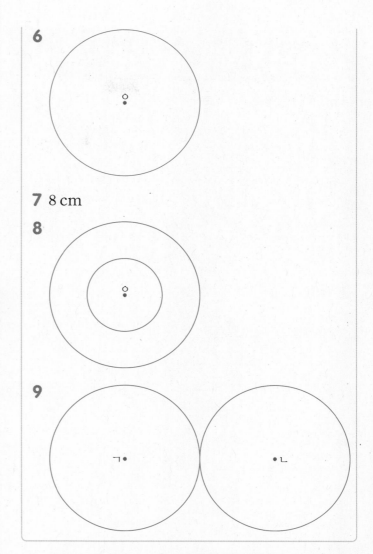

7 8 cm

8

9

2 컴퍼스의 침이 자의 눈금 0에 위치하고 연필 끝이 자의
눈금 3에 위치하도록 컴퍼스를 벌린 것을 찾습니다.

3 모눈종이에 원의 중심을 표시하고 컴퍼스를 2 cm(모눈
2칸)만큼 벌린 후 원을 그립니다.

4 주어진 원의 반지름(1.5 cm)만큼 컴퍼스를 벌리고 컴
퍼스의 침을 주어진 점에 꽂아 원을 그립니다.

5 컴퍼스를 3 cm만큼 벌리고 컴퍼스의 침을 점 ㅇ에 꽂아
원을 그립니다.

6 주어진 선분은 2 cm이므로 컴퍼스를 2 cm만큼 벌리
고 컴퍼스의 침을 점 ㅇ에 꽂아 원을 그립니다.

7 컴퍼스를 4 cm만큼 벌렸으므로 원의 반지름은 4 cm,
지름은 4 × 2＝8(cm)가 됩니다.

8 원의 중심이 같고 반지름이 다른 원을 그립니다.

9 원의 중심이 다르고 반지름이 같은 원을 그립니다.

4 원을 이용하여 여러 가지 모양을 그려 볼까요
84~85쪽

1 (1) 옮기지 않고, 1에 ○표
(2)
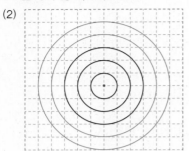

2 (1) 1, 1 (2)
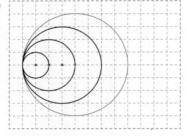

3 (1) 점 ㄴ, 점 ㄹ, 점 ㅇ (2)
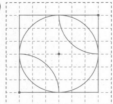

4

5 (1) (2)
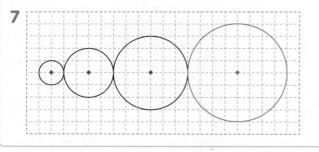

6 ㉡

7

1 (2) 원의 중심은 같고 원의 반지름이 4칸, 5칸인 원을 각각 그립니다.

2 (2) 원의 중심을 오른쪽으로 1칸 옮기고, 원의 반지름이 4칸인 원을 그립니다.

3 정사각형 ㄱㄴㄷㄹ을 그리고 점 ㅇ과 점 ㄴ, 점 ㄹ에 컴퍼스의 침을 꽂아 원을 그린 모양입니다.

4 컴퍼스의 침을 꽂아야 할 곳은 원의 중심이므로 원의 중심을 찾으면 모두 3개입니다.

5 (1) 큰 원 1개와 반원 2개를 그립니다.
(2) 정사각형을 그린 다음 큰 반원 1개와 작은 반원 2개를 그립니다.

6 ㉠, ㉢: 원의 중심은 다르고 반지름을 같게 하여 그린 모양
㉡: 원의 중심과 반지름을 다르게 하여 그린 모양

7 원의 중심이 오른쪽으로 3칸, 5칸 옮겨 가고, 원의 반지름이 1칸, 2칸, 3칸으로 1칸씩 늘어나는 규칙입니다.
따라서 원의 중심을 오른쪽으로 7칸 옮기고 원의 반지름이 4칸인 원을 그립니다.

기본기 다지기
86~91쪽

1 점 ㄷ   **2** 선분 ㅇㄱ, 선분 ㅇㄴ

3 (1) × (2) ○   **4** 12 cm   **5** 선분 ㄱㄹ

6 13 cm / 26 cm   **7** 8 cm

8 15 cm

9 예 새로 그린 원의 반지름은 2×4=8(cm)이므로 지름은 8×2=16(cm)입니다. / 16 cm

10 7 cm

11

12 (1) 3 cm (2) 2 cm

13

14 ㉣, ㉠, ㉡, ㉢

15   ㉘ 동전의 반지름만큼 컴퍼스를 벌려서 원을 그립니다.

16 가, 나

17 ㉡

18 5군데

19 ②, ④

20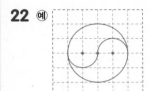

21 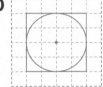 ㉘ 큰 원을 그린 후 그 원 위의 네 점을 꼭짓점으로 하는 사각형을 그립니다. 사각형의 각 꼭짓점을 원의 중심으로 하여 사각형 안쪽에 원의 일부를 그립니다.

22 ㉘

23 1, 2

24 (　　) (○)

25 20 cm

26 22 cm

27 4 cm

28 7 cm

29 16 cm

30 9 cm

31 48 m

32 6 cm

33 112 cm

34 ㉘ 정사각형의 한 변의 길이는 원의 반지름의 4배이므로 $6 \times 4 = 24$(cm)입니다. 따라서 정사각형의 네 변의 길이의 합은 $24 \times 4 = 96$(cm)입니다. / 96 cm

35 7 cm

1 원의 중심은 원의 한가운데에 있는 점입니다.

2 원의 중심 ㅇ과 원 위의 한 점을 이은 선분을 모두 찾습니다.

3 (1) 한 원에서 원의 중심은 1개뿐입니다.

4 지름은 원 위의 두 점을 이은 선분 중 원의 중심 ㅇ을 지나는 선분이므로 12 cm입니다.

5 원을 똑같이 둘로 나누는 선분은 원의 지름입니다. 원의 지름은 원의 중심을 지나는 선분 ㄱㄹ입니다.

6 원의 반지름이 13 cm이므로 원의 지름은 $13 \times 2 = 26$(cm)입니다.

7 원의 지름은 정사각형의 한 변의 길이와 같은 8 cm입니다.

8 큰 원의 반지름은 7 cm입니다. 작은 원의 반지름이 4 cm이므로 작은 원의 지름은 8 cm입니다. 따라서 선분 ㄱㄷ의 길이는 큰 원의 반지름과 작은 원의 지름을 합한 것이므로 $7 + 8 = 15$(cm)입니다.

서술형
9

단계	문제 해결 과정
①	새로 그린 원의 반지름을 구했나요?
②	새로 그린 원의 지름을 구했나요?

10 작은 원의 지름은 큰 원의 반지름과 같으므로 $28 \div 2 = 14$(cm)입니다. 선분 ㄱㄴ은 작은 원의 반지름이므로 $14 \div 2 = 7$(cm)입니다.

11 주어진 선분만큼 컴퍼스를 벌린 후 컴퍼스의 침을 점 ㅇ에 꽂고 원을 그립니다.

12 컴퍼스를 벌린 정도가 원의 반지름이 됩니다.

13 컴퍼스를 각각 1 cm, 15 mm, 2 cm만큼 벌려서 원을 그립니다.

14 각 원의 지름을 구해 봅니다.
㉠ 9 cm ㉡ $4 \times 2 = 8$(cm)
㉢ 6 cm ㉣ $5 \times 2 = 10$(cm)
따라서 지름을 비교하면 $10 > 9 > 8 > 6$이고 지름이 길수록 큰 원이므로 ㉣, ㉠, ㉡, ㉢입니다.

서술형
15

단계	문제 해결 과정
①	동전과 크기가 같은 원을 바르게 그렸나요?
②	원을 그린 방법을 바르게 설명했나요?

16 컴퍼스를 이용하여 집을 원의 중심으로 하고 제시된 거리를 반지름으로 하는 원을 그려 봅니다. 제시된 거리가 1.5 cm이므로 반지름이 1.5 cm인 원을 그린 후 원 안에 있는 놀이터를 찾아보면 가, 나입니다.

17

18 ➡ 원의 중심은 모두 5군데입니다.

19 반지름이 같은 것은 원의 크기가 모두 같은 ②, ④입니다.

서술형
21

단계	문제 해결 과정
①	컴퍼스의 침을 꽂아야 할 곳을 점으로 모두 표시했나요?
②	모양을 그리는 방법을 바르게 설명했나요?

22 예 반지름이 2칸인 큰 원을 그리고 반지름이 1칸인 작은 원 2개를 큰 원의 중심에서 만나도록 그립니다. 이때 오른쪽 작은 원은 원의 윗부분만, 왼쪽 작은 원은 원의 아랫부분만 그립니다.

23 그려져 있는 원의 반지름이 모눈 1칸, 2칸, 3칸, 4칸이 므로 원의 반지름이 모눈 1칸씩 늘어납니다.
원의 중심은 오른쪽으로 모눈 2칸씩 이동하였습니다.

24 왼쪽 그림은 원의 중심이 오른쪽으로 1칸 옮겨 가고 반 지름은 1칸씩 늘어납니다. 오른쪽 그림은 원의 중심은 모두 같고 반지름이 모눈 1칸씩 늘어납니다.

25 선분 ㄱㄴ의 길이는 원의 반지름의 4배이므로
$5 \times 4 = 20$(cm)입니다.

26 선분 ㄱㄴ의 길이는 세 원의 지름을 합한 것과 같습니다.
세 원의 지름은 각각 12 cm, 6 cm, 4 cm이므로
(선분 ㄱㄴ)$= 12 + 6 + 4 = 22$(cm)입니다.

27 가장 큰 원의 반지름은 $32 \div 2 = 16$(cm)이고,
중간 원의 반지름은 $16 \div 2 = 8$(cm)입니다.
따라서 가장 작은 원의 반지름은 $8 \div 2 = 4$(cm)입니다.

28 큰 원의 지름은 작은 원의 반지름의 4배이므로 작은 원 의 반지름은 $28 \div 4 = 7$(cm)입니다.

29 (선분 ㄱㄴ)$= 9 + 9 - 2 = 16$(cm)

30 가장 큰 원의 지름은 작은 세 원의 지름의 합과 같습니 다. 작은 세 원의 지름은 각각 10 cm, 6 cm, 2 cm이 므로 큰 원의 지름은 $10 + 6 + 2 = 18$(cm)입니다.
따라서 가장 큰 원의 반지름은 $18 \div 2 = 9$(cm)입니다.

31 삼각형의 한 변의 길이는 원의 지름과 같으므로
$8 \times 2 = 16$(m)입니다. 따라서 삼각형의 세 변의 길이의 합은 $16 \times 3 = 48$(m)입니다.

32 삼각형의 한 변의 길이는 $36 \div 3 = 12$(cm)이고, 삼각 형의 한 변의 길이는 원의 지름의 2배이므로 원의 지름 은 $12 \div 2 = 6$(cm)입니다.

33 직사각형의 네 변의 길이의 합은 원의 반지름의 16배이 므로 $7 \times 16 = 112$(cm)입니다.

서술형
34

단계	문제 해결 과정
①	정사각형의 한 변이 원의 반지름의 몇 배인지 구했나요?
②	정사각형의 한 변의 길이를 구했나요?
③	정사각형의 네 변의 길이의 합을 구했나요?

35 직사각형에서 (가로)+(세로)$= 42$(cm)이고 가로는 원 의 지름의 4배, 세로는 원의 지름의 2배입니다.
따라서 음료수 캔의 원의 지름은 $42 \div 6 = 7$(cm)입니다.

개념 완성 응용력 기르기   92~95쪽

1 36 cm	**1-1** 35 cm	**1-2** 14 cm
2 48 cm	**2-1** 84 cm	**2-2** 36 cm
3 27 cm	**3-1** 18 cm	**3-2** 28 cm

4 1단계 예 큰 원의 반지름이 6 cm이므로
(선분 ㄴㄷ)=(선분 ㄴㄱ)=6 cm이고
작은 원의 반지름이 4 cm이므로
(선분 ㄹㄱ)=(선분 ㄹㄷ)=4 cm입니다.
2단계 예 (사각형 ㄱㄴㄷㄹ의 네 변의 길이의 합)
$= 6 + 6 + 4 + 4 = 20$(cm) / 20 cm

4-1 26 cm

---

1 선분 ㄱㄴ의 길이는 원의 반지름의 6배이므로
(선분 ㄱㄴ)$= 6 \times 6 = 36$(cm)입니다.

1-1 선분 ㄱㄴ의 길이는 원의 반지름의 7배이고, 원의 반지 름은 $10 \div 2 = 5$(cm)이므로
(선분 ㄱㄴ)$= 5 \times 7 = 35$(cm)입니다.

1-2 선분 ㄱㄴ의 길이는 원의 반지름의 9배이므로 원의 반지 름은 $63 \div 9 = 7$(cm)입니다.
따라서 한 원의 지름은 $7 \times 2 = 14$(cm)입니다.

2 (직사각형의 가로)
　＝(작은 원의 지름)＋(큰 원의 지름)
　＝6＋10＝16(cm)
　(직사각형의 세로)
　＝(작은 원의 반지름)＋(큰 원의 반지름)
　＝3＋5＝8(cm)
　➡ (직사각형의 네 변의 길이의 합)
　　＝16＋8＋16＋8＝48(cm)

2-1 (직사각형의 가로)
　＝(큰 원의 반지름)＋(작은 원의 반지름)
　＝8＋6＝14(cm)
　(직사각형의 세로)
　＝(큰 원의 지름)＋(작은 원의 지름)
　＝16＋12＝28(cm)
　➡ (직사각형의 네 변의 길이의 합)
　　＝14＋28＋14＋28＝84(cm)

2-2 큰 원의 반지름은 16÷2＝8(cm)이고,
　작은 원의 반지름은 8÷2＝4(cm)입니다.
　선분 ㄱㄹ의 길이는 직사각형의 가로에서 큰 원의 반지
　름과 작은 원의 반지름을 뺀 것과 같으므로
　48－8－4＝36(cm)입니다.

3 선분 ㄱㅁ의 길이는 정사각형의 한 변의 길이와 같고, 작
　은 원의 반지름의 4배이므로 작은 원의 반지름은
　36÷4＝9(cm)입니다.
　따라서 선분 ㄴㅁ의 길이는 작은 원의 반지름의 3배이므
　로 9×3＝27(cm)입니다.

3-1 선분 ㄱㅁ의 길이는 정사각형의 한 변의 길이와 같고, 작
　은 원의 반지름의 4배이므로 작은 원의 반지름은
　24÷4＝6(cm)입니다.
　따라서 선분 ㄱㄹ의 길이는 작은 원의 반지름의 3배이므
　로 6×3＝18(cm)입니다.

3-2 선분 ㄱㄷ의 길이는 큰 원의 지름입니다. 큰 원의 지름은
　작은 원의 반지름의 4배이므로 7×4＝28(cm)입니다.

4-1 작은 원의 반지름이 5 cm이므로
　(선분 ㄴㄷ)＝(선분 ㄴㄱ)＝5 cm이고,
　큰 원의 반지름이 8 cm이므로
　(선분 ㄹㄱ)＝(선분 ㄹㄷ)＝8 cm입니다.
　따라서 (사각형 ㄱㄴㄷㄹ의 네 변의 길이의 합)
　＝5＋5＋8＋8＝26(cm)입니다.

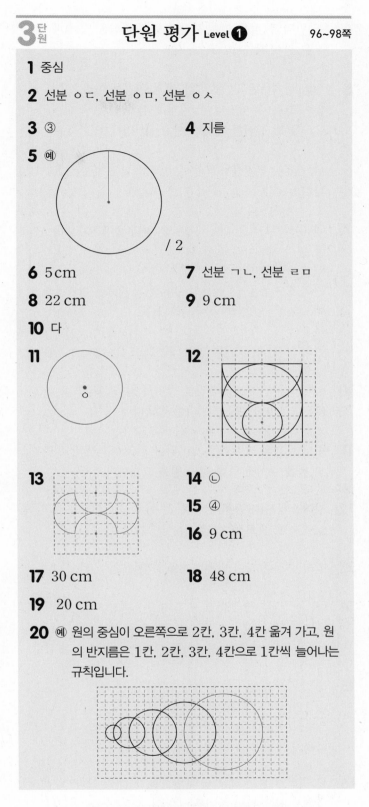

1 중심

2 선분 ㅇㄷ, 선분 ㅇㅁ, 선분 ㅇㅅ

3 ③　　　　　　　　　　**4** 지름

5 (예)

／ 2

6 5 cm　　　　　　　**7** 선분 ㄱㄴ, 선분 ㄹㅁ

8 22 cm　　　　　　　**9** 9 cm

10 다

11　　　　　　　　　　**12**

13　　　　　　　　　　**14** ㉡

　　　　　　　　　　　　15 ④

　　　　　　　　　　　　16 9 cm

17 30 cm　　　　　　　**18** 48 cm

19 20 cm

20 (예) 원의 중심이 오른쪽으로 2칸, 3칸, 4칸 옮겨 가고, 원
　　의 반지름은 1칸, 2칸, 3칸, 4칸으로 1칸씩 늘어나는
　　규칙입니다.

1 원의 한가운데 있는 점을 원의 중심이라고 합니다.

2 원의 반지름은 원의 중심과 원 위의 한 점을 이은 선분입
　니다.

3 원의 중심과 원 위의 한 점을 이은 선분을 원의 반지름이
　라고 합니다.

4 원 위의 두 점을 이은 선분이 원의 중심을 지날 때 이 선분을 원의 지름이라고 합니다.

5 원의 반지름은 원 위의 한 점의 위치에 따라 셀 수 없이 많이 그을 수 있습니다. 원의 중심과 원 위의 한 점을 이은 선분의 길이를 재어 보면 2 cm입니다.

6 한 원에서 반지름은 모두 같으므로 선분 ㅇㄷ은 5 cm입니다.

7 원 위의 두 점을 이은 선분 중 원의 중심을 지나는 선분을 원의 지름이라고 합니다.

8 원의 반지름은 11 cm입니다. 원의 지름은 반지름의 2배이므로 $11 \times 2 = 22$(cm)입니다.

9 원의 반지름은 지름의 반이므로 $18 \div 2 = 9$(cm)입니다.

10 컴퍼스를 원의 반지름만큼 벌려서 원을 그리므로 $6 \div 2 = 3$(cm)만큼 벌려야 합니다.

11 주어진 원의 반지름(1 cm)만큼 컴퍼스를 벌리고 컴퍼스의 침을 주어진 점에 꽂아 원을 그립니다.

12 컴퍼스의 침이 꽂히는 부분은 원의 중심이므로 원의 중심을 찾으면 모두 3개입니다.

13 원의 중심을 찾아 반원 4개를 그립니다.

14 ㉠, ㉣: 원의 중심을 옮겨 가며 반지름을 다르게 하여 그린 모양

㉢: 원의 중심은 같고 반지름을 다르게 하여 그린 모양

15 원의 지름을 알아봅니다.
① 12 cm ② $8 \times 2 = 16$(cm)
③ 15 cm ④ $9 \times 2 = 18$(cm) ⑤ 16 cm
따라서 가장 큰 원은 ④입니다.

16 큰 원의 지름은 작은 원의 반지름의 4배입니다.
따라서 작은 원의 반지름은 $36 \div 4 = 9$(cm)입니다.

17 선분 ㄱㄴ의 길이는 세 원의 지름의 합과 같으므로 $6 + 10 + 14 = 30$(cm)입니다.

18 직사각형의 네 변의 길이의 합은 원의 지름의 8배입니다. 원의 지름은 $3 \times 2 = 6$(cm)이므로 직사각형의 네 변의 길이의 합은 $6 \times 8 = 48$(cm)입니다.

서술형
19 ⑩ 선분 ㄱㄴ의 길이는 원의 반지름의 5배입니다.
원의 반지름은 $8 \div 2 = 4$(cm)이므로
선분 ㄱㄴ의 길이는 $4 \times 5 = 20$(cm)입니다.

평가 기준	배점(5점)
원의 반지름을 구했나요?	2점
선분 ㄱㄴ의 길이를 구했나요?	3점

서술형
20

평가 기준	배점(5점)
규칙을 원의 중심과 반지름을 넣어 설명했나요?	3점
규칙에 따라 원을 1개 더 그렸나요?	2점

3단원 단원 평가 Level ❷   99~101쪽

1 3 cm	2 선분 ㄱㄷ	3 ③
4 50 cm	5 ㉡, ㉢, ㉠	6 12 cm
7 다	8 56 cm	9 ④
10 6 cm	11 36 cm	12 5 cm
13 18 cm	14 12 cm	15 9개
16 32 cm	17 31 cm	18 64 cm
19 13 cm	20 9 cm	

1 원의 지름이 6 cm이므로 원의 반지름은 $6 \div 2 = 3$(cm)입니다.

2 원 위의 두 점을 이은 선분 중 길이가 가장 긴 선분은 원의 중심을 지나는 선분입니다.

3 ③ 한 원에서 반지름은 지름의 반입니다.

4 $1 \text{ m} = 100$ cm이므로 주어진 원의 지름은 100 cm입니다. 따라서 원의 반지름은 $100 \div 2 = 50$(cm)입니다.

5 각 원의 지름을 구해 봅니다.
㉠ 17 cm ㉡ $11 \times 2 = 22$(cm) ㉢ $9 \times 2 = 18$(cm)
➡ ㉡ > ㉢ > ㉠

6 $16 + 8 = 24$(cm)이므로 지름이 24 cm인 원을 그려야 합니다.
따라서 컴퍼스를 $24 \div 2 = 12$(cm)만큼 벌려야 합니다.

7

컴퍼스의 침을 꽂아야 할 곳은 가는 3개, 나는 3개, 다는 5개입니다.

8 정사각형의 한 변의 길이는 $7 \times 2 = 14$(cm)입니다.
따라서 정사각형의 네 변의 길이의 합은
$14 \times 4 = 56$(cm)입니다.

9

원의 중심이 같으므로 원의 중심이 1개인 모양을 찾으면 ④입니다.

10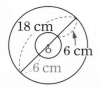

(작은 원의 지름)$= 18 - 6 - 6 = 6$(cm)

11 사각형 ㄱㄴㄷㄹ의 네 변의 길이는 각각 원의 반지름인 9 cm와 같습니다.
따라서 사각형 ㄱㄴㄷㄹ의 네 변의 길이의 합은
$9 \times 4 = 36$(cm)입니다.

12 큰 원의 반지름은 $40 \div 2 = 20$(cm)이고, 중간 원의 반지름은 $20 \div 2 = 10$(cm)입니다.
따라서 가장 작은 원의 반지름은 $10 \div 2 = 5$(cm)입니다.

13 (선분 ㄱㄴ)$= 3 + 5 = 8$(cm)
(삼각형 ㄱㄴㄷ의 세 변의 길이의 합)
$= 8 + 7 + 3 = 18$(cm)

14 사각형의 네 변의 길이의 합은 원의 지름의 5배입니다.
따라서 원의 지름은 $60 \div 5 = 12$(cm)입니다.

15 직사각형에 그릴 수 있는 가장 큰 원의 지름은 직사각형의 세로의 길이와 같은 3 cm입니다.
따라서 원은 $27 \div 3 = 9$(개)까지 그릴 수 있습니다.

16 직사각형의 가로는 원의 반지름의 8배이므로
$4 \times 8 = 32$(cm)입니다.

17 (중간 원의 반지름)$= 38 \div 2 = 19$(cm)
(가장 작은 원의 지름)$= 6 \times 2 = 12$(cm)이므로
(선분 ㄴㄹ)$= 19 + 12 = 31$(cm)입니다.

18 원의 지름은 작은 정사각형의 한 변의 길이와 같으므로 $32 \div 4 = 8$(cm)이고, 큰 정사각형의 한 변의 길이는 원의 지름의 2배이므로 $8 \times 2 = 16$(cm)입니다.
따라서 큰 정사각형의 네 변의 길이의 합은
$16 \times 4 = 64$(cm)입니다.

서술형
19 ⑩ 삼각형 ㄱㄴㄷ의 세 변의 길이의 합이 33 cm이므로 선분 ㄱㄴ과 선분 ㄱㄷ의 길이의 합은
$33 - 7 = 26$(cm)입니다. 선분 ㄱㄴ과 선분 ㄱㄷ은 원의 반지름으로 길이가 같으므로 원의 반지름은
$26 \div 2 = 13$(cm)입니다.

평가 기준	배점(5점)
선분 ㄱㄴ과 선분 ㄱㄷ의 길이의 합을 구했나요?	2점
원의 반지름을 구했나요?	3점

서술형
20 ⑩ 선분 ㄱㅁ의 길이는 정사각형의 한 변의 길이와 같고, 작은 원의 반지름의 4배이므로 작은 원의 반지름은
$12 \div 4 = 3$(cm)입니다.
따라서 선분 ㄱㄹ의 길이는 작은 원의 반지름의 3배이므로 $3 \times 3 = 9$(cm)입니다.

평가 기준	배점(5점)
작은 원의 반지름을 구했나요?	2점
선분 ㄱㄹ의 길이를 구했나요?	3점

4. 분수

분수는 전체에 대한 부분, 비, 몫, 연산자 등과 같이 여러 가지 의미를 가지고 있어 초등학생에게 어려운 개념으로 인식되고 있습니다. 3학년 1학기에 학생들은 원, 직사각형, 삼각형과 같은 영역을 합동인 부분으로 등분할 하는 경험을 통하여 분수를 도입하였습니다. 이 단원에서는 이산량에 대한 분수를 알아봅니다. 이산량을 분수로 표현하는 것은 영역을 등분할 하여 분수로 표현하는 것보다 어렵습니다. 그것은 전체를 어떻게 부분으로 묶는가에 따라 표현되는 분수가 달라지기 때문입니다. 따라서 이 단원에서는 이러한 어려움을 인식하고 영역을 이용하여 분수를 처음 도입하는 것과 같은 방법으로 이산량을 등분할 하고 부분을 세어 보는 과정을 통해 이산량에 대한 분수를 도입하도록 합니다.

교과서 개념 이해 1 분수로 나타내어 볼까요 104~105쪽

1 (1) 예 (2) 2 (3) 3, 2

2 (1) 예
(2) 7 (3) 7, 1, $\frac{1}{7}$

3 (1) $\frac{1}{2}$ (2) $\frac{3}{5}$

4 (1) $\frac{5}{6}$ (2) $\frac{3}{4}$

5 예
(1) 5 (2) $\frac{1}{5}$ (3) $\frac{4}{5}$

6 (1) 6, $\frac{2}{6}$ (2) 3, $\frac{1}{3}$

3 (1) 10을 똑같이 2묶음으로 나누면 5는 전체 2묶음 중의 1묶음이므로 10의 $\frac{1}{2}$입니다.
(2) 10을 똑같이 5묶음으로 나누면 6은 전체 5묶음 중의 3묶음이므로 10의 $\frac{3}{5}$입니다.

4 (1) 색칠한 부분은 6묶음 중에서 5묶음이므로 전체의 $\frac{5}{6}$입니다.
(2) 색칠한 부분은 4묶음 중에서 3묶음이므로 전체의 $\frac{3}{4}$입니다.

5 (2) 20을 4씩 묶으면 4는 전체 5묶음 중의 1묶음이므로 20의 $\frac{1}{5}$입니다.
(3) 20을 4씩 묶으면 16은 전체 5묶음 중의 4묶음이므로 20의 $\frac{4}{5}$입니다.

6 (1) 12를 2씩 묶으면 6묶음이고 4는 전체 6묶음 중의 2묶음이므로 12의 $\frac{2}{6}$입니다.
(2) 12를 4씩 묶으면 3묶음이고 4는 전체 3묶음 중의 1묶음이므로 12의 $\frac{1}{3}$입니다.

교과서 개념 이해 2 분수만큼은 얼마일까요(1) 106~107쪽

1 (1) 예
(2) 예 (3) 3

2 (1) 예
(2) 예 (3) 2 (4) 8

3 예
(1) 2 (2) 6

4 예
(1) 3 (2) 15

5 9   6 8

7 (1) 9 (2) 6 (3) 15 (4) 14

8 20

1 12를 똑같이 4묶음으로 나누면 1묶음은 3이므로 12의 $\frac{1}{4}$ 은 3입니다.

2 14를 2씩 묶으면 7묶음이므로 14의 $\frac{1}{7}$ 은 2, 14의 $\frac{4}{7}$ 는 2×4＝8입니다.

3 (1) 8의 $\frac{1}{4}$ 은 8을 똑같이 4묶음으로 나눈 것 중의 1묶음이므로 2입니다.

(2) 8의 $\frac{3}{4}$ 은 8을 똑같이 4묶음으로 나눈 것 중의 3묶음이므로 6입니다.

4 (1) 21의 $\frac{1}{7}$ 은 21을 똑같이 7묶음으로 나눈 것 중의 1묶음이므로 3입니다.

(2) 21의 $\frac{5}{7}$ 는 21을 똑같이 7묶음으로 나눈 것 중의 5묶음이므로 15입니다.

5 15의 $\frac{3}{5}$ 은 15를 똑같이 5묶음으로 나눈 것 중의 3묶음이므로 9입니다.

6 16의 $\frac{2}{4}$ 는 16을 똑같이 4묶음으로 나눈 것 중의 2묶음이므로 8입니다.

7 (1) 18의 $\frac{1}{2}$ 은 18을 똑같이 2묶음으로 나눈 것 중의 1묶음이므로 9입니다.

(2) 18의 $\frac{1}{3}$ 은 18을 똑같이 3묶음으로 나눈 것 중의 1묶음이므로 6입니다.

(3) 18의 $\frac{5}{6}$ 는 18을 똑같이 6묶음으로 나눈 것 중의 5묶음이므로 15입니다.

(4) 18의 $\frac{7}{9}$ 은 18을 똑같이 9묶음으로 나눈 것 중의 7묶음이므로 14입니다.

8 $\frac{\blacktriangle}{\blacksquare}$ 는 $\frac{1}{\blacksquare}$ 의 ▲배입니다.

---

3 분수만큼은 얼마일까요 (2)　108~109쪽

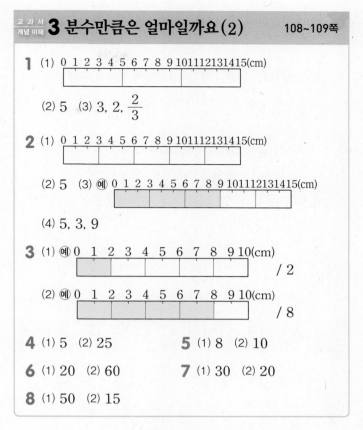

1 (1) [수직선 그림]

(2) 5　(3) 3, 2, $\frac{2}{3}$

2 (1) [수직선 그림]

(2) 5　(3) 예 [수직선 그림]

(4) 5, 3, 9

3 (1) 예 [수직선 그림] / 2

(2) 예 [수직선 그림] / 8

4 (1) 5　(2) 25　　**5** (1) 8　(2) 10

6 (1) 20　(2) 60　　**7** (1) 30　(2) 20

8 (1) 50　(2) 15

---

3 (1) 10 cm의 $\frac{1}{5}$ 은 10 cm를 똑같이 5부분으로 나눈 것 중의 1부분을 색칠합니다.

(2) 10 cm의 $\frac{4}{5}$ 는 10 cm를 똑같이 5부분으로 나눈 것 중의 4부분을 색칠합니다.

4 (1) 40 cm의 $\frac{1}{8}$ 은 40 cm를 똑같이 8부분으로 나눈 것 중의 1부분이므로 5 cm입니다.

(2) 40 cm의 $\frac{5}{8}$ 는 40 cm를 똑같이 8부분으로 나눈 것 중의 5부분이므로 25 cm입니다.

5 (1) 12 cm의 $\frac{2}{3}$ 는 12 cm를 똑같이 3부분으로 나눈 것 중의 2부분이므로 8 cm입니다.

(2) 12 cm의 $\frac{5}{6}$ 는 12 cm를 똑같이 6부분으로 나눈 것 중의 5부분이므로 10 cm입니다.

6 (1) 1 m의 $\frac{1}{5}$ 은 1 m＝100 cm를 똑같이 5부분으로 나눈 것 중의 1부분이므로 20 cm입니다.

(2) 1 m의 $\frac{3}{5}$ 은 1 m＝100 cm를 똑같이 5부분으로 나눈 것 중의 3부분이므로 60 cm입니다.

7 (1) 1시간의 $\frac{1}{2}$은 1시간=60분을 똑같이 2부분으로 나눈 것 중의 1부분이므로 30분입니다.

(2) 1시간의 $\frac{1}{3}$은 1시간=60분을 똑같이 3부분으로 나눈 것 중의 1부분이므로 20분입니다.

8 (1) $\frac{1}{2}$ m는 1 m=100 cm를 똑같이 2부분으로 나눈 것 중의 1부분이므로 50 cm입니다.

(2) $\frac{1}{4}$시간은 1시간=60분을 똑같이 4부분으로 나눈 것 중의 1부분이므로 15분입니다.

기본기 다지기
개념 적용   110~113쪽

1 (1) 8, $\frac{4}{8}$ (2) 4, $\frac{2}{4}$

2 (1) $\frac{5}{6}$ (2) $\frac{3}{7}$ **3** (1) 9   (2) 5

4 $\frac{3}{8}$ **5** $\frac{4}{9}$

6 태오 / 예 7은 14의 $\frac{1}{2}$입니다.

7 12   **8** ㉢

9 16   **10** ㉡

11 예

12 예 초콜릿을 서하는 63의 $\frac{1}{9}$인 7개, 범준이는 63의 $\frac{1}{7}$인 9개 가졌습니다. 따라서 범준이가 9－7=2(개) 더 많이 가졌습니다. / 2개

13 2000원   **14** 6개

15 (1) 60   (2) 80   **16** (1) 15   (2) 4

17 6 kg

18 (1) 4칸 / 8칸

(2) 예
0 1 2 3 4 5 6 7 8 9 10 11 12

19 예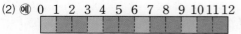

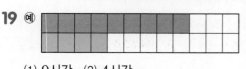

(1) 9시간   (2) 4시간

20
아 는   것이   힘 이   다
0 1 2 3 4 5 6 7 8 9 10 11 12 13 14 15
/ 문장 아는 것이 힘이다.

21 $\frac{3}{5}$ **22** $\frac{4}{7}$ **23** $\frac{2}{5}$

24 (1) 21   (2) 64   **25** 45

26 예 철사의 $\frac{1}{6}$이 14 cm이므로 전체 철사의 길이는 14×6=84(cm)입니다. 따라서 84 cm를 똑같이 7로 나눈 것 중의 1은 84÷7=12(cm)입니다. / 12 cm

2 (1) 30을 5씩 묶으면 25는 6묶음 중 5묶음입니다.
(2) 42를 6씩 묶으면 18은 7묶음 중 3묶음입니다.

3 (1) 10을 똑같이 10으로 나누면 9는 10의 $\frac{9}{10}$입니다.
(2) 40을 똑같이 5로 나누면 8은 40의 $\frac{1}{5}$입니다.

4 24개를 3개씩 묶으면 8묶음이 됩니다. 지훈이가 먹은 초콜릿은 3묶음이므로 처음 초콜릿의 $\frac{3}{8}$입니다.

5 72장을 8장씩 묶으면 9묶음이 됩니다. 준이가 사용한 색종이는 4묶음이므로 전체 색종이의 $\frac{4}{9}$입니다.

서술형
6

단계	문제 해결 과정
①	분수로 잘못 나타낸 사람을 찾았나요?
②	분수로 잘못 나타낸 것을 바르게 고쳤나요?

7 • 54를 6씩 묶으면 9묶음이 되므로 한 묶음인 6은 54의 $\frac{1}{9}$입니다. ➡ ㉠=9

• 45를 9씩 묶은 것 중 3묶음이 27이므로 27은 45의 $\frac{3}{5}$입니다. ➡ ㉡=3

따라서 ㉠＋㉡=9＋3=12입니다.

8 ㉠ 24를 똑같이 3묶음으로 나눈 것 중의 1묶음이므로 8입니다.
㉡ 20을 똑같이 4묶음으로 나눈 것 중의 1묶음이므로 5입니다.
㉢ 30을 똑같이 5묶음으로 나눈 것 중의 1묶음이므로 6입니다.

9 $\dfrac{4}{7}$는 $\dfrac{1}{7}$이 4개이므로 □의 $\dfrac{4}{7}$는 4의 4배인 16입니다.

10 ㉠ 18의 $\dfrac{1}{6}$이 3이므로 18의 $\dfrac{5}{6}$는 $3 \times 5 = 15$입니다.

ⓛ 15의 $\dfrac{1}{3}$이 5이므로 15의 $\dfrac{2}{3}$는 $5 \times 2 = 10$입니다.

ⓒ 40의 $\dfrac{1}{8}$이 5이므로 40의 $\dfrac{3}{8}$은 $5 \times 3 = 15$입니다.

따라서 □ 안에 알맞은 수가 다른 하나는 ⓛ입니다.

11 18을 똑같이 9묶음으로 나눈 것 중의 4묶음은 8이므로 8개를 분홍색으로 색칠합니다.

18을 똑같이 9묶음으로 나눈 것 중의 2묶음은 4이므로 4개를 파란색으로 색칠합니다.

12

단계	문제 해결 과정
①	서하와 범준이가 가진 초콜릿의 개수를 각각 구했나요?
②	범준이가 서하보다 몇 개 더 많이 가졌는지 구했나요?

13 32의 $\dfrac{1}{8}$이 4이므로 32의 $\dfrac{5}{8}$는 $4 \times 5 = 20$입니다.

따라서 100원짜리 동전은 20개이므로 2000원입니다.

14 42의 $\dfrac{1}{7}$이 6이므로 42의 $\dfrac{2}{7}$는 $6 \times 2 = 12$입니다.

따라서 은우가 먹고 남은 귤은 $42 - 12 = 30$(개)이므로 호영이가 먹은 귤은 30개의 $\dfrac{1}{5}$인 6개입니다.

15 1 m $=100$ cm입니다.

(1) 100 cm를 똑같이 5로 나눈 것 중의 1은 20 cm이므로 $\dfrac{3}{5}$ m는 $20 \times 3 = 60$(cm)입니다.

(2) 100 cm를 똑같이 5로 나눈 것 중의 1은 20 cm이므로 $\dfrac{4}{5}$ m는 $20 \times 4 = 80$(cm)입니다.

16 1시간$=60$분입니다.

(1) 60분의 $\dfrac{1}{4}$은 $60 \div 4 = 15$(분)입니다.

(2) 60분의 $\dfrac{1}{15}$은 $60 \div 15 = 4$(분)입니다.

17 36의 $\dfrac{1}{6}$은 6이므로 현지가 달에 간다면 현지의 몸무게는 6 kg이 됩니다.

18 (1) 12칸을 똑같이 3으로 나눈 것 중의 1은 4칸이므로 노란색은 4칸입니다.

$\dfrac{2}{3}$는 $\dfrac{1}{3}$의 2배이므로 초록색은 $4 \times 2 = 8$(칸)입니다.

(2) 노란색 4칸, 초록색 8칸으로 규칙을 만들어 색칠해 봅니다.

19 (1) 24시간을 똑같이 8로 나눈 것 중의 1은 3이고 $\dfrac{3}{8}$은 $\dfrac{1}{8}$의 3배입니다.

➡ $3 \times 3 = 9$(시간)

(2) 24시간을 똑같이 6으로 나눈 것 중의 1은 4이므로 4시간입니다.

20 15의 $\dfrac{1}{3}$은 5, 15의 $\dfrac{2}{3}$는 10, 15의 $\dfrac{1}{5}$은 3, 15의 $\dfrac{4}{5}$는 12이므로 수직선의 각 숫자에 맞게 글자를 써넣습니다.

21 남은 색종이는 $45 - 18 = 27$(장)입니다.

45를 9씩 묶으면 27은 전체 5묶음 중의 3묶음이므로 남은 색종이는 처음 색종이의 $\dfrac{3}{5}$입니다.

22 남은 쿠키는 $35 - 15 = 20$(개)입니다.

35를 5씩 묶으면 20은 전체 7묶음 중의 4묶음이므로 남은 쿠키는 처음 쿠키의 $\dfrac{4}{7}$입니다.

23 남은 연필은 $30 - 10 - 8 = 12$(자루)입니다.

30을 6씩 묶으면 12는 전체 5묶음 중의 2묶음이므로 남은 연필은 처음 연필의 $\dfrac{2}{5}$입니다.

24 (1) □는 3씩 7묶음이므로 $3 \times 7 = 21$입니다.

(2) □의 $\dfrac{3}{8}$이 24이므로 □의 $\dfrac{1}{8}$은 $24 \div 3 = 8$입니다.

따라서 □는 8씩 8묶음이므로 $8 \times 8 = 64$입니다.

25 어떤 수의 $\dfrac{2}{9}$가 10이므로 어떤 수의 $\dfrac{1}{9}$은 $10 \div 2 = 5$입니다. 따라서 어떤 수는 5씩 9묶음이므로 $5 \times 9 = 45$입니다.

26

단계	문제 해결 과정
①	전체 철사의 길이를 구했나요?
②	전체 철사의 $\dfrac{1}{7}$은 몇 cm인지 구했나요?

4 여러 가지 분수를 알아볼까요(1) 114~115쪽

❗ • 진분수에 ○표 • 가분수에 ○표 • 자연수에 ○표

1 (1) 예 ▱ $\frac{1}{3}$ / 예 ▱ $\frac{2}{3}$ /

예 ▱ $\frac{3}{3}$ / 예 ▱ $\frac{4}{3}$

(2) (왼쪽에서부터) $\frac{2}{3}$, $\frac{3}{3}$, $\frac{4}{3}$

(3) 진분수 / 가분수 / 자연수

2 (1) $\frac{5}{4}$ (2) $\frac{7}{5}$

3 (왼쪽에서부터) $\frac{4}{6}$, $\frac{6}{6}$, $\frac{8}{6}$, $\frac{11}{6}$

4 (1) 예 0 〰 1 〰 2(m)

(2) 예 0 〰 1 〰 2(m)

5 (위에서부터) 진, 가, 가 / 가, 진, 가

6 (1) $\frac{1}{8}$, $\frac{4}{5}$, $\frac{2}{7}$ (2) $\frac{11}{9}$, $\frac{7}{7}$, $\frac{9}{6}$

7 (1) 가 (2) 진

2 (1) $\frac{1}{4}$ 이 5개이므로 $\frac{5}{4}$ 입니다.

(2) $\frac{1}{5}$ 이 7개이므로 $\frac{7}{5}$ 입니다.

3 $\frac{1}{6}$ 이 ■개이면 $\frac{■}{6}$ 입니다.

4 $\frac{■}{7}$ 는 $\frac{1}{7}$ 을 ■개만큼 색칠합니다.

5 분자가 분모보다 작으면 진분수, 분자가 분모와 같거나 분모보다 크면 가분수입니다.

6 (1) 분자가 분모보다 작은 분수는 $\frac{1}{8}$, $\frac{4}{5}$, $\frac{2}{7}$ 입니다.

(2) 분자가 분모와 같거나 분모보다 큰 분수는 $\frac{11}{9}$, $\frac{7}{7}$, $\frac{9}{6}$ 입니다.

7 (1) $\frac{1}{6}$ 이 7개인 분수는 $\frac{7}{6}$ 이므로 가분수입니다.

(2) $\frac{1}{9}$ 이 8개인 분수는 $\frac{8}{9}$ 이므로 진분수입니다.

5 여러 가지 분수를 알아볼까요(2) 116~117쪽

1 (1) $1\frac{5}{6}$ (2) $2\frac{3}{4}$

2 (1) $\frac{5}{6}$, $\frac{10}{11}$ (2) $\frac{8}{8}$, $\frac{9}{7}$ (3) $3\frac{1}{4}$, $1\frac{4}{9}$

3 (1) 예 ▱ ▱ ▱

(2) 예 ▱ ▱ ▱

(3) 7개 (4) $\frac{7}{3}$

4 (1) ▱ ▱ ▱

(2) 2개 (3) $\frac{1}{2}$ (4) $2\frac{1}{2}$

5 $\frac{23}{6}$

6 $1\frac{3}{4}$

7 (1) $\frac{17}{5}$ (2) $\frac{11}{2}$ (3) $2\frac{3}{9}$ (4) $5\frac{1}{7}$

1 (1) 1과 $\frac{5}{6}$ 는 $1\frac{5}{6}$ 라고 씁니다.

(2) 2와 $\frac{3}{4}$ 은 $2\frac{3}{4}$ 이라고 씁니다.

2 • 진분수: 분자가 분모보다 작은 분수

• 가분수: 분자가 분모와 같거나 분모보다 큰 분수

• 대분수: 자연수와 진분수로 이루어진 분수

3 $2\frac{1}{3}$ 에서 자연수 2를 가분수 $\frac{6}{3}$ 으로 나타내면 $\frac{1}{3}$ 이 모두 7개이므로 $2\frac{1}{3} = \frac{7}{3}$ 입니다.

4 $\frac{5}{2}$ 에서 자연수로 표현할 수 있는 가분수 $\frac{4}{2}$ 를 자연수 2로 나타내면 2와 $\frac{1}{2}$ 이므로 $\frac{5}{2} = 2\frac{1}{2}$ 입니다.

5 $3\frac{5}{6}$ 에서 자연수 3을 가분수 $\frac{18}{6}$ 로 나타내면 $\frac{1}{6}$ 이 모두 23개이므로 $3\frac{5}{6} = \frac{23}{6}$ 입니다.

6 $\frac{7}{4}$ 에서 자연수로 표현할 수 있는 가분수 $\frac{4}{4}$ 를 자연수 1로 나타내면 1과 $\frac{3}{4}$ 이므로 $\frac{7}{4} = 1\frac{3}{4}$ 입니다.

7 (1) $3\frac{2}{5}$는 $3(=\frac{15}{5})$과 $\frac{2}{5}$이므로 $\frac{17}{5}$입니다.

(2) $5\frac{1}{2}$은 $5(=\frac{10}{2})$와 $\frac{1}{2}$이므로 $\frac{11}{2}$입니다.

(3) $\frac{21}{9}$은 $\frac{18}{9}(=2)$과 $\frac{3}{9}$이므로 $2\frac{3}{9}$입니다.

(4) $\frac{36}{7}$은 $\frac{35}{7}(=5)$와 $\frac{1}{7}$이므로 $5\frac{1}{7}$입니다.

6 분모가 같은 분수의 크기를 비교해 볼까요   118~119쪽

1 (1)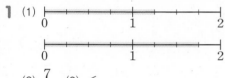

(2) $\frac{7}{4}$ (3) $<$

2 (1) $2\frac{1}{3}$

(2) $2\frac{1}{3}$ (3) $>$

3 $<$ **4** $>$

5 (1) $>$, 큽니다에 ○표   (2) $<$, 작습니다에 ○표

6 (1) $\frac{20}{9}$, 작습니다에 ○표   (2) $1\frac{6}{9}$, 작습니다에 ○표

7 (1) $>$ (2) $<$ (3) $<$ (4) $>$

8 (○)(×)

3 자연수 부분의 크기를 비교하면 $1<2$이므로

$1\frac{4}{5}<2\frac{2}{5}$입니다.

4 자연수 부분이 같으므로 분자의 크기를 비교하면 $3>2$

이므로 $1\frac{3}{4}>1\frac{2}{4}$입니다.

5 (1) 자연수 부분의 크기를 비교하면 $5>3$이므로

$5\frac{2}{7}>3\frac{5}{7}$입니다.

(2) 자연수 부분이 같으므로 분자의 크기를 비교하면

$4<5$이므로 $2\frac{4}{6}<2\frac{5}{6}$입니다.

6 (1) 대분수를 가분수로 나타내면 $2\frac{2}{9}=\frac{20}{9}$이므로

$\frac{15}{9}<\frac{20}{9}$입니다.

(2) 가분수를 대분수로 나타내면 $\frac{15}{9}=1\frac{6}{9}$이므로

$1\frac{6}{9}<2\frac{2}{9}$입니다.

7 (1) 분자의 크기를 비교하면 $5>3$이므로 $\frac{5}{8}>\frac{3}{8}$입니다.

(2) 자연수 부분의 크기를 비교하면 $5<7$이므로

$5\frac{3}{5}<7\frac{1}{5}$입니다.

(3) 가분수를 대분수로 나타내면 $\frac{11}{3}=3\frac{2}{3}$이므로

$3\frac{1}{3}<\frac{11}{3}$입니다.

(4) 대분수를 가분수로 나타내면 $2\frac{6}{7}=\frac{20}{7}$이므로

$\frac{25}{7}>2\frac{6}{7}$입니다.

8 $4\frac{1}{5}=\frac{21}{5}$이므로 $\frac{23}{5}>4\frac{1}{5}$이고

$2\frac{1}{9}=\frac{19}{9}$이므로 $2\frac{1}{9}>\frac{17}{9}$입니다.

기본기 다지기   120~123쪽

27 $\frac{5}{3}$ **28** (1) 3, 5, 8   (2) 6, 12, 18

29 $\frac{13}{4}$ **30** $\frac{7}{5}$, $\frac{11}{11}$, $\frac{8}{7}$에 ○표

31 가분수   **32** $\frac{1}{6}$, $\frac{2}{6}$, $\frac{3}{6}$, $\frac{4}{6}$, $\frac{5}{6}$

33 $\frac{12}{13}$ **34** 2, 3, 4, 5, 6

35 (1)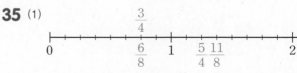

(2) $\frac{6}{8}$, $\frac{3}{4}$

36 (1) $\frac{11}{6}$에 ○표   (2) $\frac{4}{9}$에 ○표

37 ⑩ 분모가 7인 가분수 $\dfrac{■}{7}$에서 $■=7,\ 8,\ 9,\ ...$이고 그중 가장 작은 수는 7입니다. 따라서 분모가 7인 가분수 중 분자가 가장 작은 분수는 $\dfrac{7}{7}$입니다. / $\dfrac{7}{7}$

38 $\dfrac{5}{8},\ \dfrac{4}{7}$ / $\dfrac{9}{9},\ \dfrac{11}{6}$ / $1\dfrac{3}{10}$

39 1, 2, 3, 4

40 (1) $2\dfrac{1}{8}$ (2) $\dfrac{43}{15}$

41 ⑩ $3\dfrac{5}{6},\ 3\dfrac{5}{7},\ 3\dfrac{5}{8}$

42 ⑩ 대분수는 자연수와 진분수로 이루어진 분수인데 자연수와 가분수로 나타냈습니다. / $3\dfrac{1}{7}$

43 13개 **44** 27

45 > /

46 > **47** $\dfrac{19}{13},\ 1\dfrac{11}{13},\ \dfrac{27}{13}$

48 ②, ⑤ **49** 1, 2, 3, 4

50 ⑩ 대분수를 가분수로 통일하여 비교합니다.
$2\dfrac{2}{7}=\dfrac{16}{7}$, $2\dfrac{6}{7}=\dfrac{20}{7}$이므로 $\dfrac{16}{7}<\dfrac{□}{7}<\dfrac{20}{7}$입니다. 따라서 □ 안에 들어갈 수 있는 자연수는 17, 18, 19입니다. / 17, 18, 19

51 6개 **52** $2\dfrac{5}{9},\ 5\dfrac{2}{9},\ 9\dfrac{2}{5}$

53 6개

27 $\dfrac{1}{3}$이 5개이므로 $\dfrac{5}{3}$입니다.

28 1은 분모와 분자가 같은 가분수로 나타낼 수 있습니다.

29 $1=\dfrac{4}{4}$, $2=\dfrac{8}{4}$, $3=\dfrac{12}{4}$이므로 빨간색 화살표가 나타내는 분수는 $\dfrac{13}{4}$입니다.

31 $\dfrac{1}{8}$이 10개인 수는 $\dfrac{10}{8}$이므로 가분수입니다.

32 진분수이므로 (분자)<(분모)입니다.
따라서 분모가 6인 진분수는 $\dfrac{1}{6},\ \dfrac{2}{6},\ \dfrac{3}{6},\ \dfrac{4}{6},\ \dfrac{5}{6}$입니다.

33 분모가 13인 진분수이므로 분자는 1, 2, ..., 12입니다. 따라서 분모가 13인 진분수 중 분자가 가장 큰 수는 $\dfrac{12}{13}$입니다.

34 가분수의 분모는 분자와 같거나 분자보다 작아야 합니다. 따라서 분모가 될 수 있는 1보다 큰 수는 2, 3, 4, 5, 6입니다.

35 (1) $\dfrac{6}{8},\ \dfrac{11}{8}$을 나타내려면 큰 눈금 한 칸을 똑같이 8칸으로 나누어야 하고, $\dfrac{3}{4},\ \dfrac{5}{4}$를 나타내려면 큰 눈금 한 칸을 똑같이 4칸으로 나누어야 합니다.

36 (1) 분모와 분자의 합이 17인 분수는 $\dfrac{3}{14},\ \dfrac{11}{6}$이지만 가분수인 것은 $\dfrac{11}{6}$입니다.

(2) 분모와 분자의 합이 13인 분수는 $\dfrac{7}{6},\ \dfrac{4}{9}$이지만 진분수인 것은 $\dfrac{4}{9}$입니다.

서술형
37

단계	문제 해결 과정
①	분자에 들어갈 수 있는 수를 구했나요?
②	분모가 7인 가분수 중 분자가 가장 작은 분수를 구했나요?

39 대분수는 자연수와 진분수로 이루어진 분수이므로 □ 안에는 분모인 5보다 작은 수가 들어가야 합니다.
➡ □=1, 2, 3, 4

40 (1) $\dfrac{17}{8}$에서 $\dfrac{16}{8}=2$이므로 $\dfrac{17}{8}=2\dfrac{1}{8}$입니다.

(2) 자연수 $2=\dfrac{30}{15}$이므로 $2\dfrac{13}{15}=\dfrac{43}{15}$입니다.

41 조건을 만족하는 분수는 $3\dfrac{5}{□}$입니다.
□는 5보다 큰 수이므로 $3\dfrac{5}{6},\ 3\dfrac{5}{7},\ 3\dfrac{5}{8},\ ...$입니다.

서술형
42 $\dfrac{22}{7}$에서 $\dfrac{21}{7}=3$이므로 $\dfrac{22}{7}=3\dfrac{1}{7}$입니다.

단계	문제 해결 과정
①	잘못 나타낸 이유를 썼나요?
②	대분수로 바르게 나타냈나요?

43 자연수 $1=\dfrac{8}{8}$이므로 $1\dfrac{5}{8}=\dfrac{13}{8}$입니다.
따라서 $\dfrac{13}{8}$은 $\dfrac{1}{8}$이 13개인 수입니다.

44 $6\frac{2}{5}$에서 자연수 $6=\frac{30}{5}$이므로 $6\frac{2}{5}=\frac{32}{5}$입니다.

➡ ㉠$=32$

$\frac{41}{9}$에서 $\frac{36}{9}=4$이므로 $\frac{41}{9}=4\frac{5}{9}$입니다.

➡ ㉡$=5$

따라서 ㉠$-$㉡$=32-5=27$입니다.

45 수직선에서 오른쪽에 있는 수가 왼쪽에 있는 수보다 더 큽니다. 따라서 $\frac{12}{7}>1\frac{3}{7}$입니다.

46 $2\frac{7}{9}$에서 자연수 $2=\frac{18}{9}$이므로 $2\frac{7}{9}=\frac{25}{9}$입니다.

따라서 $\frac{25}{9}>\frac{23}{9}$이므로 $2\frac{7}{9}>\frac{23}{9}$입니다.

47 $1\frac{11}{13}=\frac{24}{13}$입니다.

$\frac{19}{13}<\frac{24}{13}<\frac{27}{13}$이므로 작은 분수부터 차례로 쓰면

$\frac{19}{13}$, $1\frac{11}{13}$, $\frac{27}{13}$입니다.

48 $\frac{11}{8}=1\frac{3}{8}$이고, $\frac{21}{8}=2\frac{5}{8}$이므로 $1\frac{3}{8}$보다 크고

$2\frac{5}{8}$보다 작은 대분수가 아닌 것은 ②, ⑤입니다.

49 $\frac{35}{6}$에서 $\frac{30}{6}=5$이므로 $\frac{35}{6}=5\frac{5}{6}$입니다.

$5\frac{5}{6}>5\frac{★}{6}$이므로 ★에는 5보다 작은 수인 1, 2, 3, 4

가 들어갈 수 있습니다.

서술형
50

단계	문제 해결 과정
①	대분수를 가분수로 나타냈나요?
②	□ 안에 들어갈 수 있는 자연수를 모두 구했나요?

51 분모가 5일 때: $\frac{3}{5}$ ➡ 1개

분모가 6일 때: $\frac{3}{6}$, $\frac{5}{6}$ ➡ 2개

분모가 8일 때: $\frac{3}{8}$, $\frac{5}{8}$, $\frac{6}{8}$ ➡ 3개

따라서 만들 수 있는 진분수는 모두 $1+2+3=6$(개)입니다.

52 먼저 자연수 부분에 수를 놓고, 남은 두 수로 진분수를 만듭니다. ➡ $2\frac{5}{9}$, $5\frac{2}{9}$, $9\frac{2}{5}$

53 분모가 2인 가분수: $\frac{59}{2}$, $\frac{95}{2}$

분모가 5인 가분수: $\frac{29}{5}$, $\frac{92}{5}$

분모가 9인 가분수: $\frac{25}{9}$, $\frac{52}{9}$

따라서 만들 수 있는 가분수는 모두 6개입니다.

응용력 기르기 124~127쪽

1 120개 **1-1** 8살 **1-2** 3시간

2 $\frac{35}{6}$, $5\frac{5}{6}$ **2-1** $9\frac{4}{5}$, $\frac{49}{5}$ **2-2** $1\frac{2}{83}$, $\frac{85}{83}$

3 $\frac{3}{7}$ **3-1** $\frac{11}{9}$ **3-2** $2\frac{4}{5}$

4 1단계 예 처음 떨어뜨린 높이의 $\frac{5}{8}$입니다.

2단계 예 32 m의 $\frac{5}{8}$이므로 20 m입니다.

3단계 예 (공이 움직인 거리)
$=$(처음 떨어뜨린 높이)
$+$(첫 번째로 튀어 오른 높이)
$=32+20=52$(m) / 52 m

4-1 169 m

1 56의 $\frac{5}{7}$는 40이므로 배는 40개이고, 40의 $\frac{3}{5}$은 24이므로 사과는 24개입니다.

따라서 감, 배, 사과는 모두 $56+40+24=120$(개)입니다.

1-1 42의 $\frac{6}{7}$은 36이므로 어머니의 나이는 36세이고,

36의 $\frac{2}{9}$는 8이므로 현주의 나이는 8살입니다.

1-2 하루는 24시간이고, 24의 $\frac{5}{8}$는 15이므로 아기가 자는

시간은 15시간입니다. 또 15의 $\frac{4}{5}$는 12이므로 유아가

자는 시간은 12시간이고, 12의 $\frac{3}{4}$은 9이므로 어린이가

자는 시간은 9시간입니다.

따라서 보통 유아가 어린이보다 하루에 $12-9=3$(시간)

더 자는 것으로 조사되었습니다.

2 가장 큰 수 6을 분모로, 가장 작은 두 자리 수 35를 분자로 하여 가분수를 만들면 $\frac{35}{6}$입니다.

$\frac{35}{6}$에서 $\frac{30}{6}=5$이므로 $\frac{35}{6}=5\frac{5}{6}$입니다.

2-1 자연수 부분을 가능한 크게 하여 가장 큰 대분수를 만들면 $9\frac{4}{5}$입니다.

$9\frac{4}{5}$에서 자연수 $9=\frac{45}{5}$이므로 $9\frac{4}{5}=\frac{49}{5}$입니다.

2-2 가장 작은 수 1을 자연수로 하고, 남은 세 수로 가장 작은 진분수를 만듭니다.

가장 작은 분수는 분모는 가능한 크게, 분자는 가능한 작게 해야 하므로 가장 작은 대분수는 $1\frac{2}{83}$입니다.

$1\frac{2}{83}$에서 자연수 $1=\frac{83}{83}$이므로 $1\frac{2}{83}=\frac{85}{83}$입니다.

3 진분수이므로 (분자)<(분모)이고, 합이 10인 분자와 분모는 다음과 같이 나올 수 있습니다.

분자	1	2	3	4
분모	9	8	7	6
차	8	6	4	2

이 중에서 차가 4인 경우는 분자가 3, 분모가 7인 경우이므로 조건을 만족하는 분수는 $\frac{3}{7}$입니다.

3-1 가분수이므로 (분자)=(분모)이거나 (분자)>(분모)이고, 합이 20인 분자와 분모는 다음과 같이 나올 수 있습니다.

분자	19	18	17	16	15	14	13	12	11	10
분모	1	2	3	4	5	6	7	8	9	10
차	18	16	14	12	10	8	6	4	2	0

이 중에서 차가 2인 경우는 분자가 11, 분모가 9인 경우이므로 조건을 만족하는 분수는 $\frac{11}{9}$입니다.

3-2 분모가 5인 대분수이므로 $\blacksquare\frac{\blacktriangle}{5}$ 꼴이 됩니다.

$\frac{13}{5}=2\frac{3}{5}$이므로 $2\frac{3}{5}<\blacksquare\frac{\blacktriangle}{5}<3\frac{2}{5}$에서 $\blacksquare\frac{\blacktriangle}{5}$는 $2\frac{4}{5}$ 또는 $3\frac{1}{5}$이 될 수 있습니다.

이 중에서 각 자리의 세 숫자를 더했을 때 11이 되는 수는 $2\frac{4}{5}$입니다.

4-1 첫 번째로 튀어 오른 공의 높이는 81 m의 $\frac{4}{9}$이므로 36 m이고, 두 번째로 튀어 오른 공의 높이는 36 m의 $\frac{4}{9}$이므로 16 m입니다.

➡ (공이 움직인 거리)
　=(첫 번째로 내려 온 높이)+(첫 번째로 튀어 오른 높이)
　　+(두 번째로 내려 온 높이)
　　+(두 번째로 튀어 오른 높이)
　=81+36+36+16=169(m)

4단원 단원 평가 Level ❶　　128~130쪽

1 $\frac{1}{4}$

2 예
(1) $\frac{2}{5}$　(2) $\frac{4}{5}$

3 6

4 (1) 4　(2) 8

5 $\frac{4}{7}$

6 $\frac{3}{4}$, $\frac{2}{7}$, $\frac{13}{15}$ / $\frac{9}{9}$, $\frac{5}{3}$, $\frac{10}{8}$

7 $2\frac{3}{4}$

8 ㉡

9 (1) $\frac{17}{7}$　(2) $5\frac{4}{5}$

10 (1) >　(2) <

11 $\frac{3}{8}$, $1\frac{7}{8}$, $\frac{19}{8}$, $2\frac{5}{8}$

12 8시간

13 운동

14 예 $1\frac{2}{3}$, $4\frac{7}{9}$

15 6개

16 ㉠

17 24

18 21, 22, 23

19 승현

20 $1\frac{3}{4}$ km

1 12를 3씩 묶으면 4묶음이고 3은 전체 4묶음 중의 1묶음이므로 12의 $\frac{1}{4}$입니다.

2 (1) 15를 3씩 묶으면 5묶음이고 6은 전체 5묶음 중의 2묶음이므로 15의 $\frac{2}{5}$입니다.

(2) 15를 3씩 묶으면 5묶음이고 12는 전체 5묶음 중의 4묶음이므로 15의 $\frac{4}{5}$입니다.

3 18의 $\frac{1}{3}$은 18을 똑같이 3묶음으로 나눈 것 중의 1묶음이므로 6입니다.

4 (1) 10 cm의 $\frac{2}{5}$는 10 cm를 똑같이 5부분으로 나눈 것 중의 2부분이므로 4 cm입니다.

(2) 10 cm의 $\frac{4}{5}$는 10 cm를 똑같이 5부분으로 나눈 것 중의 4부분이므로 8 cm입니다.

5 28을 4씩 묶으면 7묶음이고 16은 전체 7묶음 중의 4묶음이므로 28의 $\frac{4}{7}$입니다.

6 진분수는 분자가 분모보다 작고, 가분수는 분자가 분모와 같거나 분모보다 큽니다.

7 2와 $\frac{3}{4}$은 $2\frac{3}{4}$이라고 씁니다.

8 ㉠ 16의 $\frac{5}{8}$는 16을 똑같이 8묶음으로 나눈 것 중의 5묶음이므로 10입니다.
㉡ 24의 $\frac{3}{6}$은 24를 똑같이 6묶음으로 나눈 것 중의 3묶음이므로 12입니다.

9 (1) $2\frac{3}{7}$은 $2\left(=\frac{14}{7}\right)$와 $\frac{3}{7}$이므로 $\frac{17}{7}$입니다.

(2) $\frac{29}{5}$는 $\frac{25}{5}(=5)$와 $\frac{4}{5}$이므로 $5\frac{4}{5}$입니다.

10 (1) $2\frac{1}{6}=\frac{13}{6}$이므로 $2\frac{1}{6}>\frac{11}{6}$입니다.

(2) $3\frac{5}{9}=\frac{32}{9}$이므로 $\frac{28}{9}<3\frac{5}{9}$입니다.

11 $\frac{19}{8}$는 $\frac{16}{8}(=2)$과 $\frac{3}{8}$이므로 $2\frac{3}{8}$입니다.
➡ $\frac{3}{8}<1\frac{7}{8}<\frac{19}{8}<2\frac{5}{8}$

12 하루는 24시간입니다. 24의 $\frac{1}{3}$은 24를 똑같이 3묶음으로 나눈 것 중의 한 묶음이므로 8입니다.
따라서 아버지께서 근무하는 시간은 하루에 8시간입니다.

13 $2\frac{1}{4}=\frac{9}{4}$이므로 $2\frac{1}{4}<\frac{11}{4}$입니다.
따라서 더 오랫동안 한 것은 운동입니다.

14 대분수는 자연수와 진분수로 이루어진 분수입니다.

15 대분수는 자연수와 진분수로 이루어진 분수입니다.
□ 안에 들어갈 수 있는 수는 분모인 7보다 작은 수인 1, 2, 3, 4, 5, 6으로 모두 6개입니다.

16 ㉠ $\frac{1}{9}$, $\frac{2}{9}$, ..., $\frac{8}{9}$ ➡ 8개
㉡ $\frac{9}{9}$, $\frac{10}{9}$, $\frac{11}{9}$, $\frac{12}{9}$, $\frac{13}{9}$ ➡ 5개

17 ★을 똑같이 8묶음으로 나눈 것 중의 3묶음이 9이므로 똑같이 8묶음으로 나눈 것 중의 1묶음은 $9\div3=3$입니다. 따라서 ★$=3\times8=24$입니다.

18 $1\frac{9}{11}=\frac{20}{11}$, $2\frac{2}{11}=\frac{24}{11}$이므로 $\frac{20}{11}<\frac{□}{11}<\frac{24}{11}$입니다. 따라서 □ 안에 들어갈 수 있는 수는 21, 22, 23입니다.

19 예 24의 $\frac{3}{8}$은 9이므로 승현이가 먹은 과자는 9개이고, 24의 $\frac{1}{4}$은 6이므로 수지가 먹은 과자는 6개입니다.
따라서 과자를 더 많이 먹은 사람은 승현입니다.

평가 기준	배점(5점)
승현이와 수지가 먹은 과자 수를 각각 구했나요?	4점
과자를 더 많이 먹은 사람을 구했나요?	1점

20 예 일주일은 7일이므로 동균이가 일주일 동안 달린 거리는 $\frac{7}{4}$ km입니다.
$\frac{7}{4}$을 대분수로 나타내면 $\frac{4}{4}(=1)$와 $\frac{3}{4}$이므로 $1\frac{3}{4}$입니다.

평가 기준	배점(5점)
일주일 동안 달린 거리를 가분수로 구했나요?	2점
일주일 동안 달린 거리를 대분수로 나타냈나요?	3점

4단원 단원 평가 Level ❷

131~133쪽

1 6 **2** 4 / 16

3 (1) 4 (2) 2 **4** 서하

5 $\dfrac{42}{7}$ **6** ㉡

7 예

8 7개 **9** (1) 4 (2) 21

10 16 m **11** 61

12 15 **13** 윤아

14 5 **15** $\dfrac{27}{8}$, $3\dfrac{3}{8}$

16 $\dfrac{14}{11}$ **17** $\dfrac{30}{9}$ kg, $\dfrac{31}{9}$ kg

18 $5\dfrac{4}{6}$, $5\dfrac{4}{7}$, $5\dfrac{6}{7}$ **19** 4개

20 가, 다, 나

---

1 16을 똑같이 8묶음으로 나눈 것 중의 3묶음이므로 6입니다.

2 20의 $\dfrac{1}{5}$은 4입니다. $\dfrac{4}{5}$는 $\dfrac{1}{5}$의 4배이므로 20의 $\dfrac{4}{5}$는 4의 4배인 16입니다.

3 (1) 15를 똑같이 15로 나누면 4는 15의 $\dfrac{4}{15}$입니다.

(2) 14를 똑같이 2로 나누면 7은 14의 $\dfrac{1}{2}$입니다.

4 은채: 12의 $\dfrac{1}{4}$은 3이므로 $\dfrac{3}{4}$은 9입니다.

범준: 27의 $\dfrac{1}{9}$은 3이므로 $\dfrac{7}{9}$은 21입니다.

따라서 바르게 말한 사람은 서하입니다.

5 자연수 1을 분모가 7인 분수로 나타내면 $\dfrac{7}{7}$이므로 자연수 6을 분모가 7인 분수로 나타내려면 분자는 7의 6배가 되어야 합니다. 따라서 $6=\dfrac{42}{7}$입니다.

6 36을 4씩 묶으면 9묶음이 되고 20은 9묶음 중의 5묶음이므로 20은 36의 $\dfrac{5}{9}$입니다.

따라서 $\dfrac{5}{9}$를 수직선에 나타내면 ㉡입니다.

7 $\dfrac{11}{6}$은 $\dfrac{1}{6}$이 11개이므로 11칸을 색칠합니다.

8 분모가 8인 진분수는 $\dfrac{1}{8}$, $\dfrac{2}{8}$, $\dfrac{3}{8}$, $\dfrac{4}{8}$, $\dfrac{5}{8}$, $\dfrac{6}{8}$, $\dfrac{7}{8}$로 모두 7개입니다.

9 (1) 24시간의 $\dfrac{1}{6}$은 $24 \div 6 = 4$(시간)입니다.

(2) 24시간의 $\dfrac{1}{8}$은 $24 \div 8 = 3$(시간)이므로 $\dfrac{7}{8}$은 $3 \times 7 = 21$(시간)입니다.

10 어떤 끈의 $\dfrac{1}{4}$이 6 m이므로 전체 끈의 길이는 $6 \times 4 = 24$(m)입니다.

따라서 24 m의 $\dfrac{1}{3}$은 8 m이므로 $\dfrac{2}{3}$는 16 m입니다.

11 10이 ㉠의 $\dfrac{2}{9}$이므로 ㉠의 $\dfrac{1}{9}$은 $10 \div 2 = 5$입니다.

따라서 ㉠은 $5 \times 9 = 45$입니다.

28의 $\dfrac{1}{7}$은 4이므로 $\dfrac{4}{7}$는 $4 \times 4 = 16$에서 ㉡ $= 16$입니다.

➡ ㉠ $+$ ㉡ $= 45 + 16 = 61$

12 $\dfrac{10}{3} = 3\dfrac{1}{3}$이고 $\dfrac{20}{3} = 6\dfrac{2}{3}$이므로 $\dfrac{10}{3}$보다 크고 $\dfrac{20}{3}$보다 작은 자연수는 4, 5, 6입니다.

➡ $4 + 5 + 6 = 15$

13 $\dfrac{9}{8}$에서 $\dfrac{8}{8} = 1$이므로 $\dfrac{9}{8} = 1\dfrac{1}{8}$입니다.

$1\dfrac{1}{8} < 1\dfrac{3}{8}$이므로 윤아가 찰흙을 더 많이 사용했습니다.

14 거꾸로 가분수를 대분수로 나타내면 $\dfrac{31}{13}$에서 $\dfrac{26}{13} = 2$이므로 $\dfrac{31}{13} = 2\dfrac{5}{13}$입니다.

따라서 □ 안에 알맞은 수는 5입니다.

15 가장 큰 숫자 8을 분모로, 가장 작은 두 자리 수 27을 분자로 하여 가분수를 만들면 $\frac{27}{8}$ 입니다.

$\frac{27}{8}$ 에서 $\frac{24}{8}=3$ 이므로 $\frac{27}{8}=3\frac{3}{8}$ 입니다.

16 분모와 분자의 합이 25이고 분모가 11인 가분수이므로 분자는 $25-11=14$ 입니다.

따라서 조건을 만족하는 분수는 $\frac{14}{11}$ 입니다.

17 $\frac{29}{9}<\frac{\square}{9}<3\frac{5}{9}$ 입니다.

$3\frac{5}{9}=\frac{32}{9}$ 이므로 $29<\square<32$ 입니다.

따라서 $\square$ 안에 들어갈 수 있는 수는 30, 31이므로 파란색 책가방의 무게는 $\frac{30}{9}$ kg 또는 $\frac{31}{9}$ kg입니다.

18 5보다 크고 6보다 작은 대분수이므로 자연수 부분이 5인 대분수를 만들어야 합니다.

나머지 수 4, 6, 7을 이용하여 만들 수 있는 진분수는

$\frac{4}{6}$, $\frac{4}{7}$, $\frac{6}{7}$ 이므로 $5\frac{4}{6}$, $5\frac{4}{7}$, $5\frac{6}{7}$ 입니다.

서술형
19 예 은성이에게 준 구슬은 45개의 $\frac{1}{5}$ 이므로 9개입니다.

민우에게 준 구슬은 은성이에게 주고 남은

$45-9=36$ (개)의 $\frac{1}{9}$ 이므로 4개입니다.

평가 기준	배점(5점)
은성이에게 준 구슬이 몇 개인지 구했나요?	2점
민우에게 준 구슬이 몇 개인지 구했나요?	3점

서술형
20 예 다 막대의 길이를 대분수로 나타내면

$\frac{12}{7}=1\frac{5}{7}$ (m)입니다.

세 분수의 크기를 비교하면 $1\frac{6}{7}>1\frac{5}{7}>1\frac{4}{7}$ 이므로 길이가 긴 것부터 순서대로 기호를 쓰면 가, 다, 나입니다.

평가 기준	배점(5점)
대분수 또는 가분수로 통일하여 세 분수의 크기를 비교했나요?	3점
길이가 긴 것부터 순서대로 기호를 썼나요?	2점

5 들이와 무게

들이와 무게는 측정 영역에서 학생들이 다루게 되는 핵심적인 속성입니다. 들이와 무게는 실생활과 직접적으로 연결되어 있기 때문에 들이와 무게의 측정 능력을 기르는 것은 실제 생활의 문제를 해결하는 데 필수적입니다. 따라서 들이와 무게를 지도할 때에는 다음과 같은 사항에 중점을 둡니다. 첫째, 측정의 필요성이 강조되어야 합니다. 둘째, 실제 측정 경험이 제공되어야 합니다. 셋째, 어림과 양감 형성에 초점을 두어야 합니다. 넷째, 실생활 및 타 교과와의 연계가 이루어져야 합니다. 이 단원은 초등학교에서 들이와 무게를 다루는 마지막 단원이므로 이러한 점을 강조하여 들이와 무게를 정확히 이해할 수 있도록 지도합니다.

교과서
개념 이해 **1 들이를 비교해 볼까요**　　136~137쪽

❗ 많습니다에 ○표

1 (1) 오른쪽에 ○표　(2) 물병에 ○표

2 (1) 6　(2) 주전자에 ○표, 냄비에 ○표, 2

3 2, 3, 1　　　　　　**4** 우유병

5 유리컵　　　　　　**6** 나 컵

7 가, 나, 1　　　　　**8** (1) 가 그릇　(2) 2배

3 그릇의 크기와 모양을 비교하여 들이가 많은 순서를 알아봅니다.

4 우유병에 가득 채운 물을 물병에 옮겨 담았을 때 물병이 넘쳤으므로 우유병의 들이가 더 많습니다.

5 머그잔에 가득 채운 물을 유리컵에 옮겨 담았을 때 유리컵이 가득 차지 않으므로 유리컵의 들이가 더 많습니다.

6 오른쪽 그릇의 물의 높이가 더 높으므로 나 컵의 들이가 더 많습니다.

7 가 물병의 물은 그릇 4개, 나 물병의 물은 그릇 3개이므로 가 물병이 나 물병보다 그릇 1개만큼 물이 더 많이 들어갑니다.

8 가 그릇의 물은 컵 8개, 나 그릇의 물은 컵 4개이므로 가 그릇의 들이는 나 그릇의 들이의 $8\div4=2$ (배)입니다.

2 들이의 단위는 무엇일까요 138~139쪽

❗ 1, 400, 1 리터 400 밀리리터

1 (1)
6 L / 6 리터

(2)
2 L 500 mL /
2 리터 500 밀리리터

2 (1) 3, 3000, 3700 (2) 1000, 1, 1, 400

3 (1) 3 (2) 600

4 (1) 3 (2) 5000 (3) 2, 600 (4) 4300

5 (예) 1 L **6** 2500 mL

7 (1) mL에 ○표 (2) L에 ○표 (3) L에 ○표
(4) mL에 ○표

8 (왼쪽에서부터) 300 mL, 600 mL

4 (3) 2600 mL=2000 mL+600 mL
=2 L+600 mL
=2 L 600 mL
(4) 4 L 300 mL=4 L+300 mL
=4000 mL+300 mL
=4300 mL

5 물병의 들이는 500 mL인 우유갑의 2배 정도이므로 약 1000 mL=1 L라고 할 수 있습니다.

6 2 L보다 500 mL 더 많은 들이는 2 L 500 mL입니다.
2 L 500 mL=2000 mL+500 mL=2500 mL

7 들이가 많은 물건에는 L를 사용하고 들이가 적은 물건에는 mL를 사용합니다.

8 1 L=1000 mL임을 이용하여 각각의 들이에 얼마만큼의 들이가 더 있어야 1 L가 되는지 알아봅니다.

3 들이의 덧셈과 뺄셈을 해 볼까요 140~141쪽

1 4, 600 / 4, 600 **2** 1, 400 / 1, 400

3 (1) 7600, 7, 600 (2) 5, 900

4 (1) 3500, 3, 500 (2) 6, 200

5 7 L 700 mL **6** 1 L 300 mL

1 L 단위의 수끼리, mL 단위의 수끼리 더합니다.

2 L 단위의 수끼리, mL 단위의 수끼리 뺍니다.

3 (1) 7600 mL=7000 mL+600 mL
=7 L 600 mL

4 (1) 3500 mL=3000 mL+500 mL
=3 L 500 mL

5 (물통에 들어 있는 물의 양)
=(처음에 들어 있던 물의 양)+(더 부은 물의 양)
=5 L 200 mL+2 L 500 mL
=7 L 700 mL

6 (남은 우유의 양)
=(처음에 있던 우유의 양)-(마신 우유의 양)
=2 L 500 mL-1 L 200 mL
=1 L 300 mL

기본기 다지기 142~145쪽

1 우유갑 **2** ㉮, ㉯, ㉰

3 ㉰ **4** ㉮

5 3배

6 방법1 (예) 물통에 물을 가득 채운 뒤 세제통으로 옮겨 담아 봅니다.
방법2 (예) 물통과 세제통에 물을 가득 담은 뒤 종이컵에 옮겨 담아 봅니다.

7 (1) 4000 (2) 9500 (3) 7030 (4) 3, 600

8 (1) > (2) = (3) <

9 ㉢

10 수요일 / (예) 1 L 70 mL를 1070 mL로 단위를 바꾼 후 비교하면 수요일에 마신 물의 양이 가장 많습니다.

11 1 L

12 (1) 물컵 (2) 주사기 (3) 세숫대야

13 연우

14 (1) 13 L 400 mL (2) 4 L 800 mL

15 8100 mL **16** 2200 mL

17 예 (남은 식용유의 양)
＝(처음 식용유의 양)－(사용한 식용유의 양)
＝2 L 700 mL－800 mL
＝2700 mL－800 mL＝1900 mL
＝1 L 900 mL / 1 L 900 mL

18 2 L 900 mL　　**19** (위에서부터) 700, 4

20 300

21 예 초코 우유 3병을 삽니다.

22 700 mL　　**23** 4 L 800 mL

1 우유갑을 가득 채웠던 물이 물병을 가득 채우고도 흘러넘쳤으므로 우유갑의 들이가 더 많습니다.

2 물의 높이가 높을수록 들이가 더 많습니다.

3 물을 부은 횟수가 적을수록 컵의 들이는 많습니다.
따라서 물을 부은 횟수가 가장 적은 ㉲ 컵의 들이가 가장 많습니다.

4 물을 부은 횟수가 많을수록 컵의 들이는 적습니다.
따라서 컵의 들이를 비교하면 ㉴＜㉠＜㉲＜㉰입니다.

5 ㉴ 컵으로는 15번, ㉲ 컵으로는 5번을 부어야 하므로 ㉲ 컵의 들이는 ㉴ 컵의 들이의 $15 \div 5 = 3$(배)입니다.

서술형
6

단계	문제 해결 과정
①	한 가지 방법을 바르게 썼나요?
②	다른 한 가지 방법을 바르게 썼나요?

7 1 L＝1000 mL임을 이용합니다.
(2) 9 L 500 mL＝9 L＋500 mL
　　　　　　＝9000 mL＋500 mL
　　　　　　＝9500 mL
(3) 7 L 30 mL＝7 L＋30 mL
　　　　　　＝7000 mL＋30 mL＝7030 mL
(4) 3600 mL＝3000 mL＋600 mL
　　　　　＝3 L＋600 mL＝3 L 600 mL

8 단위를 같게 하여 비교합니다.
(1) 5 L＝5000 mL
　➡ 5000 mL＞4200 mL
(2) 2 L 80 mL＝2080 mL
　➡ 2080 mL＝2080 mL
(3) 4 L 70 mL＝4070 mL
　➡ 4070 mL＜4700 mL

9 ㉠ 주전자의 들이는 3 L입니다.
㉡ 종이컵의 들이는 180 mL입니다.
㉣ 욕조의 들이는 450 L입니다.

서술형
10

단계	문제 해결 과정
①	물을 가장 많이 마신 날을 구했나요?
②	이유를 바르게 설명했나요?

11 약 500 mL씩 2통이므로 약 1 L입니다.

13 세 사람이 어림한 들이는 성빈이는 1200 mL, 예은이는 1500 mL, 연우는 1100 mL입니다.
1 L＝1000 mL이므로 실제 들이와 어림한 들이의 차가 가장 적은 사람은 연우입니다.

14 (1)
$$\begin{array}{r} \overset{1}{} \\ 9\ L\ \ 600\ mL \\ +\ 3\ L\ \ 800\ mL \\ \hline 13\ L\ \ 400\ mL \end{array}$$
(2)
$$\begin{array}{r} \overset{11}{1}\overset{1000}{\cancel{2}}\ L\ \ 500\ mL \\ -\ \ 7\ L\ \ 700\ mL \\ \hline 4\ L\ \ 800\ mL \end{array}$$

15 가장 많은 들이: 6 L 400 mL＝6400 mL
가장 적은 들이: 1700 mL
➡ 6400 mL＋1700 mL＝8100 mL

16 ㉠에는 800 mL, ㉡에는 1 L 400 mL가 들어 있습니다.
800 mL＋1 L 400 mL＝800 mL＋1400 mL
　　　　　　　　　　＝2200 mL

서술형
17

단계	문제 해결 과정
①	뺄셈식을 세웠나요?
②	L와 mL 단위의 관계를 알고, 남아 있는 식용유의 양을 구했나요?

18 (4명이 마신 주스의 양)
＝300×4＝1200(mL) ➡ 1 L 200 mL
따라서 처음에 있던 주스는
1 L 700 mL＋1 L 200 mL＝2 L 900 mL
입니다.

19
$$\begin{array}{r} 8\ L\ \ 500\ mL \\ -\ 3\ L\ \ ㉠\ mL \\ \hline ㉡\ L\ \ 800\ mL \end{array}$$
mL 단위 계산에서 500－㉠＝800이므로
1000 mL를 받아내림하면 1500－㉠＝800입니다.
따라서 ㉠＝1500－800＝700입니다.
L 단위 계산에서 8－1－3＝4이므로 ㉡＝4입니다.

20 $1\,L\,200\,mL-900\,mL=300\,mL$

21 3000원으로 초코 우유는 $600\times3=1800(mL)$,
즉 $1\,L\,800\,mL$를 살 수 있고 딸기 우유는
$1\,L\,500\,mL$를 살 수 있습니다.
$1\,L\,800\,mL>1\,L\,500\,mL$이므로 초코 우유 3병을
사면 더 많은 양의 우유를 살 수 있습니다.

22 (두 수조에 들어 있는 물의 양의 차)
$=1\,L\,800\,mL-400\,mL$
$=1\,L\,400\,mL$
따라서 옮겨야 하는 물의 양은 $1\,L\,400\,mL$,
즉 $1400\,mL$의 절반인 $700\,mL$입니다.

23 (두 수조에 들어 있는 물의 양의 차)
$=7\,L\,100\,mL-2\,L\,500\,mL=4\,L\,600\,mL$
따라서 옮겨야 하는 물의 양은 $4\,L\,600\,mL$의 절반인
$2\,L\,300\,mL$입니다.
(가 수조에 있는 물의 양)
$=7\,L\,100\,mL-2\,L\,300\,mL$
$=4\,L\,800\,mL$
(나 수조에 있는 물의 양)
$=2\,L\,500\,mL+2\,L\,300\,mL$
$=4\,L\,800\,mL$

교과서 개념 이해 4 무게를 비교해 볼까요 146~147쪽

❗ 수박에 ○표

1 (1) 당근에 ○표 (2) 당근에 ○표
2 빗에 ○표, 머리핀에 ○표, 3
3 2, 1, 3
4 (1) ⒜ 지우개 (2) 지우개
5 사과, 바나나
6 (1) 가지 (2) 고구마 (3) 고구마 (4) 오이
7 감, 동전 4개

3 물건의 무게를 비교하면 냉장고, 수박, 연필의 순서대로
무겁습니다.

4 (2) 저울이 지우개 쪽으로 내려갔으므로 지우개가 더 무
겁습니다.

5 사과가 배보다 가볍고 바나나가 배보다 가벼우므로 사과
와 바나나의 무게를 비교하면 가장 가벼운 것을 찾을 수
있습니다.

6 가지는 오이보다 무겁고 고구마는 가지보다 무거우므로 무
거운 것부터 차례로 쓰면 고구마, 가지, 오이입니다.

7 귤은 동전 10개의 무게와 같고 감은 동전 14개의 무게
와 같습니다.
따라서 감이 동전 4개만큼 더 무겁습니다.

교과서 개념 이해 5 무게의 단위는 무엇일까요 148~149쪽

❗ 1, 500, 1 킬로그램 500 그램

1 (1) $3\,kg$ / 3 킬로그램
(2) $5\,kg\,400\,g$ / 5 킬로그램 400 그램
2 (1) 2, 2000, 2500 (2) 4000, 4, 4, 300
3 (1) 2 (2) 1300
4 (1) 3, 900 (2) 1
5 (1) 2 (2) 4000 (3) 4, 300 (4) 8700
6 (1) kg에 ○표 (2) g에 ○표 (3) t에 ○표
7 ㉡   **8** ㉢
9 (왼쪽에서부터) 200 g, 500 g, 700 g

1 kg ➡ 킬로그램, g ➡ 그램

2 $1\,kg=1000\,g$임을 이용하여 무게의 단위를 바꿉니다.

4 (1) $3\,kg$보다 $900\,g$ 더 무거운 무게를 $3\,kg\,900\,g$이
라 쓰고 3 킬로그램 900 그램이라고 읽습니다.
(2) $800\,kg$보다 $200\,kg$ 더 무거운 무게는
$1000\,kg$이고 $1000\,kg=1\,t$입니다.

5 (3) $4300\,g=4000\,g+300\,g$
$=4\,kg+300\,g$
$=4\,kg\,300\,g$
(4) $8\,kg\,700\,g=8\,kg+700\,g$
$=8000\,g+700\,g$
$=8700\,g$

6 $1 \text{t}=1000 \text{kg}$, $1 \text{kg}=1000 \text{g}$임을 생각하며 물건의 무게에 알맞은 단위를 알아봅니다.

7 $1 \text{kg}=1000 \text{g}$임을 생각하며 무게가 1kg보다 가벼운 것을 찾아봅니다.

8 $1 \text{t}=1000 \text{kg}$임을 생각하며 무게가 1t보다 무거운 것을 찾아봅니다.

9 $1 \text{kg}=1000 \text{g}$임을 이용하여 각각의 무게에 얼마만큼의 무게가 더 있어야 1kg이 되는지 알아봅니다.

교과서 개념 이해 **6 무게의 덧셈과 뺄셈을 해 볼까요** 150~151쪽

1 4, 700 / 4, 700   **2** 1, 200 / 1, 200

3 (1) 7800, 7, 800 (2) 8, 600

4 (1) 4200, 4, 200 (2) 4, 300

5 5 kg 700 g   **6** 1 kg 200 g

---

3 (1) $7800 \text{g}=7000 \text{g}+800 \text{g}$
$=7 \text{kg} \, 800 \text{g}$

4 (1) $4200 \text{g}=4000 \text{g}+200 \text{g}$
$=4 \text{kg} \, 200 \text{g}$

5 (고양이의 무게)+(강아지의 무게)
$=2 \text{kg} \, 500 \text{g}+3 \text{kg} \, 200 \text{g}$
$=5 \text{kg} \, 700 \text{g}$

6 (예진이 책가방의 무게)−(시우 책가방의 무게)
$=3 \text{kg} \, 500 \text{g}-2 \text{kg} \, 300 \text{g}$
$=1 \text{kg} \, 200 \text{g}$

개념 적용 **기본기 다지기** 152~155쪽

24 참외, 감   **25** 희진   **26** 2배

27 연필, 풀   **28** 5450 g   **29** ©, @, ©, ⊙

30 호박   **31** ②, ⑤

32 © / © 배추 한 포기의 무게는 2kg입니다.

33 (1) kg에 ○표 (2) g에 ○표 (3) t에 ○표

---

34 ©   **35** 50배

36 (1) 20 kg 400 g (2) 6 kg 400 g

37 (1) < (2) >   **38** 3, 800

39
$$
\begin{array}{r}
\overset{1}{5} \text{kg} \;\; 600 \text{g} \\
+ \; 2 \text{kg} \;\; 900 \text{g} \\
\hline
8 \text{kg} \;\; 500 \text{g}
\end{array}
$$

40 6 kg 900 g   **41** 3 kg 800 g

42 예 (고구마의 무게)+(감자의 무게)
$=2 \text{kg} \, 900 \text{g}+2600 \text{g}$
$=2 \text{kg} \, 900 \text{g}+2 \text{kg} \, 600 \text{g}$
$=5 \text{kg} \, 500 \text{g}$ / 5 kg 500 g

43 2 kg 800 g   **44** 3 kg 700 g

45 6 kg   **46** 2 kg 300 g

47 180 g   **48** 910 g   **49** 200 g

---

24 참외와 복숭아 중에는 참외가 가볍고, 복숭아와 감 중에는 감이 가벼우므로 참외와 감의 무게를 저울을 사용하여 비교하면 됩니다.

25 500원짜리 동전 25개가 100원짜리 동전 25개보다 더 무거우므로 고구마 1개가 감자 1개보다 더 무겁습니다.

26 딸기는 바둑돌 20개, 방울토마토는 바둑돌 10개의 무게와 같으므로 딸기의 무게는 방울토마토의 무게의
$20 \div 10=2$(배)입니다.

27 연필 5자루, 지우개 2개, 풀 1개의 무게가 같습니다.
따라서 개수가 많은 연필이 가장 가볍고, 개수가 적은 풀이 가장 무겁습니다.

28 5kg보다 450g 더 무거운 것은 $5 \text{kg} \, 450 \text{g}$이므로
$5 \text{kg} \, 450 \text{g}=5000 \text{g}+450 \text{g}=5450 \text{g}$입니다.

29 © $4 \text{kg} \, 90 \text{g}=4090 \text{g}$
© $4 \text{kg} \, 700 \text{g}=4700 \text{g}$
➡ ©>@>©>⊙

30 호박의 무게는 1600g, 사전의 무게는 900g이므로 호박이 더 무겁습니다.

31 ② $2 \text{kg} \, 9 \text{g}=2000 \text{g}+9 \text{g}=2009 \text{g}$
⑤ $6 \text{kg} \, 50 \text{g}=6000 \text{g}+50 \text{g}=6050 \text{g}$

서술형
32

단계	문제 해결 과정
①	단위를 잘못 사용한 문장의 기호를 썼나요?
②	문장을 바르게 고쳤나요?

35 $2\,t=2000\,kg$
$40\times50=2000$이므로 하마의 무게는
수진이의 몸무게의 약 50배입니다.

36 (1)
$$\begin{array}{r} {}^{1} \\ 7\,kg\ \ 800\,g \\ +\ 12\,kg\ \ 600\,g \\ \hline 20\,kg\ \ 400\,g \end{array}$$
(2)
$$\begin{array}{r} {}^{14}{}^{1000} \\ 15\,kg\ \ 100\,g \\ -\ \ 8\,kg\ \ 700\,g \\ \hline 6\,kg\ \ 400\,g \end{array}$$

37 (1) $3\,kg\ 200\,g+4\,kg\ 500\,g=7\,kg\ 700\,g$
➡ $7\,kg\ 700\,g<8\,kg$
(2) $9\,kg\ 400\,g-3\,kg\ 600\,g$
$=8\,kg\ 1400\,g-3\,kg\ 600\,g=5\,kg\ 800\,g$
➡ $5\,kg\ 800\,g>5\,kg$

38 $6\,kg\ 300\,g-2\,kg\ 500\,g=3\,kg\ 800\,g$

39 g 단위 계산에서 $600+900=1500(g)$이므로
$1000\,g$을 $1\,kg$으로 받아올림해야 하는데 받아올림을
하지 않았습니다.

40 가장 무거운 무게: $4200\,g=4\,kg\ 200\,g$
가장 가벼운 무게: $2\,kg\ 700\,g$
➡ $4\,kg\ 200\,g+2\,kg\ 700\,g=6\,kg\ 900\,g$

41
$$\begin{array}{r} {}^{35}{}^{1000} \\ 36\,kg\ \ 300\,g \\ -\ 32\,kg\ \ 500\,g \\ \hline 3\,kg\ \ 800\,g \end{array}$$

서술형
42

단계	문제 해결 과정
①	덧셈식을 세웠나요?
②	kg과 g 단위 사이의 관계를 알고, 고구마와 감자의 무게의 합을 구했나요?

43 현서가 딴 토마토의 무게는 각각 $1600\,g$과 $1200\,g$입니다.
➡ $1600\,g+1200\,g=2800\,g=2\,kg\ 800\,g$

44 $8\,kg-4\,kg\ 300\,g=7\,kg\ 1000\,g-4\,kg\ 300\,g$
$=3\,kg\ 700\,g$
따라서 $3\,kg\ 700\,g$을 더 담을 수 있습니다.

45 은우가 딴 사과의 무게를 $\square\,kg$이라 하면 성빈이 딴 사과의 무게는 $(\square+4)\,kg$입니다.
➡ $\square+\square+4=16$, $\square+\square=12$, $6+6=12$이므로 $\square=6$입니다.
따라서 은우가 딴 사과는 $6\,kg$입니다.

46 음료수 2개의 무게는
$4\,kg\ 950\,g-350\,g=4\,kg\ 600\,g$입니다.
$4\,kg\ 600\,g=2\,kg\ 300\,g+2\,kg\ 300\,g$이므로
음료수 1개의 무게는 $2\,kg\ 300\,g$입니다.

47 (당근 1개의 무게)$=120\div2=60(g)$
(양파 1개의 무게)$=$(당근 3개의 무게)
$=60\times3=180(g)$

48 (감 1개의 무게)$=390\div3=130(g)$
(멜론 1개의 무게)$=$(감 7개의 무게)
$=130\times7=910(g)$

49 (자 4개)$=$(풀 1개)$=400\,g$이고
(자 4개)$=$(지우개 2개)이므로 지우개 2개의 무게는 $400\,g$입니다.
따라서 (지우개 1개의 무게)$=400\div2=200(g)$입니다.

개념 완성 응용력 기르기 156~159쪽

1 예 $1\,L$들이 물병에 물을 가득 채워 1번 붓고, $200\,mL$들이 컵에 물을 가득 채워 2번 붓습니다.

1-1 예 $1\,L$들이 그릇에 물을 가득 채워 1번 붓고, $500\,mL$들이 그릇에 물을 가득 채워 1번 붓습니다. 그리고 $300\,mL$들이 그릇에 물을 가득 채워 3번 붓습니다.

1-2 예 $1\,L$들이 그릇에 물을 가득 채우고, $300\,mL$들이 그릇으로 물을 가득 담아 3번 덜어 냅니다.

2 $360\,g$　　**2-1** $450\,g$　　**2-2** $620\,g$

3 $300\,g$　　**3-1** $500\,g$　　**3-2** $600\,g$

4 **1단계** 예 $18\,L=18000\,mL$
2단계 예 한 홉이 $180\,mL$이므로 홉으로 $\square$번 부으면 $(180\times\square)\,mL$입니다.
$180\times\square=18000$에서 $\square=100$입니다.
/ 100번

4-1 10개

1 $1\,L\,400\,mL=1\,L+400\,mL$
$=1\,L+200\,mL+200\,mL$

1-1 $2\,L\,400\,mL=1\,L+500\,mL+900\,mL$
$=1\,L+500\,mL+300\,mL$
$+300\,mL+300\,mL$

1-2 $1\,L-300\,mL-300\,mL-300\,mL$
$=1000\,mL-300\,mL-300\,mL-300\,mL$
$=100\,mL$

2 (당근 3개의 무게)
$=5\,kg\,760\,g-3\,kg\,960\,g=1\,kg\,800\,g$
(당근 6개의 무게)
$=$(당근 3개의 무게)$+$(당근 3개의 무게)
$=1\,kg\,800\,g+1\,kg\,800\,g=3\,kg\,600\,g$
(빈 상자의 무게)
$=$(당근 6개를 담은 상자의 무게)$-$(당근 6개의 무게)
$=3\,kg\,960\,g-3\,kg\,600\,g=360\,g$

2-1 (단호박 2개의 무게)
$=4\,kg\,650\,g-3\,kg\,250\,g=1\,kg\,400\,g$
(단호박 4개의 무게)
$=$(단호박 2개의 무게)$+$(단호박 2개의 무게)
$=1\,kg\,400\,g+1\,kg\,400\,g=2\,kg\,800\,g$
(빈 바구니의 무게)
$=$(단호박 4개를 담은 바구니의 무게)
$\quad-$(단호박 4개의 무게)
$=3\,kg\,250\,g-2\,kg\,800\,g=450\,g$

2-2 (참외 4개의 무게)
$=4\,kg\,420\,g-2\,kg\,520\,g=1\,kg\,900\,g$
(참외 8개의 무게)
$=$(참외 4개의 무게)$+$(참외 4개의 무게)
$=1\,kg\,900\,g+1\,kg\,900\,g=3\,kg\,800\,g$
(빈 상자의 무게)
$=$(참외 8개를 담은 상자의 무게)$-$(참외 8개의 무게)
$=4\,kg\,420\,g-3\,kg\,800\,g=620\,g$

3 ㉮$+300\,g=$㉯이므로 ㉯는 ㉮보다 $300\,g$ 더 무겁습니다. 따라서 ㉮는 $200\,g$, ㉯는 $500\,g$입니다.
또 ㉮$+$㉯$=$㉯$+400\,g$이고,
㉮$+$㉯$=200\,g+500\,g=700\,g$이므로
㉯$=700\,g-400\,g=300\,g$입니다.

3-1 ㉮$+400\,g=$㉯이므로 ㉯는 ㉮보다 $400\,g$ 더 무겁습니다. 따라서 ㉮는 $200\,g$, ㉯는 $600\,g$입니다.

또 ㉮$+$㉯$=$㉯$+300\,g$이고,
㉮$+$㉯$=200\,g+600\,g=800\,g$이므로
㉯$=800\,g-300\,g=500\,g$입니다.

3-2 (복숭아)$+200\,g=$(사과)이므로
(복숭아)$=300\,g$, (사과)$=500\,g$ 또는
(복숭아)$=400\,g$, (사과)$=600\,g$입니다.
(복숭아)$+$(사과)$=$(배)$+200\,g$이므로
(복숭아)$=300\,g$, (사과)$=500\,g$이라면
(배)$=800\,g-200\,g=600\,g$이고,
(복숭아)$=400\,g$, (사과)$=600\,g$이라면
(배)$=1000\,g-200\,g=800\,g$이 됩니다.
따라서 배의 무게는 $600\,g$입니다.

4-1 10냥짜리 금 □개의 무게는 $(375\times$□$)\,g$입니다.
$3\,kg\,750\,g=3000\,g+750\,g=3750\,g$이므로
$375\times$□$=3750$, □$=10$에서 금 1관의 무게는 10냥짜리 금 10개의 무게와 같습니다.

5단원 단원 평가 Level ❶ 160~162쪽

1 3, 2, 1 **2** 물병

3 곰 인형, 동전 3개

4 $5\,L\,400\,mL$ / 5리터 400밀리리터

5 1, 200 **6** (1) 3800 (2) 6, 400

7

8 요구르트병, 종이컵, 음료수 캔 / 양동이, 욕조, 수조

9 (1) t (2) g (3) kg

10 (1) $4\,kg\,600\,g$ (2) $3\,kg\,600\,g$

11 $6\,L\,900\,mL$ / $2\,L\,300\,mL$

12 ㉡ **13** 다, 가, 나

14 (1) $6\,L\,250\,mL$ (2) $3\,L\,800\,mL$

15 $2\,L\,950\,mL$ **16** 나 그릇

17 $3\,kg\,700\,g$ **18** $8\,kg$

19 $4\,kg\,700\,g$

20 예 가 그릇에 물을 가득 담아 물통에 2번 붓고, 나 그릇에 물을 가득 담아 물통에 1번 붓습니다.

1 물건의 무게를 비교하면 수박, 축구공, 풍선의 순서대로 무겁습니다.

2 주스병에 가득 채운 물을 물병에 옮겨 담았을 때 물병이 가득 차지 않으므로 물병의 들이가 더 많습니다.

3 곰 인형은 동전 18개의 무게와 같고 토끼 인형은 동전 15개의 무게와 같습니다.
따라서 곰 인형이 동전 3개만큼 더 무겁습니다.

4 ▮▮ L보다 ▲ mL 더 많은 들이를 ▮▮ L ▲ mL라 쓰고 ▮▮ 리터 ▲ 밀리리터라고 읽습니다.

5 저울에서 작은 눈금 한 칸의 크기는 100 g입니다.
저울의 바늘이 1 kg에서 작은 눈금 2칸만큼 더 갔으므로 1 kg 200 g입니다.

6 ⑴ 3 L 800 mL=3000 mL+800 mL
　　　　　　　=3800 mL
⑵ 6400 mL=6000 mL+400 mL
　　　　　=6 L 400 mL

7 • 3 kg 300 g=3000 g+300 g=3300 g
• 3 kg 30 g=3000 g+30 g=3030 g

8 1 L=1000 mL임을 생각하며 물건의 들이에 적당한 단위를 알아봅니다.

9 1 t=1000 kg, 1 kg=1000 g임을 생각하며 물건의 무게에 알맞은 단위를 알아봅니다.

10 무게의 합과 차는 kg 단위의 수끼리, g 단위의 수끼리 계산합니다.

11 합: 4 L 600 mL+2 L 300 mL=6 L 900 mL
차: 4 L 600 mL−2 L 300 mL=2 L 300 mL

12 1 t=1000 kg임을 생각하며 무게가 1 t보다 무거운 것을 찾아봅니다.

13 1250 mL=1 L 250 mL
➡ 1 L 28 mL<1 L 205 mL<1 L 250 mL

14 1 L=1000 mL임을 이용하여 받아올림하거나 받아내림하여 계산합니다.

15 (진성이가 마신 우유의 양)+(은호가 마신 우유의 양)
=1 L 350 mL+1 L 600 mL
=2 L 950 mL

16 들이가 적을수록 많은 횟수만큼 붓게 되므로 부은 횟수가 가장 많은 나 그릇의 들이가 가장 적습니다.

17 (남은 딸기의 무게)
=(딴 딸기의 무게)−(할머니 댁에 드린 딸기의 무게)
=8 kg 200 g−4 kg 500 g
=7 kg 1200 g−4 kg 500 g
=3 kg 700 g

18 강아지의 몸무게가 9 kg이라면 고양이의 몸무게는 13−9=4(kg)이므로 몸무게의 차는 5 kg으로 맞지 않습니다.
강아지의 몸무게가 8 kg이라면 고양이의 몸무게는 13−8=5(kg)이므로 몸무게의 차는 3 kg으로 맞습니다.

19 예 1200 g=1 kg 200 g
따라서 사과를 담은 바구니의 무게는
1 kg 200 g+3 kg 500 g=4 kg 700 g입니다.

평가 기준	배점(5점)
바구니의 무게를 몇 kg 몇 g으로 바꿨나요?	2점
사과를 담은 바구니의 무게를 구했나요?	3점

20

평가 기준	배점(5점)
물통에 물 4 L 300 mL를 담는 방법을 썼나요?	5점

5단원 단원 평가 Level ❷   163~165쪽

1 우유갑　　**2** 3, 400　　**3** 지우개, 7

4 <　　**5** ⑴ kg　⑵ g　⑶ t

6 1500 mL　　**7** ㉠　　　　**8** 현빈

9 1700 g　　　　　**10** 28번

11 나, 다, 가, 라　　　**12** 성빈

13
```
      7    1000
   8 L  100 mL
 − 3 L  700 mL
 ─────────────
   4 L  400 mL
```
14 5 L 800 mL

15 (위에서부터) 520, 4

16 9번　　**17** 1300 mL　　**18** 500 g

19 예 300 mL들이 그릇에 물을 가득 채워 3번 붓고,
500 mL들이 그릇에 물을 가득 채워 1번 붓습니다.

20 700 g

1 우유갑에 가득 채운 물을 물병에 옮겨 담았을 때 물병이 가득 채워지지 않았으므로 들이가 더 적은 것은 우유갑입니다.

2 큰 눈금 한 칸의 크기는 $1\,L$, 작은 눈금 한 칸의 크기는 $100\,mL$입니다.

3 연필은 바둑돌 18개, 지우개는 바둑돌 25개의 무게와 같습니다. 따라서 지우개가 연필보다 바둑돌 $25-18=7$(개)만큼 더 무겁습니다.

4 $6\,kg\,90\,g=6\,kg+90\,g$
$\qquad\qquad\;\; =6000\,g+90\,g=6090\,g$
따라서 $6090\,g<6530\,g$입니다.

6 $1\,L\,500\,mL=1\,L+500\,mL$
$\qquad\qquad\quad\;\; =1000\,mL+500\,mL=1500\,mL$

7 ㉠ $6\,L\,800\,mL+3\,L\,500\,mL=10\,L\,300\,mL$
➡ $10\,L\,300\,mL>10\,L\,200\,mL$

8 현빈: 어항의 들이는 $10\,L$입니다.

9 $6\,kg-4300\,g=6000\,g-4300\,g=1700\,g$

10 주전자의 들이는 물병의 들이의 2배이므로 14번의 2배인 28번을 부어야 주전자에 물을 가득 채울 수 있습니다.

11 물을 부은 횟수가 적을수록 들이가 많은 그릇이므로 나>다>가>라입니다.

12 성빈: $2\,kg-1900\,g=2000\,g-1900\,g$
$\qquad\qquad\qquad\qquad\qquad\;\; =100\,g$
지후: $2\,kg\,200\,g-2\,kg=200\,g$
따라서 $100\,g<200\,g$이므로 $2\,kg$과 차가 더 적은 사람은 성빈입니다.

13 mL 단위 계산에서 $1\,L=1000\,mL$를 받아내림하였는데 L 단위 계산에서 받아내림한 수를 빼지 않고 계산했습니다.

14 가장 많은 들이: $7\,L\,600\,mL$
가장 적은 들이: $1800\,mL=1\,L\,800\,mL$
➡ $7\,L\,600\,mL-1\,L\,800\,mL=5\,L\,800\,mL$

15
$$\begin{array}{r} 3\,kg\;\;㉠\;g \\ +\;㉡\,kg\;740\,g \\ \hline 8\,kg\;260\,g \end{array}$$

g 단위 계산에서 $㉠+740=260$에서 받아올림한 수를 생각하면 $㉠+740=1260$입니다.
➡ $㉠=1260-740$, $㉠=520$
kg 단위 계산에서 $1+3+㉡=8$에서 $4+㉡=8$, $㉡=4$입니다.

16 (물통에 담긴 물의 양)
$=600\,mL+600\,mL+600\,mL$
$=1800\,mL$
㉯ 컵으로 □번 덜어 낸다고 하면
덜어 낸 물의 양은 $200\times$□(mL)입니다.
$200\times$□$=1800$에서 □$=9$입니다.

17 (소라가 마신 주스의 양)
$=2\,L\,400\,mL-1\,L\,900\,mL=500\,mL$
(형준이가 마신 주스의 양)$=2\,L-1\,L\,200\,mL$
$\qquad\qquad\qquad\qquad\qquad\quad\;\; =800\,mL$
➡ $500\,mL+800\,mL=1300\,mL$

18 ㉮$+300\,g=$㉯이므로 ㉯는 ㉮보다 $300\,g$ 더 무겁습니다.
따라서 ㉮는 $400\,g$, ㉯는 $700\,g$입니다.
㉮$+$㉯$=$㉯$+600\,g$이고,
㉮$+$㉯$=400\,g+700\,g=1100\,g$이므로
㉯$=1100\,g-600\,g=500\,g$입니다.

19 $1\,L\,400\,mL$
$=900\,mL+500\,mL$
$=300\,mL+300\,mL+300\,mL+500\,mL$

평가 기준	배점(5점)
물 $1\,L\,400\,mL$를 담을 수 있는 방법을 설명했나요?	5점

20 예 (감자 1개의 무게)
$=$(감자 8개를 담은 바구니의 무게)
$\quad-$(감자 7개를 담은 바구니의 무게)
$=3100\,g-2800\,g=300\,g$
(감자 7개의 무게)$=300\times7=2100(g)$
(빈 바구니의 무게)
$=$(감자 7개를 담은 바구니의 무게)
$\quad-$(감자 7개의 무게)
$=2800\,g-2100\,g=700\,g$

평가 기준	배점(5점)
감자 1개의 무게를 구했나요?	2점
감자 7개의 무게를 구했나요?	1점
빈 바구니의 무게를 구했나요?	2점

6 자료의 정리

우리가 쉽게 접하는 인터넷, 텔레비전, 신문 등의 매체는 하루도 빠짐없이 통계적 정보를 쏟아내고 있습니다. 일기 예보, 여론 조사, 물가 오름세, 취미, 건강 정보 등 광범위한 주제가 다양한 통계적 과정을 거쳐 우리에게 소개되고 있습니다. 따라서 통계를 바르게 이해하고 합리적으로 사용할 수 있는 힘을 기르는 것은 정보화 사회에 적응하기 위해 대단히 중요하며, 미래 사회를 대비하는 지혜이기도 합니다. 통계는 처리하는 절차나 방법에 따라 결과가 달라지기 때문에 통계의 비전문가라 해도 자료의 수집, 정리, 표현, 해석 등과 같은 통계의 전 과정을 이해하는 것은 합리적 의사 결정을 위해 매우 중요합니다. 따라서 이 단원은 자료 표현의 기본이 되는 표와 그림그래프를 통해 간단한 방법으로 통계가 무엇인지 경험할 수 있도록 합니다.

교과서 개념 이해 1 표에서 무엇을 알 수 있을까요 168~169쪽

1 (1) 7명 (2) 36명 (3) 4명 (4) 수학

2 (1) 15마리 (2) 56마리 (3) 34마리
  (4) 닭, 돼지, 오리, 소

3 (1) 9명 (2) 3배 (3) AB형

4 (1) 38그루
  (2) 예 • 가장 많은 나무는 단풍나무입니다.
    • 은행나무는 소나무보다 7그루 더 많습니다.

5 (1) 5명 (2) 17명 (3) 축구 (4) 농구
  (5) 3명 (6) 야구

1 (2) 표에서 합계가 조사한 학생 수입니다.
  (3) 국어를 좋아하는 학생은 10명, 사회를 좋아하는 학생은 6명이므로 학생 수의 차는
    $10-6=4$(명)입니다.
  (4) 학생 수가 가장 많은 과목은 수학이므로 가장 많은 학생들이 좋아하는 과목은 수학입니다.

2 (2) 표에서 합계가 농장에서 기르는 동물의 수입니다.
  (3) 농장에서 기르는 닭은 23마리, 오리는 11마리이므로 모두 $23+11=34$(마리)입니다.
  (4) $23>15>11>7$이므로 수가 많은 동물부터 차례로 쓰면 닭, 돼지, 오리, 소입니다.

3 (1) $31-12-6-4=9$(명)

2 (2) A형인 학생은 12명, AB형인 학생은 4명이므로 A형인 학생 수는 AB형인 학생 수의
    $12\div4=3$(배)입니다.
  (3) 학생 수가 가장 적은 혈액형은 AB형이므로 가장 적은 학생들의 혈액형은 AB형입니다.

4 (1) $4+11+18+5=38$(그루)

5 (1) $16-8-1-2=5$(명)
  (2) $9+3+4+1=17$(명)
  (3) 남학생 중 학생 수가 가장 많은 운동은 축구입니다.
  (4) 여학생 중 학생 수가 가장 적은 운동은 농구입니다.
  (5) 농구를 좋아하는 남학생은 2명, 여학생은 1명이므로 모두 $2+1=3$(명)입니다.
  (6) 야구: 14명, 축구: 11명, 수영: 5명, 농구: 3명
    따라서 가장 많은 학생들이 좋아하는 운동은 야구입니다.

교과서 개념 이해 2 자료를 수집하여 표로 나타내어 볼까요 170~171쪽

1 (1) 3, 7, 5, 6 (2) 3, 7, 5, 6, 21 (3) 21명 (4) 초록색

2 (1) 비 (2) 13일 (3) 13, 7, 3, 5, 28
  (4) 비, 눈, 흐림, 맑음 (5) 표

3 (1) 1명 / 3명
  (2) 예

좋아하는 음료수별 학생 수

음료수	우유	주스	콜라	사이다	합계
남학생 수(명)	1	3	7	5	16
여학생 수(명)	3	4	6	5	18

  (3) 7명 (4) 34명

1 (2) 합계: $3+7+5+6=21$(명)
  (3) 표에서 합계가 조사한 학생 수입니다.
  (4) 학생 수가 가장 많은 색깔은 초록색이므로 가장 많은 학생들이 좋아하는 색깔은 초록색입니다.

2 (3) 합계: $13+7+3+5=28$(일)
  (4) $3<5<7<13$이므로 날수가 적은 날씨부터 차례로 쓰면 비, 눈, 흐림, 맑음입니다.
  (5) 표로 나타내면 각 항목별 자료의 수와 합계를 쉽게 알 수 있습니다.

3 (2) 남학생 수의 합계: $1+3+7+5=16$(명)

여학생 수의 합계: $3+4+6+5=18$(명)

(3) (주스를 좋아하는 남학생 수)

$+$(주스를 좋아하는 여학생 수)

$=3+4=7$(명)

(4) (남학생 수)$+$(여학생 수)

$=16+18=34$(명)

---

3 그림그래프를 알아볼까요   172~173쪽

> ❗ 그림

1 (1) 그림그래프 (2) 10상자 / 1상자 (3) 31상자

(4) 풍년 마을

2 (1) 10명 / 1명 (2) 33명 (3) 강아지, 40명

(4) 73명 (5) 17명

3 (1) 동화책, 만화책, 위인전, 과학책 (2) 88권

4 예 • 강 마을의 자동차는 34대입니다.

• 자동차 수가 가장 적은 마을은 샘 마을입니다.

1 (2) 큰 그림은 10상자를 나타내고 작은 그림은 1상자를
나타냅니다.

(3) 샛별 마을은 큰 그림 3개, 작은 그림 1개이므로
31상자입니다.

(4) 큰 그림이 가장 적은 마을은 풍년 마을입니다.

2 (1) 큰 그림은 10명을 나타내고 작은 그림은 1명을 나타
냅니다.

(2) 고양이는 큰 그림 3개, 작은 그림 3개이므로 33명입
니다.

(3) 큰 그림이 가장 많은 동물은 강아지이고, 큰 그림이
4개이므로 40명입니다.

(4) 강아지를 좋아하는 학생은 40명, 고양이를 좋아하는
학생은 33명이므로 학생 수의 합은
$40+33=73$(명)입니다.

(5) 호랑이를 좋아하는 학생은 25명, 독수리를 좋아하는
학생은 8명이므로 학생 수의 차는 $25-8=17$(명)
입니다.

3 (1) 큰 그림이 많은 것부터 차례로 쓰면 동화책, 만화책,
위인전, 과학책입니다.

(2) 동화책: 35권, 위인전: 17권, 과학책: 12권,
만화책: 24권

➡ $35+17+12+24=88$(권)

---

4 그림그래프로 나타내어 볼까요   174~175쪽

1 (1) 🍐에 ○표 / 🍐에 ○표

(2) 4, 1

(3)

과수원별 배 생산량

(4) 가 과수원

2 (1) 예 2가지

(2) 5개 / 2개

(3)

좋아하는 운동별 학생 수

(4) 그림그래프

3 (1)

마을별 초등학생 수

(2) 예

마을별 초등학생 수

(3) 달빛 마을, 바람 마을, 별빛 마을, 햇빛 마을

1 (4) 큰 그림이 가장 많은 과수원은 가 과수원이므로 배 생
산량이 가장 많은 과수원은 가 과수원입니다.

2 (2) 축구를 좋아하는 학생은 52명이므로 큰 그림 5개, 작은 그림 2개로 나타내어야 합니다.

(4) 표는 각각의 자료의 수와 합계를 쉽게 알 수 있고, 그림그래프는 각각의 자료의 수와 크기를 쉽게 비교할 수 있습니다.

3 (3) 큰 그림이 많은 마을부터 차례로 쓰면 달빛 마을, 바람 마을, 별빛 마을, 햇빛 마을입니다.

기본기 다지기
176~180쪽

1 (위에서부터) 87 / 30
2 놀이공원 / 영화관

3 178명
4 박물관

5 치킨
6 영주네, 3

7 ㉠ 치킨 / ㉠ 두 반의 학생 수를 더했을 때 수가 가장 큰 간식을 먹는 것이 좋습니다.
치킨: 9+8=17(명), 떡볶이: 6+9=15(명),
햄버거: 7+4=11(명), 핫도그: 4+6=10(명)
따라서 학생 수가 가장 많은 치킨을 먹는 것이 좋을 것 같습니다.

8 6, 10, 8, 5, 29
9 여름

10 표 / ㉠ 표는 학생 수를 각각 세어 정확한 수로 나타내므로 자료보다 학생 수를 비교하기가 더 쉽습니다.

11 ㉠

좋아하는 운동별 학생 수

운동	야구	농구	축구	피구	합계
남학생 수(명)	3	4	5	2	14
여학생 수(명)	6	3	2	4	15

12 3명
13 29명

14 야구
15 10회, 1회

16 금요일

17 ㉠ 각각의 자료의 수와 크기를 한눈에 비교하기 쉽습니다.

18 5월, 4월, 6월
19 100점

20 20권
21 8권

22 ㉠ 2가지

23

듣기 좋았던 민요별 학생 수

민요	학생 수
밀양 아리랑	♪♪♪♪
쾌지나 칭칭 나네	♪♪♪♪♪
옹헤야	♪♪♪♪♪♪♪♪♪

♪10명 ♪1명

24 밀양 아리랑

25 100상자, 10상자

26 170상자 / 400상자

27

마을별 사과 생산량

마을	생산량
다정	
기쁨	
보람	
사랑	
행복	

▱ [100] 상자 ▱ [10] 상자

28

종류별 옷 판매량

옷	판매량
티셔츠	◎◎◎◎○○○○○○○
바지	◎◎○○○○○
점퍼	◎○○○○○○

◎10벌 ○1벌

29

종류별 옷 판매량

옷	판매량
티셔츠	◎◎◎△○○○
바지	◎◎△
점퍼	◎△○

◎10벌 △5벌 ○1벌

30 ㉠ 5번 그려야 하는 것을 1번으로 줄여서 더 편리합니다.

31

지점별 햄버거 판매량

지점	판매량
하늘	
바다	
노을	
바람	

🍔100개 🍔10개

32

마을별 건조기 사용 가구 수

마을	가구 수
가	
나	
다	
라	

🏠100가구 🏠10가구 🏠1가구

1 (조사한 여학생 수)=13+25+32+17=87(명)
(영화관에 가고 싶은 남학생 수)
=91−19−28−14=30(명)

2 여학생은 놀이공원이 32명으로 가장 많고, 남학생은 영화관이 30명으로 가장 많습니다.

3 여학생 수의 합계와 남학생 수의 합계를 더해 줍니다.
➡ 87+91=178(명)

4 박물관: 19−13=6(명)
영화관: 30−25=5(명)
놀이공원: 32−28=4(명)
과학관: 17−14=3(명)
따라서 여학생 수와 남학생 수의 차이가 가장 많이 나는 장소는 박물관입니다.

5 9>7>6>4이므로 정아네 반에서 가장 많은 학생들이 먹고 싶은 간식은 치킨입니다.

6 떡볶이를 먹고 싶은 학생이 정아네 반은 6명, 영주네 반은 9명이므로 영주네 반 학생이 9−6=3(명) 더 많습니다.

7

단계	문제 해결 과정
①	어떤 간식을 먹으면 좋을지 썼나요?
②	이유를 바르게 설명했나요?

8 학생 수를 각각 세어 보면 봄 6명, 여름 10명, 가을 8명, 겨울 5명으로 모두 6+10+8+5=29(명)입니다.

9 10>8>6>5이므로 가장 많은 학생들이 좋아하는 계절은 여름입니다.

10

단계	문제 해결 과정
①	자료와 표 중 어느 것이 더 편리한지 썼나요?
②	이유를 바르게 설명했나요?

12 야구를 좋아하는 여학생은 6명, 야구를 좋아하는 남학생은 3명이므로 여학생이 남학생보다 6−3=3(명) 더 많습니다.

13 표에서 남학생 수의 합계와 여학생 수의 합계를 더합니다.
➡ 14+15=29(명)

14 좋아하는 운동별로 남학생 수와 여학생 수를 더해 봅니다.
야구: 3+6=9(명), 농구: 4+3=7(명),
축구: 5+2=7(명), 피구: 2+4=6(명)
따라서 가장 많은 학생들이 좋아하는 운동은 야구입니다.

16 큰 그림이 가장 많은 요일은 금요일이므로 금요일에 줄넘기를 가장 많이 했습니다.

17

단계	문제 해결 과정
①	그림그래프가 표보다 좋은 점을 설명했나요?

18 큰 그림이 4월은 3개, 5월은 4개, 6월은 2개이므로 많은 점수를 받은 달부터 차례로 쓰면 5월, 4월, 6월입니다.

19 4월: 32점, 5월: 41점, 6월: 27점이므로 모두
32+41+27=100(점)입니다.

20 칭찬 점수가 30점보다 높은 달은 4월과 5월이므로 예림이는 공책 20권을 받았습니다.

21 모은 동화책이 32권이므로 32의 $\frac{1}{4}$은 8입니다.
따라서 모은 과학책은 모두 8권입니다.

22 10명 그림과 1명 그림의 2가지로 나타내는 것이 좋습니다.

23 밀양 아리랑: 22명 ➡ 큰 그림 2개, 작은 그림 2개
쾌지나 칭칭 나네: 14명 ➡ 큰 그림 1개, 작은 그림 4개
옹헤야: 9명 ➡ 작은 그림 9개

24 큰 그림이 가장 많은 밀양 아리랑입니다.

25 행복 마을의 사과 생산량을 🟫🟫 🟩로 나타내었으므로 🟫은 100상자, 🟩은 10상자를 나타냅니다.

26 그림그래프에서 기쁨 마을은 큰 그림이 1개, 작은 그림이 7개이므로 100+70=170(상자)이고, 사랑 마을은 큰 그림이 4개이므로 400상자입니다.

27 다정 마을은 340상자이므로 큰 그림 3개, 작은 그림 4개를 그리고, 보람 마을은 250상자이므로 큰 그림 2개, 작은 그림 5개를 그립니다.

30 **29**번은 단위를 3개로 한 것이고 **28**번은 단위를 2개로 한 것입니다. 단위를 3개로 하면 2개의 단위로 그릴 때보다 그림의 수가 줄어들어 더 편리합니다.

31 하늘 지점의 햄버거 판매량은 큰 그림 1개, 작은 그림 3개로 130개이므로 노을 지점의 햄버거 판매량은
130＋180＝310(개)입니다.
따라서 그래프의 빈 곳에 큰 그림 3개, 작은 그림 1개를 그립니다.

32 다 마을의 건조기 사용 가구는 126가구이므로 나 마을은 126÷2＝63(가구)입니다.
따라서 그래프의 빈 곳에 중간 그림 6개, 작은 그림 3개를 그립니다.

3-2 가게별 인형 판매량

가게	판매량
행복	◎◎△△△△△○○○
기쁨	◎◎△△○○○○
미소	◎△○○○○○○○○
사랑	◎△○○

◎100개 △10개 ○1개

4 **1단계** 예 큰 그림이 가장 많은 제주도입니다.
2단계 예 관광객 수가 제주도의 614명보다 182명 더 적은 지역은 614－182＝432(명)인 경상도입니다. / 경상도

4-1 중부

---

1 1반: 29명, 2반: 31명, 3반: 27명
따라서 3학년 학생은 모두 29＋31＋27＝87(명)이므로 연필은 87×4＝348(자루)를 준비해야 합니다.

1-1 1동: 42가구, 2동: 35가구, 3동: 25가구, 4동: 40가구
따라서 이 아파트의 가구 수는 모두
42＋35＋25＋40＝142(가구)이므로 주차 공간을 모두 142×2＝284(칸)으로 만들어야 합니다.

1-2 가 마트: 62개, 라 마트: 54개
따라서 가 마트와 라 마트의 판매량이 62－54＝8(개) 차이가 나므로 가 마트의 판매액이
8×400＝3200(원) 더 많습니다.

2 서쪽: 340＋350＝690(개)
동쪽: 420＋330＝750(개)
따라서 인형 생산량은 도로의 동쪽이 서쪽보다
750－690＝60(개) 더 많습니다.

2-1 북쪽: 240＋410＝650(가구)
남쪽: 320＋250＝570(가구)
따라서 도로의 북쪽이 남쪽보다 650－570＝80(가구) 더 많습니다.

2-2 서쪽의 수확량은 430＋260＝690(상자)이고, 동쪽은 서쪽보다 150상자 더 많이 수확하였으므로 동쪽의 수확량은 690＋150＝840(상자)입니다.
나 마을의 수확량을 □상자라 하면 □＋450＝840이므로 □＝840－450＝390입니다.

응용력 기르기
181~184쪽

1 348자루   **1-1** 284칸   **1-2** 3200원
2 동쪽, 60개   **2-1** 북쪽, 80가구   **2-2** 390상자
3 33 / 33

1년 동안 읽은 책의 수

이름	책의 수
수연	📖📖📖📖📖📖📖📖📖📖📖📖📖
예나	📖📖📖📖📖📖📖
주하	📖📖📖📖📖📖

📖10권 📖1권

3-1 232 / 232

신문사별 판매 부수

신문사	가	나	다
부수	🗞🗞🗞🗞🗞🗞	🗞🗞🗞	🗞🗞🗞🗞🗞

🗞100부 🗞10부 🗞1부

다른 풀이 | 호수의 동쪽의 수확량이 서쪽보다 150상자 더 많으므로 큰 그림이 1개, 작은 그림이 5개 더 많도록 나 마을의 그림을 그려 봅니다.

3 (예나가 읽은 책의 수)+(주하가 읽은 책의 수)
$=94-28=66$(권)이고,
예나와 주하가 읽은 책의 수가 같으므로
(예나가 읽은 책의 수)=(주하가 읽은 책의 수)
$\qquad=66\div2=33$(권)입니다.
수연: $28=20+8$ ➡ 큰 그림 2개, 작은 그림 8개
예나, 주하: $33=30+3$ ➡ 큰 그림 3개, 작은 그림 3개

3-1 (가 신문사의 판매 부수)+(다 신문사의 판매 부수)
$=585-121=464$(부)이고,
$232+232=464$이므로
(가 신문사의 판매 부수)=(다 신문사의 판매 부수)
$\qquad=232$부입니다.
가, 다 신문사: $232=200+30+2$
➡ 큰 그림 2개, 중간 그림 3개, 작은 그림 2개
나 신문사: $121=100+20+1$
➡ 큰 그림 1개, 중간 그림 2개, 작은 그림 1개

3-2 행복 가게: 253개, 미소 가게: 117개
사랑 가게의 판매량을 □개라 하면 기쁨 가게의 판매량은 (□+□)개입니다.
따라서 $253+□+□+117+□=706$,
$□+□+□=706-253-117=336$, $□=112$
이므로 사랑 가게의 판매량은 112개, 기쁨 가게의 판매량은 $112\times2=224$(개)입니다.

4-1 중부: 5군데, 동부: 4군데, 북부: 3군데, 서부: 5군데, 남부: 12군데
다섯 지역 중 야구부가 가장 적은 지역은 3군데인 북부 지역입니다.
따라서 현우네 학교는 야구부가 $3+2=5$(군데) 있는 중부나 서부 지역에 있는데, 그중 한강의 윗부분에 위치한다고 하였으므로 중부 지역입니다.

---

1 100상자 / 10상자   **2** 350상자

3 190상자   **4** 나 과수원

5 5명   **6** 5명

7 37명   **8** 휴대전화

9 독서   **10** 5, 2, 7, 4, 18

11 7명

12 운동, 독서, 게임, 피아노

13 25가구

14

마을별 강아지를 기르는 가구 수

마을	가구 수
호수	◎◎◎○○○○○○
숲속	◎○○○○○○○
무지개	◎◎◎○
사랑	◎◎○○○○○

◎10가구 ○1가구

15

마을별 강아지를 기르는 가구 수

마을	가구 수
호수	◎◎◎△○
숲속	◎△○○○
무지개	◎◎◎○
사랑	◎◎△

◎10가구 △5가구 ○1가구

16 15, 21, 60 /

반별 책을 빌려 간 학생 수

반	학생 수
1반	☺☺
2반	☺☺☺☺☺☺
3반	☺☺☺
4반	☺☺☺

☺10명
☺1명

17 표   **18** 23마리

19 ㉘ 빨간색 볼펜을 가장 많이 준비하면 좋겠습니다. /
㉘ 일주일 동안 가장 많이 팔린 볼펜이 빨간색 볼펜이므로 다음 주에는 빨간색 볼펜을 가장 많이 준비하는 것이 좋겠습니다.

20 16권

2 가 과수원은 큰 그림 3개, 작은 그림 5개이므로 350상 자입니다.

3 다 과수원의 귤 수확량은 520상자, 라 과수원의 귤 수확 량은 330상자이므로 수확량의 차는 520−330＝190(상자)입니다.

4 큰 그림이 가장 적은 과수원은 나 과수원이므로 귤을 가 장 적게 수확한 과수원은 나 과수원입니다.

5 표에서 옷의 여학생 수는 5명입니다.

6 책을 받고 싶은 남학생은 2명, 여학생은 3명이므로 모두 2＋3＝5(명)입니다.

7 남학생은 19명, 여학생은 18명이므로 조사한 학생은 모 두 19＋18＝37(명)입니다.

8 책: 2＋3＝5(명)
옷: 3＋5＝8(명)
휴대전화: 6＋8＝14(명)
게임기: 8＋2＝10(명)
➡ 학생 수가 가장 많은 선물은 휴대전화이므로 가장 많 은 학생들이 받고 싶은 선물은 휴대전화입니다.

9 자료를 보면 승연이의 취미는 독서입니다.

10 합계: 5＋2＋7＋4＝18(명)

11 표를 보면 운동의 학생 수는 7명입니다.

12 표를 보면 7＞5＞4＞2이므로 학생 수가 많은 취미부 터 차례로 쓰면 운동, 독서, 게임, 피아노입니다.

13 사랑 마을에서 강아지를 기르는 가구 수:
110−36−18−31＝25(가구)

15 3개의 단위로 나타내면 2개의 단위로 나타낼 때보다 그 림을 적게 그릴 수 있습니다.

16 표를 보면 1반은 11명, 3반은 13명이고, 그림그래프를 보면 2반은 15명, 4반은 21명입니다.
➡ 합계: 11＋15＋13＋21＝60(명)

17 표는 각각의 자료의 수와 합계를 쉽게 알 수 있고, 그림 그래프는 각각의 자료의 수와 크기를 쉽게 비교할 수 있 습니다.

18 가 농장: 12마리, 나 농장: 25마리, 다 농장: 17마리
➡ 라 농장: 77−12−25−17＝23(마리)

서술형
19

평가 기준	배점(5점)
다음 주에는 어떤 색 볼펜을 어떻게 준비하면 좋을지 썼나요?	2점
그 이유를 설명했나요?	3점

서술형
20 예 가장 많은 책은 위인전으로 42권이고, 가장 적은 책 은 과학책으로 26권입니다. 따라서 가장 많은 책은 가장 적은 책보다 42−26＝16(권) 더 많습니다.

평가 기준	배점(5점)
가장 많은 책과 가장 적은 책의 수를 각각 구했나요?	3점
가장 많은 책은 가장 적은 책보다 몇 권 더 많은지 구했나요?	2점

6단원 단원 평가 Level 2   188~190쪽

1 27명   **2** 12명

3

교통 수단별 학생 수

교통 수단	학생 수
도보	☺☺☺☺☺ ☺☺☺
자전거	☺☺☺ ☺☺
버스	☺☺☺☺☺

☺10명 ☺1명

4 30명   **5** 15명

6 해주네, 2   **7** 12접시

8 보라색, 파란색   **9** 7, 6, 3, 4, 10, 30

10 15명   **11** 파란색

12 36마리   **13** 나 농장, 라 농장

14 라 농장   **15** 1035개

16 235, 324, 940

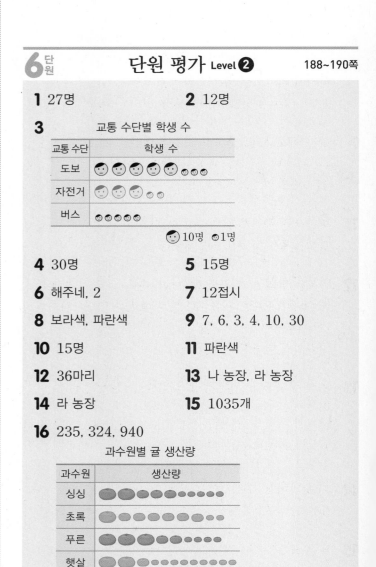

과수원별 귤 생산량

과수원	생산량
싱싱	
초록	
푸른	
햇살	

100상자 10상자 1상자

17 ㉢   **18** 162상자

19 35 kg   **20** 서쪽, 170명

1 큰 그림이 2개, 작은 그림이 7개이므로 27명입니다.

2 고양이를 좋아하는 학생은 36명이고, 햄스터를 좋아하는 학생은 24명이므로 36−24＝12(명) 더 많습니다.

3 도보: 큰 그림 5개, 작은 그림 3개 → 53명
버스: 작은 그림 5개 → 5명
➡ 자전거: 90−53−5＝32(명)이므로
　　　큰 그림 3개, 작은 그림 2개를 그립니다.

4 11＋6＋9＋4＝30(명)

5 첼로를 배우고 싶은 학생은 유하네 반은 9명, 해주네 반은 6명입니다. ➡ 9＋6＝15(명)

6 해주네 반에서 피아노를 배우고 싶은 학생은
29−7−6−3＝13(명)입니다.
따라서 피아노를 배우고 싶은 학생은 해주네 반이
13−11＝2(명) 더 많습니다.

7 팔린 파스타는 47접시이고, 팔린 샐러드는 35접시입니다. 따라서 팔린 파스타와 샐러드의 수의 차는
47−35＝12(접시)입니다.

11 파란색을 좋아하는 학생이 10명으로 가장 많으므로 파란색 색종이를 준비하면 됩니다.

12 기르는 닭의 수가 가장 많은 농장은 큰 그림이 가장 많은 라 농장으로 72마리이고, 가장 적은 농장은 큰 그림이 가장 적은 가 농장으로 36마리입니다.
따라서 닭의 수의 차는 72−36＝36(마리)입니다.

13 가 농장: 36마리, 나 농장: 54마리,
다 농장: 45마리, 라 농장: 72마리
따라서 다 농장보다 닭을 더 많이 기르고 있는 농장은 나 농장, 라 농장입니다.

14 가 농장에서 기르고 있는 닭은 36마리이므로
36×2＝72(마리)를 기르고 있는 농장은 라 농장입니다.

15 닭은 모두 36＋54＋45＋72＝207(마리)이므로
알은 모두 207×5＝1035(개)입니다.

17 ㉠ 귤 생산량이 두 번째로 많은 과수원은 싱싱 과수원입니다.
ㄴ 싱싱 과수원의 귤 생산량은 햇살 과수원보다 많습니다.

18 귤 생산량이 가장 많은 과수원은 푸른 과수원으로 324상자이고, 가장 적은 과수원은 초록 과수원으로 162상자이므로 차는 324−162＝162(상자)입니다.

서술형
19 예 라 목장의 생산량은 51 kg이고 51의 $\frac{1}{3}$은 17이므로 가 목장의 생산량은 17 kg입니다.
➡ (나 목장의 생산량)
＝165−17−62−51＝35(kg)

평가 기준	배점(5점)
가 목장의 생산량을 구했나요?	3점
나 목장의 생산량을 구했나요?	2점

서술형
20 예 희망 마을은 320명, 미래 마을은 230명이므로 서쪽의 신생아 수는 320＋230＝550(명)입니다.
보람 마을은 170명, 행복 마을은 210명이므로 동쪽의 신생아 수는 170＋210＝380(명)입니다.
따라서 도로의 서쪽이 550−380＝170(명) 더 많습니다.

평가 기준	배점(5점)
서쪽과 동쪽 마을의 신생아 수를 각각 구했나요?	각 1점
서쪽과 동쪽 중 어느 쪽에 신생아 수가 얼마나 더 많은지 구했나요?	3점

💡 **사고력이 반짝** 191쪽

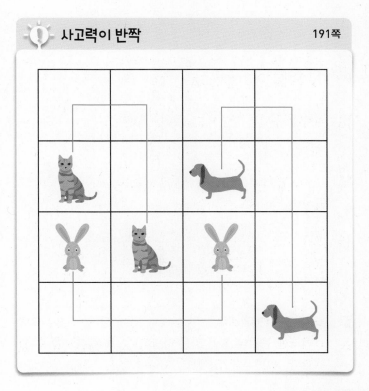

1 곱셈

⬛ 서술형 문제　2~5쪽

1⁺ 1050번		**2⁺** 1071 m	
3 800장		**4** 2190일	
5 175개		**6** 630장	
7 719개		**8** 2500개	
9 4060		**10** 은수, 48쪽	
11 2208			

1⁺ 예 9월은 30일까지 있으므로 9월 한 달 동안 훌라후프를 모두 $35 \times 30 = 1050$(번) 돌리게 됩니다.

단계	문제 해결 과정
①	9월의 날수를 알고 있나요?
②	9월 한 달 동안 돌리는 훌라후프 횟수를 구했나요?

2⁺ 예 삼각형의 세 변의 길이가 모두 같으므로 밭의 세 변의 길이의 합은 $357 \times 3 = 1071$(m)입니다.

단계	문제 해결 과정
①	밭의 세 변의 길이의 합을 구하는 식을 세웠나요?
②	밭의 세 변의 길이의 합은 몇 m인지 구했나요?

3 예 (전체 색종이의 수) = (한 묶음의 색종이 수) × (묶음 수)
$= 20 \times 40 = 800$(장)

단계	문제 해결 과정
①	색종이는 모두 몇 장인지 구하는 식을 세웠나요?
②	색종이는 모두 몇 장인지 구했나요?

4 예 1년은 365일이므로 6년은 $365 \times 6 = 2190$(일)입니다.

단계	문제 해결 과정
①	6년은 모두 며칠인지 구하는 식을 세웠나요?
②	6년은 모두 며칠인지 구했나요?

5 예 (전체 사탕의 수)
= (한 봉지에 들어 있는 사탕의 수) × (봉지 수)
$= 7 \times 25 = 175$(개)

단계	문제 해결 과정
①	사탕은 모두 몇 개인지 구하는 식을 세웠나요?
②	사탕은 모두 몇 개인지 구했나요?

6 예 (3학년 전체 학생 수)
$= 25 + 24 + 23 + 28 + 26 = 126$(명)
따라서 필요한 색종이 수는 $126 \times 5 = 630$(장)입니다.

단계	문제 해결 과정
①	3학년 전체 학생 수를 구했나요?
②	필요한 색종이는 모두 몇 장인지 구했나요?

7 예 처음 강당에 있던 의자의 수는
$54 \times 26 = 1404$(개)입니다.
따라서 강당에 남아 있는 의자는
$1404 - 685 = 719$(개)입니다.

단계	문제 해결 과정
①	처음 강당에 있던 의자의 수를 구했나요?
②	강당에 남아 있는 의자의 수를 구했나요?

8 예 (오늘 판 사과의 수) = $20 \times 80 = 1600$(개)
(오늘 판 배의 수) = $15 \times 60 = 900$(개)
따라서 오늘 판 사과와 배는 모두
$1600 + 900 = 2500$(개)입니다.

단계	문제 해결 과정
①	오늘 판 사과와 배의 수를 각각 구했나요?
②	오늘 판 사과와 배는 모두 몇 개인지 구했나요?

9 예 10이 5개, 1이 8개인 수는 58이므로 ㉠=58입니다.
10이 7개인 수는 70이므로 ㉡=70입니다.
따라서 ㉠과 ㉡의 곱은 $58 \times 70 = 4060$입니다.

단계	문제 해결 과정
①	㉠과 ㉡을 각각 구했나요?
②	㉠과 ㉡의 곱을 구했나요?

10 예 (은수가 읽은 동화책의 쪽수) = $48 \times 25 = 1200$(쪽)
(민지가 읽은 동화책의 쪽수) = $36 \times 32 = 1152$(쪽)
따라서 은수가 동화책을 $1200 - 1152 = 48$(쪽) 더 많이 읽었습니다.

단계	문제 해결 과정
①	은수와 민지가 읽은 동화책의 쪽수를 각각 구했나요?
②	누가 동화책을 몇 쪽 더 많이 읽었는지 구했나요?

11 예 어떤 수를 □라고 하면 □$-24=68$이므로
□$=68+24=92$입니다.
따라서 바르게 계산하면 $92 \times 24 = 2208$입니다.

단계	문제 해결 과정
①	어떤 수를 구했나요?
②	바르게 계산한 값을 구했나요?

단원 평가 Level ❶

1 210, 2100

2 (1) 648 (2) 860

3 (위에서부터) 2, 0, 5 / 1, 2, 0, 30 / 1, 4, 0

4 200

5 (선으로 연결)

6 <

7 406, 3654

8 ㉡

9 4200번

10 882장

11 788원

12 2146

13 2450원

14 7

15 1587

16 6

17 2개

18 6, 2, 4, 3348

19 780 m

20 ㉠=6, ㉡=2

---

1 70×30은 70×3의 계산 결과에 0을 1개 붙입니다.

4 4는 40을 나타내므로 $5 \times 40 = 200$입니다.

5 $40 \times 60 = 2400$ •   • $20 \times 90 = 1800$
$90 \times 40 = 3600$ •   • $60 \times 60 = 3600$
$60 \times 30 = 1800$ •   • $80 \times 30 = 2400$

6 $35 \times 70 = 2450$, $42 \times 60 = 2520$
➡ $2450 < 2520$

7 $7 \times 58 = 406$, $406 \times 9 = 3654$

8 ㉠ $48 \times 39 = 1872$(권)
㉡ $498 \times 4 = 1992$(권)

9 1시간은 60분이므로 $70 \times 60 = 4200$(번) 뜁니다.

10 (학생들에게 나누어 준 색종이의 수)=$25 \times 35 = 875$(장)
학생들에게 나누어 주고 7장이 남았으므로 처음에 있던 색종이는 모두 $875 + 7 = 882$(장)입니다.

11 일반 문자 요금은 $16 \times 23 = 368$(원)이고,
그림 문자 요금은 $28 \times 15 = 420$(원)입니다.
따라서 정호가 지난달 사용한 문자 요금은
$368 + 420 = 788$(원)입니다.

12 $58 ★ 38 = 58 \times 38 - 58$
$= 2204 - 58$
$= 2146$

13 (연필의 값)=$650 \times 3 = 1950$(원)
(지우개의 값)=$300 \times 2 = 600$(원)
➡ (거스름돈)=$5000 - 1950 - 600$
$= 3050 - 600 = 2450$(원)

14 $452 \times 6 = 2712$, $452 \times 7 = 3164$이므로
□ 안에 들어갈 수 있는 수는 7, 8, 9, …입니다.
따라서 □ 안에 들어갈 수 있는 가장 작은 수는 7입니다.

15 어떤 수를 □라고 하면 □$+69 = 92$이므로
□$= 92 - 69 = 23$입니다.
따라서 바르게 계산하면 $23 \times 69 = 1587$입니다.

16 $5 \times 4 = 20$이므로 일의 자리에서 십의 자리로 올림한 수는 2이고, $3 \times 4 = 12$이므로 십의 자리에서 백의 자리로 올림한 수는 2입니다.
따라서 □$\times 4 + 2 = 26$이므로 □$\times 4 = 24$, □$= 6$입니다.

17 $50 \times 30 = 1500$, $40 \times 60 = 2400$
$1500 < 430 \times$□< 2400에서 $430 \times 3 = 1290$,
$430 \times 4 = 1720$, $430 \times 5 = 2150$, $430 \times 6 = 2580$
이므로 □ 안에 들어갈 수 있는 수는 4, 5로 모두 2개입니다.

18 곱을 가장 크게 하려면 십의 자리에 가장 큰 수 6이 와야 합니다.
$64 \times 52 = 3328$, $62 \times 54 = 3348$로
62×54의 곱이 더 큽니다.

서술형
19 ⟮예⟯ 나무와 나무 사이의 간격 수는 $40 - 1 = 39$(군데)입니다. 따라서 도로의 길이는 $39 \times 20 = 780$(m)입니다.

평가 기준	배점(5점)
문제에 맞은 식을 세웠나요?	2점
도로의 길이는 몇 m인지 구했나요?	3점

서술형
20 ⟮예⟯ □ 안에 알맞은 수를 구하면
□□$= 19 - 1 = 18$이므로 ㉠$\times 3 = 18$에서 ㉠$= 6$이 됩니다. ㉠$\times$㉡$= 12$에서 ㉠$= 6$이므로 ㉡$= 2$가 됩니다.
따라서 ㉠$= 6$, ㉡$= 2$입니다.

평가 기준	배점(5점)
풀이 과정을 바르게 썼나요?	2점
㉠과 ㉡에 알맞은 수를 구했나요?	3점

1단원 단원 평가 Level ❷

9~11쪽

1 (1) 360, 90 (2) 84, 40 **2** 321, 3, 963

3 153, 340 / 493 **4** >

5 ㉢, ㉡, ㉠ **6** 5520 **7** (위에서부터) 6, 0

8 672 m **9** 800마리 **10** 450문제

11 사과, 200개 **12** 2304켤레

13 5개 **14** 270 cm **15** 1261

16 981 **17** 326권 **18** 5850원

19 초콜릿, 251개 **20** 14 cm

4 $7 \times 38 = 266$, $4 \times 52 = 208$ ➡ $266 > 208$

5 ㉠ $491 \times 5 = 2455$ ㉡ $687 \times 3 = 2061$
㉢ $502 \times 4 = 2008$ ➡ ㉢ < ㉡ < ㉠

6 ㉠ 69 ㉡ 80 ➡ ㉠ × ㉡ = $69 \times 80 = 5520$

7
$$\begin{array}{r} ㉠\,9 \\ \times\ 7\,0 \\ \hline 4\,8\,3\,㉡ \end{array}$$
곱하는 수의 일의 자리 숫자가 0이므로 ㉡=0입니다.
㉠9 × 7 = 483이고, 9 × 7 = 63이므로 ㉠ × 7 = 42입니다. ➡ ㉠ = 6

8 정사각형의 네 변의 길이는 모두 같습니다. 따라서 밭의 네 변의 길이의 합은 $168 \times 4 = 672$(m)입니다.

9 (조기 40두름) = $20 \times 40 = 800$(마리)

10 6월은 30일까지 있습니다.
수아는 하루에 15문제씩 30일 동안 문제를 풀었으므로 6월 한 달 동안 푼 문제는 모두 $15 \times 30 = 450$(문제)입니다.

11 (사과의 수) = $30 \times 40 = 1200$(개)
(배의 수) = $20 \times 50 = 1000$(개)
따라서 사과가 배보다 $1200 - 1000 = 200$(개) 더 많습니다.

12 하루는 24시간이므로 이틀은 $24 \times 2 = 48$(시간)입니다.
따라서 이틀 동안 만들 수 있는 운동화는 모두 $48 \times 48 = 2304$(켤레)입니다.

13 $41 \times 24 = 984$, $22 \times 45 = 990$
$984 < \square < 990$의 $\square$ 안에 들어갈 수 있는 자연수는 985, 986, 987, 988, 989로 모두 5개입니다.

14 삼각형 18개를 만드는 데 사용한 이쑤시개는 $3 \times 18 = 54$(개)입니다.
따라서 성주가 사용한 이쑤시개의 길이의 합은 $5 \times 54 = 270$(cm)입니다.

15 만들 수 있는 가장 큰 두 자리 수는 97이고, 가장 작은 두 자리 수는 13입니다.
따라서 두 수의 곱은 $97 \times 13 = 1261$입니다.

16 $7 ◎ 9 = 7 \times 9 + 1 = 64$
$20 ◎ 4 = 20 \times 4 + 1 = 81$
$6 ◎ 12 = 6 \times 12 + 1 = 73$
➡ $35 ◎ 28 = 35 \times 28 + 1 = 981$

17 (동화책의 수) = $24 \times 36 = 864$(권)
(위인전의 수) = $45 \times 18 = 810$(권)
➡ (과학책의 수) = $2000 - 864 - 810 = 326$(권)

18 (어른의 입장료) = $350 \times 2 + 50 = 750$(원)
(어린이 6명과 어른 5명의 입장료)
$= 350 \times 6 + 750 \times 5$
$= 2100 + 3750 = 5850$(원)

19 서술형
예) 사탕 수는 $13 \times 42 = 546$(개)보다 5개 많으므로 $546 + 5 = 551$(개)입니다.
초콜릿 수는 $16 \times 51 = 816$(개)보다 14개 적으므로 $816 - 14 = 802$(개)입니다.
따라서 초콜릿이 사탕보다 $802 - 551 = 251$(개) 더 많습니다.

평가 기준	배점(5점)
사탕과 초콜릿의 수를 각각 구했나요?	3점
어느 것이 몇 개 더 많은지 구했나요?	2점

20 서술형
예) (색 테이프 7장의 길이의 합) = $135 \times 7 = 945$(cm)
(겹쳐진 부분의 길이의 합) = $945 - 861 = 84$(cm)
색 테이프 7장을 이어 붙이면 겹쳐진 부분은 $7 - 1 = 6$(군데)입니다.
겹쳐진 한 부분의 길이를 $\square$ cm라고 하면 $\square \times 6 = 84$이고, $14 \times 6 = 84$이므로 $\square = 14$입니다.
따라서 색 테이프는 14 cm씩 겹치게 이어 붙였습니다.

평가 기준	배점(5점)
색 테이프 7장의 길이의 합을 구했나요?	2점
겹쳐진 한 부분의 길이를 구했나요?	3점

2 나눗셈

12~15쪽

서술형 문제

1⁺ 20	**2⁺** 5개, 3개
3 32명	**4** 32개, 1개
5 12쪽	**6** 15명
7 15개	**8** 18권
9 288	**10** 10
11 98	

1⁺ 예 $80 \div 4$의 몫은 $8 \div 4$의 몫의 10배입니다.
따라서 $8 \div 4 = 2$이므로 $80 \div 4$의 몫은 20입니다.

단계	문제 해결 과정
①	$8 \div 4$의 몫을 구했나요?
②	$8 \div 4$의 몫을 이용하여 $80 \div 4$의 몫을 구했나요?

2⁺ 예 $23 \div 4 = 5 \cdots 3$이므로 한 명에게 5개씩 나누어 줄 수 있고 3개가 남습니다.

단계	문제 해결 과정
①	나눗셈식을 세워 계산했나요?
②	한 명에게 몇 개씩 줄 수 있고 몇 개가 남는지 구했나요?

3 예 $128 \div 4 = 32$이므로 수아네 반 학생은 32명입니다.

단계	문제 해결 과정
①	나눗셈식을 세워 계산했나요?
②	수아네 반 학생은 몇 명인지 구했나요?

4 예 $257 \div 8 = 32 \cdots 1$이므로 한 상자에 32개씩 담을 수 있고 1개가 남습니다.

단계	문제 해결 과정
①	나눗셈식을 세워 계산했나요?
②	한 상자에 복숭아를 몇 개씩 담을 수 있고 몇 개가 남는지 구했나요?

5 예 일주일은 7일입니다.
$84 \div 7 = 12$이므로 연주는 하루에 12쪽씩 읽었습니다.

단계	문제 해결 과정
①	일주일은 7일임을 알고 있나요?
②	동화책을 하루에 몇 쪽씩 읽었는지 구했나요?

6 예 구슬은 모두 $10 \times 9 = 90$(개)입니다.
$90 \div 6 = 15$이므로 구슬을 15명에게 나누어 줄 수 있습니다.

단계	문제 해결 과정
①	구슬은 모두 몇 개인지 구했나요?
②	나눗셈식을 세워 계산했나요?
③	구슬을 몇 명에게 나누어 줄 수 있는지 구했나요?

7 예 $95 \div 6 = 15 \cdots 5$이므로 미술 공예품을 15개 만들고 $5 \, cm$가 남습니다.
남는 철사 $5 \, cm$로는 미술 공예품을 만들 수 없으므로 만들 수 있는 미술 공예품은 15개입니다.

단계	문제 해결 과정
①	나눗셈식을 세워 계산했나요?
②	만들 수 있는 미술 공예품은 몇 개인지 구했나요?

8 예 $34 + 38 = 72$이므로 책은 모두 72권입니다.
$72 \div 4 = 18$이므로 책꽂이 한 칸에 18권씩 꽂아야 합니다.

단계	문제 해결 과정
①	책은 모두 몇 권인지 구했나요?
②	나눗셈식을 세워 계산했나요?
③	한 칸에 책을 몇 권씩 꽂아야 하는지 구했나요?

9 예 $8 > 6 > 4 > 3$이므로 만들 수 있는 가장 큰 세 자리 수는 864입니다.
따라서 864를 남은 한 수인 3으로 나누면 $864 \div 3 = 288$입니다.

단계	문제 해결 과정
①	가장 큰 세 자리 수를 만들었나요?
②	가장 큰 세 자리 수를 남은 한 수로 나눈 몫을 구했나요?

10 예 어떤 수를 □라고 하면 $□ \times 3 = 90$이므로
$□ = 90 \div 3 = 30$입니다.
따라서 바르게 계산하면 $30 \div 3 = 10$이므로 몫은 10입니다.

단계	문제 해결 과정
①	어떤 수를 구했나요?
②	바르게 계산한 몫을 구했나요?

11 예 두 자리 수 중에서 6으로 나누었을 때 가장 큰 수는 $100 \div 6 = 16 \cdots 4$이므로 $6 \times 16 = 96$입니다.
따라서 6으로 나누었을 때 나머지가 2이고 가장 큰 두 자리 수는 $96 + 2 = 98$입니다.

단계	문제 해결 과정
①	6으로 나누어떨어지는 수 중에서 가장 큰 두 자리 수를 구했나요?
②	조건을 모두 만족하는 수 중에서 가장 큰 수를 구했나요?

2단원 단원 평가 Level ❶   16~18쪽

1 2, 40

2 (위에서부터) (1) 2 / 6, 200 (2) 5 / 2, 4, 60 / 2, 0, 5

3 (X자로 연결된 선)

4 (1) 16 (2) 15…3

5 4, 5, 6, 7에 ○표

6 <

7 (위에서부터) 17, 2 / 17, 85, 85, 2, 87

8 ㉣, ㉢, ㉠, ㉡

9 19개

10 82장

11 1, 2, 4, 7, 8

12 25 cm, 5 cm

13 30

14 15권

15 3개

16 (위에서부터) 1 / 9 / 7 / 9 / 2, 8

17 24

18 75÷4=18…3

19
```
    2 2
4 ) 9 0
    8
    1 0
      8
      2
```
예 나머지는 나누는 수보다 작아야 하는데 나머지 14가 나누는 수 4보다 크므로 몫을 더 크게 해야 합니다.

20 14명

---

4 (1)
```
    1 6
6 ) 9 6
    6
    3 6
    3 6
    0
```
(2)
```
    1 5
5 ) 7 8
    5
    2 8
    2 5
    3
```

5 나머지는 나누는 수보다 작아야 하므로 나머지가 될 수 있는 수는 8보다 작습니다.

6 $77 \div 7 = 11$ < $45 \div 3 = 15$

7 나누는 수와 몫의 곱에 나머지를 더하면 나누어지는 수가 되어야 합니다.

8 ㉠ $80 \div 5 = 16$ ㉡ $63 \div 4 = 15 \cdots 3$
㉢ $197 \div 8 = 24 \cdots 5$ ㉣ $191 \div 7 = 27 \cdots 2$
몫의 크기를 비교해 보면 $27 > 24 > 16 > 15$이므로 몫이 큰 것부터 차례대로 기호를 쓰면 ㉣, ㉢, ㉠, ㉡입니다.

9 (한 상자에 담아야 할 쿠키 수)
= (전체 쿠키 수) ÷ (상자 수)
= $57 \div 3 = 19$(개)

10 (한 모둠에 줄 색종이 수)
= (전체 색종이 수) ÷ (모둠 수)
= $164 \div 2 = 82$(장)

11 $56 \div 1 = 56$, $56 \div 2 = 28$, $56 \div 3 = 18 \cdots 2$,
$56 \div 4 = 14$, $56 \div 5 = 11 \cdots 1$, $56 \div 6 = 9 \cdots 2$,
$56 \div 7 = 8$, $56 \div 8 = 7$, $56 \div 9 = 6 \cdots 2$
따라서 56을 나누어떨어지게 하는 수는 1, 2, 4, 7, 8입니다.

12 $155 \div 6 = 25 \cdots 5$이므로 한 명에게 25 cm씩 나누어 줄 수 있고 5 cm가 남습니다.

13 $18 \times 5 = 90$ ➡ ■$=90$
■ ÷ 3 = $90 \div 3 = 30$ ➡ ▲ $= 30$

14 (전체 공책 수) = $10 \times 6 = 60$(권)
(한 사람이 가지는 공책 수) = $60 \div 4 = 15$(권)

15 $62 \div 5 = 12 \cdots 2$이므로 5명에게 12개씩 나누어 주면 2개가 남습니다. 따라서 구슬을 남김없이 나누어 주려면 적어도 $5 - 2 = 3$(개)가 더 필요합니다.

16
```
    ㉠ 4
7 ) 9 ㉡
    ㉢
    2 ㉣
    ㉤ ㉥
    1
```
$9 - ㉡ = 2$이므로 ㉡ $= 7$
$7 \times ㉠ = 7$이므로 ㉠ $= 1$
$7 \times 4 = 28$이므로 ㉤ $= 2$, ㉥ $= 8$
㉣ $- 8 = 1$이므로 ㉣ $= 9$, ㉡ $= 9$

17 어떤 수를 □라고 하면 □ $\times 2 = 96$이므로
□ $= 96 \div 2 = 48$입니다.
따라서 바르게 계산하면 $48 \div 2 = 24$이므로 몫은 24입니다.

18 몫이 가장 크려면 가장 큰 두 자리 수를 가장 작은 한 자리 수로 나누어야 합니다.
가장 큰 두 자리 수: 75, 가장 작은 한 자리 수: 4
➡ $75 \div 4 = 18 \cdots 3$

서술형
19

평가 기준	배점(5점)
잘못 계산한 이유를 썼나요?	2점
잘못 계산한 부분을 바르게 계산했나요?	3점

서술형
20 예 민수네 반 학생은 모두 $15 + 13 = 28$(명)입니다.
따라서 한 모둠은 $28 \div 2 = 14$(명)이 됩니다.

평가 기준	배점(5점)
민수네 반 전체 학생 수를 구했나요?	2점
한 모둠은 몇 명이 되는지 구했나요?	3점

1 ㉢

2

3 16···1 / 16, 1
확인 $5 \times 16 = 80$, $80 + 1 = 81$

4 >

5
```
      1 3
   5) 6 6
      5
      1 6
      1 5
        1
```

6 123

7 6

8 36명

9 156

10 111

11 (위에서부터) 2, 3 / 3

12 48

13 53개

14 15자루, 3자루

15 2개

16 135

17 3개

18 78

19 몫: 17, 나머지: 6

20 180 m

3 나누는 수와 몫의 곱에 나머지를 더하면 나누어지는 수가 되어야 합니다.

4 $720 \div 4 = 180$, $960 \div 6 = 160$ ➡ $180 > 160$

5 십의 자리 계산에서 $66 - 50 = 16$인데 6만 내려 써서 계산이 틀렸습니다.

6 $745 \div 5 = 149$, $816 \div 3 = 272$ ➡ $272 - 149 = 123$

8 사탕은 모두 $156 + 132 = 288$(개) 있습니다.
따라서 한 명에게 8개씩 나누어 주면 $288 \div 8 = 36$이므로 36명에게 나누어 줄 수 있습니다.

9 ㉠$\div 3 = 133$에서 $3 \times 133 = $㉠이므로 ㉠$= 399$입니다. $486 \div 2 = 243$이므로 ㉡$= 243$입니다.
➡ ㉠$-$㉡$= 399 - 243 = 156$

10 $4 \times 27 = 108$, $108 + 1 = 111$이므로 □$= 111$입니다.

11
```
      4 6
 ㉠) 9 ㉡
     8
     1 ㉢
     1 2
       1
```
나누는 수는 4와 곱했을 때 한 자리 수이어야 하고 6과 곱했을 때 두 자리 수이어야 하므로 ㉠은 2입니다.
나머지가 1이므로 ㉡=㉢=3입니다.

12 $287 \div 3 = 95 \cdots 2$이므로 ㉠$= 95$, ㉡$= 2$입니다.
$95 \div 2 = 47 \cdots 1$이므로 ㉢$= 47$, ㉣$= 1$입니다.
➡ ㉢$+$㉣$= 47 + 1 = 48$

13 처음에 있던 귤의 수를 □개라고 하면
□$\div 6 = 8 \cdots 5$입니다. $6 \times 8 = 48$, $48 + 5 = 53$이므로 처음에 있던 귤은 모두 53개입니다.

14 연필 9타는 $12 \times 9 = 108$(자루)입니다.
$108 \div 7 = 15 \cdots 3$이므로 한 명에게 15자루씩 나누어 줄 수 있고 3자루가 남습니다.

15 $78 \div 5 = 15 \cdots 3$이므로 15봉지가 되고 3개가 남습니다. 따라서 고구마를 남는 것이 없도록 나누어 담으려면 적어도 $5 - 3 = 2$(개)가 더 있어야 합니다.

16 $3 \times 13 = 39$, $3 \times 14 = 42$, $3 \times 15 = 45$, $3 \times 16 = 48$, $3 \times 17 = 51$이므로 3으로 나누어떨어지는 수 중에서 십의 자리 숫자가 4인 두 자리 수는 42, 45, 48입니다. ➡ $42 + 45 + 48 = 135$

17 $16 \div 8 = 2$, $56 \div 8 = 7$, $96 \div 8 = 12$이므로 □ 안에 들어갈 수 있는 수는 1, 5, 9로 모두 3개입니다.

18 $70 \div 6 = 11 \cdots 4$이고 $6 \times 12 = 72$이므로 70보다 크고 80보다 작은 수 중에서 6으로 나누어떨어지는 수는 72, $72 + 6 = 78$입니다.
이 중에서 $72 \div 4 = 18$, $78 \div 4 = 19 \cdots 2$이므로 4로 나누면 나머지가 2인 수는 78입니다.
따라서 조건을 모두 만족하는 수는 78입니다.

서술형
19 예 어떤 수를 □라고 하면 □$\div 6 = 26 \cdots 3$입니다.
$6 \times 26 = 156$, $156 + 3 = 159$이므로 □$= 159$입니다.
따라서 바르게 계산하면 $159 \div 9 = 17 \cdots 6$이므로 몫은 17이고 나머지는 6입니다.

평가 기준	배점(5점)
어떤 수를 구했나요?	3점
바르게 계산했을 때의 몫과 나머지를 각각 구했나요?	2점

서술형
20 예 길 한쪽에 있는 가로등의 수는 $12 \div 2 = 6$(개)입니다. 길 한쪽에 가로등이 6개이면 가로등 사이의 간격은 $6 - 1 = 5$(군데)이므로 가로등과 가로등 사이의 거리는 $900 \div 5 = 180$(m)입니다.

평가 기준	배점(5점)
가로등 사이의 간격이 몇 군데인지 구했나요?	2점
가로등과 가로등 사이의 거리를 구했나요?	3점

3 원

22~25쪽

● 서술형 문제

1⁺ 18 cm   **2⁺** 34 cm

3 선분 ㅁㅂ /
⟮예⟯ 원 위의 두 점을 이은 선분 중에서 길이가 가장 깁니다.

4 ⟮예⟯

/ ⟮예⟯ 한 원에서 원의 반지름은 셀 수 없이 많이 그을 수 있고 그 길이는 1cm로 모두 같습니다.

5 6 cm   **6** 5 cm

7 3 cm   **8** 2 cm

9 2 cm   **10** 16 cm

11
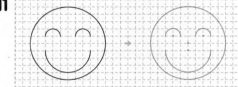

⟮예⟯ 반지름이 모눈 5칸인 큰 원을 그리고, 반지름이 모눈 1칸인 작은 반원 2개와 반지름이 모눈 3칸인 반원 1개를 그립니다.

1⁺ ⟮예⟯ 새로 그린 원의 반지름은 $3 \times 3 = 9$(cm)입니다.
따라서 새로 그린 원의 지름은 $9 \times 2 = 18$(cm)입니다.

단계	문제 해결 과정
①	새로 그린 원의 반지름을 구했나요?
②	새로 그린 원의 지름을 구했나요?

2⁺ ⟮예⟯ 반지름이 10 cm인 원의 지름은 $10 \times 2 = 20$(cm)이고, 반지름이 7 cm인 원의 지름은 $7 \times 2 = 14$(cm)입니다.
따라서 선분 ㄱㄴ의 길이는 두 원의 지름의 합이므로 $20 + 14 = 34$(cm)입니다.

단계	문제 해결 과정
①	두 원의 지름을 각각 구했나요?
②	선분 ㄱㄴ의 길이를 구했나요?

3

단계	문제 해결 과정
①	원의 지름은 어느 선분인지 찾았나요?
②	원의 지름의 성질을 설명했나요?

4

단계	문제 해결 과정
①	원의 반지름을 3개 그었나요?
②	원의 반지름을 재어 보았나요?
③	원의 반지름에 대해 알 수 있는 점을 설명했나요?

5 ⟮예⟯ 컴퍼스를 벌린 정도가 원의 반지름이 되므로 원의 반지름은 3 cm입니다.
따라서 원의 지름은 원의 반지름의 2배인 $3 \times 2 = 6$(cm)입니다.

단계	문제 해결 과정
①	원의 반지름을 구했나요?
②	원의 지름을 구했나요?

6 ⟮예⟯ 큰 원의 지름에 작은 원의 반지름이 4번 놓이므로 큰 원의 지름은 작은 원의 반지름의 4배입니다.
따라서 작은 원의 반지름은 $20 \div 4 = 5$(cm)입니다.

단계	문제 해결 과정
①	큰 원의 지름은 작은 원의 반지름의 몇 배인지 구했나요?
②	작은 원의 반지름을 구했나요?

7 ⟮예⟯ 직사각형의 가로의 길이는 원의 반지름의 6배입니다.
따라서 원의 반지름은 $18 \div 6 = 3$(cm)입니다.

단계	문제 해결 과정
①	직사각형 가로의 길이는 원의 반지름의 몇 배인지 구했나요?
②	원의 반지름을 구했나요?

8 ⟮예⟯ 삼각형의 한 변의 길이는 원의 반지름의 2배이므로 삼각형의 세 변의 길이의 합은 원의 반지름의 $2 \times 3 = 6$(배)입니다.
따라서 원의 반지름은 $12 \div 6 = 2$(cm)입니다.

단계	문제 해결 과정
①	삼각형의 세 변의 길이의 합은 원의 반지름의 몇 배인지 구했나요?
②	원의 반지름을 구했나요?

9 ⟮예⟯ 가장 큰 원의 반지름은 $16 \div 2 = 8$(cm)이고, 중간 원의 반지름은 $8 \div 2 = 4$(cm)입니다.
따라서 가장 작은 원의 반지름은 $4 \div 2 = 2$(cm)입니다.

단계	문제 해결 과정
①	가장 큰 원의 반지름을 구했나요?
②	중간 원의 반지름을 구했나요?
③	가장 작은 원의 반지름을 구했나요?

10 ⟮예⟯ 원의 반지름을 □cm라고 하면 $5 + □ + □ = 21$, $□ + □ = 16$, $□ = 8$입니다.
따라서 원의 지름은 $8 \times 2 = 16$(cm)입니다.

단계	문제 해결 과정
①	원의 반지름을 구했나요?
②	원의 지름을 구했나요?

3단원 단원 평가 Level ❶ 　　　26~28쪽

1 점 ㄴ 　　**2** 2개 　　**3** 6

4 12 cm 　　**5** ㉣ 　　**6** 12 cm

7 ㉠ 　　**8**

9 3군데

10

11 1, 1

12

13 24 cm

14 29 cm 　　**15** 14 cm 　　**16** ㉢

17 20 cm 　　**18** 5 cm 　　**19** 15 cm

20 ⑩ 원의 중심이 오른쪽으로 2칸, 3칸, 4칸씩 옮겨가고 원의 반지름이 1칸씩 늘어나는 규칙입니다.

1 원을 그릴 때 누름 못이 꽂혔던 곳을 원의 중심이라고 합니다.

2 원의 지름을 나타내는 선분은 선분 ㄱㅁ과 선분 ㅈㄷ으로 모두 2개입니다.

3 한 원에서 반지름은 모두 같습니다.

4 원의 지름은 정사각형의 한 변의 길이와 같으므로 12 cm입니다.

5 한 원에서 원의 지름은 무수히 많이 그을 수 있습니다.

6 컴퍼스의 침과 연필심 사이의 거리는 원의 반지름이므로 $24 \div 2 = 12$(cm)입니다.

7 ㉠ 반지름이 6 cm인 원
　㉡ 반지름이 4 cm인 원
　㉢ (지름이 8 cm인 원)＝(반지름이 4 cm인 원)
　㉣ (지름이 4 cm인 원)＝(반지름이 2 cm인 원)
　따라서 가장 큰 원은 ㉠입니다.

8 원의 지름이 1 cm＝10 mm일 때 원의 반지름은 5 mm이고, 원의 지름이 2 cm일 때 원의 반지름은 1 cm입니다. 따라서 주어진 점을 원의 중심으로 하고 반지름이 각각 5 mm, 1 cm인 원을 그립니다.

9 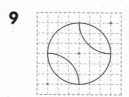 원의 중심이 되는 점을 찾아보면 3군데입니다.

13 정사각형의 한 변의 길이는 원의 지름과 같으므로 (네 변의 길이의 합)＝6＋6＋6＋6＝24(cm)입니다.

14 (원의 반지름)＝(선분 ㄴㅇ)＝(선분 ㄱㅇ)＝9 cm이므로 (삼각형 ㄱㅇㄴ의 세 변의 길이의 합)
　＝9＋11＋9＝29(cm)

15 전체 길이는 원의 반지름의 6배입니다.
　따라서 원의 반지름이 $42 \div 6 = 7$(cm)이므로 원의 지름은 $7 \times 2 = 14$(cm)입니다.

16 ㉠ 5개 　㉡ 5개 　㉢ 3개 　㉣ 5개

17 선분 ㄱㄷ의 길이는 원의 반지름의 4배이므로 $5 \times 4 = 20$(cm)입니다.

18 직사각형의 가로와 세로의 길이의 합은 $60 \div 2 = 30$(cm)이므로 직사각형의 세로는 $30 - 20 = 10$(cm)입니다.
　원의 지름이 직사각형의 세로의 길이와 같으므로 원의 반지름은 $10 \div 2 = 5$(cm)입니다.

서술형
19 ⑩ 작은 원의 지름이 10 cm이므로
　반지름은 $10 \div 2 = 5$(cm)입니다.
　큰 원의 지름은 작은 원의 반지름의 3배이므로
　$5 \times 3 = 15$(cm)입니다.

서술형
20

3단원 단원 평가 Level ❷ 29~31쪽

1 ㉡, ㉢	**2** 선분 ㄱㄹ	**3** 12 cm
4 ㉠, ㉣, ㉡, ㉢		**5** 14 cm
6 20 cm	**7** ㉠	**8** 18 cm
9 5군데	**10** 30 cm	**11** 4 cm
12 64 cm	**13** 4 cm	**14** 49 cm
15 3 cm	**16** 15 cm	**17** 20 cm
18 17 cm	**19** 96 cm	**20** 36개

4 각 원의 지름은 ㉠ 4×2=8(cm), ㉡ 6 cm,
㉢ 2×2=4(cm), ㉣ 7 cm입니다.
8>7>6>4이므로 큰 원부터 차례대로 기호를 쓰면
㉠, ㉣, ㉡, ㉢입니다.

6 큰 원의 지름은 작은 원의 반지름의 4배이므로
5×4=20(cm)입니다.

8 선분 ㄱㄴ의 길이는 세 원의 지름을 합한 것과 같습니다.
세 원의 지름은 각각 4 cm, 6 cm, 8 cm이므로
선분 ㄱㄴ의 길이는 4+6+8=18(cm)입니다.

9 원의 중심은 모두 5군데이므로 컴퍼스의 침을 꽂아야 할 곳은 모두 5군데입니다.

10 선분 ㄴㄷ의 길이는 원의 반지름의 6배이므로
5×6=30(cm)입니다.

11 가장 큰 원의 반지름은 32÷2=16(cm)이고 중간 원의 반지름은 16÷2=8(cm)입니다.
따라서 가장 작은 원의 반지름은 8÷2=4(cm)입니다.

12 정사각형의 한 변의 길이는 원의 반지름의 4배이므로
4×4=16(cm)입니다. 따라서 정사각형의 네 변의 길이의 합은 16×4=64(cm)입니다.

13 직사각형의 가로는 원의 지름의 2배이므로 직사각형의 네 변의 길이의 합은 원의 지름의 6배입니다.
따라서 원의 지름은 24÷6=4(cm)입니다.

14 선분 ㄱㄴ의 길이는 원의 반지름의 7배이므로
(선분 ㄱㄴ)=7×7=49(cm)입니다.

15 직사각형의 가로는 원의 반지름의 6배이므로
원의 반지름은 18÷6=3(cm)입니다.

16 선분 ㄱㅁ의 길이는 정사각형의 한 변의 길이와 같고
작은 원의 반지름의 4배이므로 작은 원의 반지름은
20÷4=5(cm)입니다.
따라서 선분 ㄴㅁ의 길이는 작은 원의 반지름의 3배이므로 5×3=15(cm)입니다.

17 큰 원의 지름은 작은 원의 반지름의 6배이므로 작은 원의 반지름은 30÷6=5(cm)입니다.
선분 ㄱㄷ의 길이는 작은 원의 반지름의 4배이므로
5×4=20(cm)입니다.

18 (선분 ㄱㄴ)=(큰 원의 반지름)=12÷2=6(cm)
(선분 ㄱㄷ)=(작은 원의 반지름)=8÷2=4(cm)
(선분 ㄴㄷ)
=(큰 원의 반지름)+(작은 원의 반지름)−3
=6+4−3=7(cm)
(삼각형 ㄱㄴㄷ의 세 변의 길이의 합)
=6+4+7=17(cm)

19 서술형 ⑩ 직사각형의 네 변의 길이의 합은 원의 반지름의 16배입니다.
따라서 직사각형의 네 변의 길이의 합은
6×16=96(cm)입니다.

평가 기준	배점(5점)
직사각형의 네 변의 길이의 합은 원의 반지름의 몇 배인지 구했나요?	3점
직사각형의 네 변의 길이의 합을 구했나요?	2점

20 서술형 ⑩ 삼각형의 세 변의 길이는 모두 같으므로 한 변의 길이를 □ cm라고 하면 □×3=84에서 □=84÷3,
□=28입니다.
삼각형의 한 변의 길이는 순서대로
4 cm, 4×2=8(cm), 4×3=12(cm)
이므로 한 변이 28 cm인 삼각형을 △번째 그림의 삼각형이라고 하면 4×△=28, △=7입니다.
따라서 세 변의 길이의 합이 84 cm인 삼각형은 일곱 번째 그림의 삼각형이고, 일곱 번째 그림의 원은 모두
1+2+3+4+5+6+7+8=36(개)입니다.

평가 기준	배점(5점)
몇 번째 그림의 삼각형인지 구했나요?	2점
원은 모두 몇 개 그려야 할지 구했나요?	3점

4 분수

1^+ $\dfrac{4}{9}$

2^+ $1\dfrac{3}{7}$ / 예 가분수 $\dfrac{10}{7}$ 에서 자연수로 표현할 수 있는 $\dfrac{7}{7}$ 을

자연수 1로 나타내면 1과 $\dfrac{3}{7}$ 이므로 $\dfrac{10}{7}=1\dfrac{3}{7}$ 입니다.

3 12마리		**4** 8 m	
5 $\dfrac{5}{7}$		**6** 15분	
7 $\dfrac{8}{8}$		**8** 4개	
9 3개		**10** 20 cm	
11 12쪽			

1^+ 예 72개를 8개씩 묶으면 9묶음이 되고 32개는 그중의 4묶음입니다.

따라서 귤 32개는 전체 귤의 $\dfrac{4}{9}$ 입니다.

단계	문제 해결 과정
①	귤 72개를 8개씩 묶으면 72개와 32개는 각각 몇 묶음인지 구했나요?
②	귤 32개는 전체 귤의 몇 분의 몇인지 구했나요?

2^+

단계	문제 해결 과정
①	가분수 $\dfrac{10}{7}$ 을 대분수로 나타냈나요?
②	가분수를 대분수로 나타내는 방법을 설명했나요?

3 예 16을 4묶음으로 똑같이 나누면 한 묶음은 4이므로 토끼 16마리의 $\dfrac{1}{4}$ 은 4마리입니다. $\dfrac{3}{4}$ 은 $\dfrac{1}{4}$ 이 3개이므로 토끼 16마리의 $\dfrac{3}{4}$ 은 $4 \times 3 = 12$ (마리)입니다.

따라서 흰색 토끼는 12마리입니다.

단계	문제 해결 과정
①	토끼 16마리의 $\dfrac{1}{4}$ 은 몇 마리인지 구했나요?
②	흰색 토끼는 몇 마리인지 구했나요?

4 예 12를 똑같이 3으로 나눈 것 중의 1은 4이므로 색 테이프 12 m의 $\dfrac{1}{3}$ 은 4 m입니다. $\dfrac{2}{3}$ 는 $\dfrac{1}{3}$ 이 2개이므로

색 테이프 12 m의 $\dfrac{2}{3}$ 는 $4 \times 2 = 8$ (m)입니다.

따라서 수아가 사용한 색 테이프는 8 m입니다.

단계	문제 해결 과정
①	색 테이프 12 m의 $\dfrac{1}{3}$ 은 몇 m인지 구했나요?
②	수아가 사용한 색 테이프는 몇 m인지 구했나요?

5 예 사탕 35개를 5개씩 묶으면 7묶음이 되고 25개는 그중의 5묶음입니다.

따라서 주은이가 친구들에게 나누어 준 사탕은 전체 사탕의 $\dfrac{5}{7}$ 입니다.

단계	문제 해결 과정
①	사탕 35개를 5개씩 묶으면 35개와 25개는 각각 몇 묶음인지 구했나요?
②	사탕 25개는 전체 사탕의 몇 분의 몇인지 구했나요?

6 예 1시간의 $\dfrac{1}{4}$ 은 1시간=60분을 똑같이 4부분으로 나눈 것 중의 1부분이므로 15분입니다.

따라서 정민이가 산책을 한 시간은 15분입니다.

단계	문제 해결 과정
①	1시간은 몇 분인지 알고 있나요?
②	정민이가 산책을 한 시간은 몇 분인지 구했나요?

7 예 분모가 8인 가분수는 $\dfrac{8}{8}$, $\dfrac{9}{8}$, $\dfrac{10}{8}$, ... 입니다.

따라서 이중 분자가 가장 작은 분수는 $\dfrac{8}{8}$ 입니다.

단계	문제 해결 과정
①	분모가 8인 가분수를 구했나요?
②	분모가 8인 가분수 중 분자가 가장 작은 분수를 구했나요?

8 예 $\dfrac{29}{8}=3\dfrac{5}{8}$ 이므로 $3\dfrac{5}{8}>3\dfrac{\square}{8}$ 입니다.

따라서 □ 안에 들어갈 수 있는 자연수는 5보다 작은 1, 2, 3, 4이므로 모두 4개입니다.

단계	문제 해결 과정
①	가분수를 대분수로 나타냈나요?
②	□ 안에 들어갈 수 있는 자연수의 개수를 구했나요?

9 예 진분수는 분자가 분모보다 작은 분수이므로 분모가 7일 때 만들 수 있는 진분수는 $\dfrac{2}{7}$, $\dfrac{3}{7}$ 이고, 분모가 3일 때 만들 수 있는 진분수는 $\dfrac{2}{3}$ 입니다.

따라서 만들 수 있는 진분수는 모두 3개입니다.

단계	문제 해결 과정
①	만들 수 있는 진분수를 모두 구했나요?
②	만들 수 있는 진분수의 개수를 구했나요?

10 예 어떤 철사의 $\frac{3}{5}$이 12 cm이므로

$\frac{1}{5}$은 12÷3=4(cm)입니다.

따라서 이 철사의 길이는 4 cm씩 5묶음이므로
4×5=20(cm)입니다.

단계	문제 해결 과정
①	철사의 $\frac{1}{5}$은 몇 cm인지 구했나요?
②	철사의 길이는 몇 cm인지 구했나요?

11 예 72를 똑같이 9묶음으로 나눈 것 중의 5묶음은 40이므로 오늘 읽은 동화책은 40쪽입니다. 오늘 읽고 남은 쪽수는 72−40=32(쪽)이고 32를 똑같이 8묶음으로 나눈 것 중의 3묶음은 12이므로 내일 읽어야 할 동화책은 12쪽입니다.

단계	문제 해결 과정
①	오늘 읽은 동화책의 쪽수를 구했나요?
②	내일 읽어야 할 동화책의 쪽수를 구했나요?

4단원 단원 평가 Level ❶　　36~38쪽

1 $\frac{1}{3}$

2 예

. 16

3 $\frac{2}{3}$, $\frac{11}{12}$ / $\frac{8}{8}$, $\frac{10}{9}$ / $2\frac{3}{5}$, $2\frac{1}{6}$

4 <　　　**5** $2\frac{3}{4}$　　　**6** （선 연결）

7 (1) 4　(2) 8　　**8** ①　　**9** $26\frac{1}{2}$ mm

10 지호　　**11** $3\frac{4}{5}$, $4\frac{1}{5}$　　**12** $\frac{5}{9}$에 ○표

13 4 cm　　**14** 13시간　　**15** 8개

16 5개　　**17** 30

18 $2\frac{5}{7}=\frac{19}{7}$, $5\frac{2}{7}=\frac{37}{7}$, $7\frac{2}{5}=\frac{37}{5}$

19 $2\frac{1}{3}$시간　　　**20** $\frac{34}{7}$, $4\frac{2}{7}$, $3\frac{4}{7}$, $\frac{5}{7}$

1 5는 15를 똑같이 3묶음으로 나눈 것 중의 한 묶음이므로 $\frac{1}{3}$입니다.

2 20을 똑같이 5묶음으로 나눈 것 중의 4묶음은 16입니다.

3 ・진분수: 분자가 분모보다 작은 분수
・가분수: 분자가 분모와 같거나 분모보다 큰 분수
・대분수: 자연수와 진분수로 이루어진 분수

4 6<9이므로 $\frac{6}{5}<\frac{9}{5}$입니다.

5 수직선의 한 칸은 $\frac{1}{4}$이므로 ㉮는 $2\frac{3}{4}$입니다.

6 ・$\frac{15}{7}$는 $\frac{14}{7}$(=2)와 $\frac{1}{7}$이므로 $2\frac{1}{7}$입니다.
・$3\frac{2}{7}$는 3($=\frac{21}{7}$)과 $\frac{2}{7}$이므로 $\frac{23}{7}$입니다.
・$\frac{19}{7}$는 $\frac{14}{7}$(=2)와 $\frac{5}{7}$이므로 $2\frac{5}{7}$입니다.

7 (1) 32를 8씩 묶으면 4묶음이 됩니다.
(2) 32를 4씩 묶으면 8묶음이 됩니다.

8 ① 14 ② 8 ③ 12 ④ 10 ⑤ 9
14＞12＞10＞9＞8이므로 나타내는 수가 가장 큰 것은 ①입니다.

9 $\frac{53}{2}$에서 $\frac{52}{2}$를 자연수 26으로 나타내고 나머지 $\frac{1}{2}$을 진분수로 하여 $26\frac{1}{2}$로 나타냅니다.

10 가분수를 대분수로 나타내면 $\frac{9}{8}=1\frac{1}{8}$입니다.
$1\frac{3}{8}>1\frac{1}{8}$이므로 지호의 책가방이 더 무겁습니다.

11 $\frac{23}{5}=4\frac{3}{5}$
$3\frac{1}{5}$보다 크고 $4\frac{3}{5}$보다 작은 분수는 $3\frac{4}{5}$, $4\frac{1}{5}$입니다.

12 $\frac{7}{8}$, $\frac{5}{9}$, $\frac{8}{6}$ 중에서 분모와 분자의 합이 14가 되는 것은 $\frac{5}{9}$와 $\frac{8}{6}$이고 이 중 진분수인 것은 $\frac{5}{9}$입니다.

13 20의 $\frac{1}{5}$은 4이므로 용수철에 100 g짜리 추 1개를 매달면 4 cm가 늘어납니다.

14 하루는 24시간이므로 민경이가 하루에 잠을 자는 시간은 24시간의 $\frac{3}{8}$인 9시간이고, 공부하는 시간은 24시간의 $\frac{1}{6}$인 4시간입니다. ➡ $9+4=13$(시간)

15 $3\frac{2}{5}=\frac{17}{5}$, $5\frac{1}{5}=\frac{26}{5}$ ➡ $\frac{17}{5}<\frac{\square}{5}<\frac{26}{5}$
따라서 $17<\square<26$이므로 $\square$ 안에 들어갈 수 있는 수는 18, 19, 20, 21, 22, 23, 24, 25로 모두 8개입니다.

16 · 영수: $\frac{1}{4}$, $\frac{2}{4}$, $\frac{3}{4}$ ➡ 3개
· 혜교: $3\frac{1}{3}$, $3\frac{2}{3}$ ➡ 2개
➡ $3+2=5$(개)

17 $\square$를 똑같이 6묶음으로 나눈 것 중의 5묶음이 25이므로 1묶음은 $25÷5=5$입니다.
따라서 $\square$는 5의 6배인 30입니다.

18 대분수의 분수 부분은 진분수이므로 분모에 분자보다 큰 수를 놓아야 합니다.
자연수 부분이 2일 때 ➡ $2\frac{5}{7}=\frac{19}{7}$
자연수 부분이 5일 때 ➡ $5\frac{2}{7}=\frac{37}{7}$
자연수 부분이 7일 때 ➡ $7\frac{2}{5}=\frac{37}{5}$

서술형
19 예 일주일은 7일이고, $\frac{1}{3}$이 7개이면 $\frac{7}{3}$이므로
일주일 동안 피아노를 친 시간은 $\frac{7}{3}$시간입니다.
$\frac{7}{3}$시간을 대분수로 나타내면 $2\frac{1}{3}$시간입니다.

평가 기준	배점(5점)
일주일 동안 피아노를 친 시간을 가분수로 구했나요?	2점
일주일 동안 피아노를 친 시간을 대분수로 나타냈나요?	3점

서술형
20 예 대분수를 가분수로 나타내면
$4\frac{2}{7}=\frac{30}{7}$, $3\frac{4}{7}=\frac{25}{7}$입니다.
분자의 크기를 비교해 보면
$34>30>25>5$이므로 큰 수부터 차례대로 쓰면
$\frac{34}{7}$, $4\frac{2}{7}$, $3\frac{4}{7}$, $\frac{5}{7}$입니다.

평가 기준	배점(5점)
분수의 크기를 비교했나요?	3점
큰 수부터 차례대로 썼나요?	2점

1 (1) 4 (2) 9	**2** $2\frac{2}{11}$
3 ㉢	**4** $3\frac{3}{5}$
5 ④	**6** 8 L
7 $\frac{1}{6}$, $\frac{2}{6}$, $\frac{3}{6}$, $\frac{4}{6}$, $\frac{5}{6}$	**8** 18개
9 도서관	**10** 9개
11 9	**12** 36명
13 2개	**14** 30
15 7봉지	**16** $\frac{11}{3}$ / $3\frac{2}{3}$
17 233	**18** $4\frac{2}{6}$, $4\frac{2}{8}$, $4\frac{6}{8}$
19 15자루	**20** 2개

1 (1) 24는 42를 똑같이 7묶음으로 나눈 것 중의 4묶음입니다.
(2) 30은 54를 똑같이 9묶음으로 나눈 것 중의 5묶음입니다.

2 대분수의 자연수 부분이 클수록 큰 분수이고 자연수 부분이 같으면 분자의 크기를 비교합니다.

3 ㉠ 16 ㉡ 16 ㉢ 18

4 작은 눈금 한 칸은 큰 눈금 사이를 똑같이 5칸으로 나눈 것 중의 한 칸이므로 $\frac{1}{5}$입니다. ㉠은 3에서 $\frac{1}{5}$씩 3칸을 더 갔으므로 대분수로 나타내면 $3\frac{3}{5}$입니다.

5 ① $\frac{62}{9}=6\frac{8}{9}$ ② $4\frac{1}{7}=\frac{29}{7}$
③ $\frac{24}{7}=3\frac{3}{7}$ ⑤ $\frac{53}{11}=4\frac{9}{11}$

6 20의 $\frac{1}{5}$은 4이므로 20의 $\frac{2}{5}$는 $4×2=8$입니다.

7 $\frac{\square}{6}$인 진분수이므로 $\square$ 안에는 6보다 작은 수가 들어가야 합니다.

8 전체 구슬의 수가 54개이므로 노란색 구슬은 54개의 $\frac{3}{9}$입니다.

54의 $\frac{1}{9}$은 $54 \div 9 = 6$이므로 54의 $\frac{3}{9}$은 $6 \times 3 = 18$입니다.

9 $\frac{14}{3} = 4\frac{2}{3}$이므로 $4\frac{1}{3} < \frac{14}{3}$입니다.
따라서 병철이네 집에서 더 먼 곳은 도서관입니다.

10 30개의 $\frac{1}{10}$은 3개이므로 $\frac{7}{10}$은 $3 \times 7 = 21$(개)입니다.
따라서 채원이가 먹은 젤리는 $30 - 21 = 9$(개)입니다.

11 어떤 수의 $\frac{1}{6}$이 12이므로 어떤 수는 $12 \times 6 = 72$입니다. 따라서 어떤 수의 $\frac{1}{8}$은 72의 $\frac{1}{8}$이므로 $72 \div 8 = 9$입니다.

12 전체의 $\frac{4}{9}$가 16이므로 $\frac{1}{9}$은 $16 \div 4 = 4$이고 전체는 $4 \times 9 = 36$입니다.
따라서 희선이네 반 전체 학생은 36명입니다.

13 3보다 크고 4보다 작은 대분수이므로 자연수 부분이 3이고 분자와 분모의 합이 6인 진분수의 개수를 구합니다. 분자와 분모의 합이 6인 진분수는 $\frac{1}{5}$, $\frac{2}{4}$입니다.
따라서 자연수 부분이 3이고, 분자와 분모의 합이 6인 대분수는 $3\frac{1}{5}$, $3\frac{2}{4}$로 모두 2개입니다.

14 $\frac{46}{8} = 5\frac{6}{8}$, $\frac{46}{5} = 9\frac{1}{5}$이므로 $5\frac{6}{8} < \square < 9\frac{1}{5}$에서 $\square$ 안에 들어갈 수 있는 자연수는 6, 7, 8, 9입니다.
➡ $6 + 7 + 8 + 9 = 30$

15 $\frac{54}{7} = 7\frac{5}{7}$이므로 $\frac{54}{7}$ kg은 7 kg과 $\frac{5}{7}$ kg이 됩니다.
따라서 딸기는 모두 7봉지에 담을 수 있습니다.

16 합이 14이고 차가 8인 두 수를 찾습니다.

합이 14인 두 수	1	2	3	4	5	6	7
	13	12	11	10	9	8	7

가분수는 $\frac{11}{3}$이고, 대분수로 고치면 $\frac{11}{3} = 3\frac{2}{3}$입니다.

17 만들 수 있는 가장 큰 대분수는 $76\frac{2}{3}$입니다.
$76\frac{2}{3} = \frac{230}{3}$이므로 가분수의 분자와 분모의 합은 $230 + 3 = 233$입니다.

18 한 자리 수인 짝수는 2, 4, 6, 8입니다. 4보다 크고 5보다 작은 대분수이므로 자연수 부분은 4입니다. 나머지 짝수 2, 6, 8을 이용하여 만들 수 있는 진분수는 $\frac{2}{6}$, $\frac{2}{8}$, $\frac{6}{8}$이므로 구하는 대분수는 $4\frac{2}{6}$, $4\frac{2}{8}$, $4\frac{6}{8}$입니다.

서술형
19 예 (준호에게 준 연필의 수)$=36$자루의 $\frac{1}{3}$ ➡ 12자루

(준호에게 주고 남은 연필의 수)
$=36 - 12 = 24$(자루)

(윤아에게 준 연필의 수)
$=24$자루의 $\frac{3}{8}$ ➡ 9자루

따라서 승혜에게 남은 연필은 $24 - 9 = 15$(자루)입니다.

평가 기준	배점(5점)
준호, 윤아에게 준 연필의 수를 각각 구했나요?	3점
승혜에게 남은 연필의 수를 구했나요?	2점

서술형
20 예 $2\frac{5}{12} = \frac{29}{12}$이고 $3\frac{1}{12} = \frac{37}{12}$이므로 ● 안에 들어갈 수 있는 수는 30, 31, 32, 33, 34, 35, 36입니다.
$3\frac{7}{9} = \frac{34}{9}$이고 $4\frac{5}{9} = \frac{41}{9}$이므로 ■ 안에 들어갈 수 있는 수는 35, 36, 37, 38, 39, 40입니다.
따라서 ●와 ■ 안에 공통으로 들어갈 수 있는 수는 35, 36으로 모두 2개입니다.

평가 기준	배점(5점)
●와 ■ 안에 들어갈 수 있는 수를 각각 구했나요?	3점
●와 ■ 안에 공통으로 들어갈 수 있는 수는 모두 몇 개인지 구했나요?	2점

5 들이와 무게

📋 서술형 문제

1⁺ ㉠ **2⁺** 6번

3 ㉢, ㉣, ㉠, ㉡ **4** 7 kg 390 g

5 ㉡ / 예 귤 한 개의 무게는 약 100 g입니다.

6 예 2 L짜리 우유 1개를 삽니다. /
예 3000원으로 900 mL짜리 우유 2개를 사면
$900 \text{ mL} + 900 \text{ mL} = 1800 \text{ mL}$
$\qquad\qquad\qquad\quad = 1 \text{ L } 800 \text{ mL}$가 되므로
2 L짜리 우유 1개를 사는 것이 더 많은 양의 우유를
사는 방법이 됩니다.

7 수현 **8** 1 L 400 mL

9 900 g **10** 3 L

11 16 kg

1⁺ 예 ㉠ $5 \text{ kg } 30 \text{ g} = 5000 \text{ g} + 30 \text{ g} = 5030 \text{ g}$
$5030 \text{ g} < 5300 \text{ g}$이므로 더 가벼운 것은 ㉠입니다.

단계	문제 해결 과정
①	단위를 통일하여 나타냈나요?
②	무게를 비교하여 무게가 더 가벼운 것의 기호를 썼나요?

2⁺ 예 수조의 들이는 $3 \text{ L} = 3000 \text{ mL}$입니다.
$500 + 500 + 500 + 500 + 500 + 500 = 3000$이므
로 500 mL들이 그릇으로 적어도 6번 부어야 합니다.

단계	문제 해결 과정
①	수조의 들이를 mL 단위로 나타냈나요?
②	물을 적어도 몇 번 부어야 하는지 구했나요?

3 예 ㉡ $2 \text{ L } 600 \text{ mL} = 2600 \text{ mL}$ ㉣ $3 \text{ L} = 3000 \text{ mL}$
$3200 \text{ mL} > 3000 \text{ mL} > 2700 \text{ mL} > 2600 \text{ mL}$이
므로 들이가 많은 것부터 차례대로 기호를 쓰면
㉢, ㉣, ㉠, ㉡입니다.

단계	문제 해결 과정
①	단위를 통일하여 나타냈나요?
②	들이를 비교하여 들이가 많은 것부터 차례대로 기호를 썼나요?

---

4 예 $4 \text{ kg } 300 \text{ g} = 4300 \text{ g}$, $3 \text{ kg } 90 \text{ g} = 3090 \text{ g}$이므
로 $4300 \text{ g} > 4030 \text{ g} > 3600 \text{ g} > 3090 \text{ g}$입니다.
따라서 가장 무거운 것은 4300 g이고 가장 가벼운 것은
3090 g이므로
$4300 \text{ g} + 3090 \text{ g} = 7390 \text{ g} = 7 \text{ kg } 390 \text{ g}$입니다.

단계	문제 해결 과정
①	단위를 통일하여 나타냈나요?
②	가장 무거운 것과 가장 가벼운 것의 합을 구했나요?

5

단계	문제 해결 과정
①	단위를 잘못 사용한 문장의 기호를 썼나요?
②	문장을 바르게 고쳤나요?

6

단계	문제 해결 과정
①	3000원으로 더 많은 양의 우유를 사는 방법을 썼나요?
②	그렇게 생각한 이유를 설명했나요?

7 예 실제 무게와 어림한 무게의 차이를 구해 보면 수현이
는 100 g, 기훈이는 200 g입니다. 따라서 멜론의 무게
를 더 가깝게 어림한 사람은 실제 무게와 어림한 무게의
차이가 더 작은 수현이입니다.

단계	문제 해결 과정
①	실제 무게와 어림한 무게의 차이를 구했나요?
②	더 가깝게 어림한 사람은 누구인지 구했나요?

8 예 왼쪽 비커에는 900 mL, 오른쪽 비커에는 500 mL
가 들어 있습니다.
두 비커에 들어 있는 물을 더하면
$900 \text{ mL} + 500 \text{ mL} = 1400 \text{ mL} = 1 \text{ L } 400 \text{ mL}$가
됩니다.

단계	문제 해결 과정
①	두 비커에 들어 있는 물의 양을 각각 구했나요?
②	두 비커에 들어 있는 물의 양의 합을 구했나요?

9 예 (남은 고구마의 무게)
$= 5 \text{ kg} - 1 \text{ kg } 500 \text{ g} - 2 \text{ kg } 600 \text{ g}$
$= 5000 \text{ g} - 1500 \text{ g} - 2600 \text{ g}$
$= 3500 \text{ g} - 2600 \text{ g} = 900 \text{ g}$

단계	문제 해결 과정
①	남은 고구마의 무게를 구하는 식을 세웠나요?
②	남은 고구마의 무게를 구했나요?

10 예 (수조에 남아 있는 물의 양)
　　＝2500 mL＋1 L 200 mL－700 mL
　　＝2500 mL＋1200 mL－700 mL
　　＝3700 mL－700 mL＝3000 mL＝3 L

단계	문제 해결 과정
①	수조에 남아 있는 물의 양을 구하는 식을 세웠나요?
②	수조에 남아 있는 물의 양을 구했나요?

11 예 수영이가 딴 귤이 15 kg이라면 동호가 딴 귤도 15 kg이 되므로 무게의 차가 0이 되어 맞지 않습니다. 수영이가 딴 귤이 16 kg이라면 동호가 딴 귤은 14 kg이 되므로 무게의 차가 2 kg이 되어 맞습니다.

단계	문제 해결 과정
①	수영이가 딴 귤의 무게를 예상하여 맞는지 확인했나요?
②	수영이가 딴 귤의 무게를 구했나요?

5단원 단원 평가 Level ❶

46~48쪽

1 450

2 1300, 1, 300

3 ㄹ

4 5, 200

5 (1) L에 ○표 　(2) mL에 ○표

6 수영

7 (위에서부터) L, mL, kg, t

8 (1) 2, 500 　(2) 3040

9 ✕ (선 연결)

10 사과

11 ㉠, ㉢, ㉡, ㉣

12 3 t

13 2 L 600 mL

14 3 kg 700 g

15 44 L 500 mL

16 (1) ○ 　(2) ✕ 　(3) ○

17 지혜, 50 mL

18 3 kg 700 g

19 간장병 / 예 1 L 500 mL＝1500 mL이므로 1800 mL＞1500 mL＞1000 mL입니다. 따라서 간장병의 들이가 가장 많습니다.

20 4 kg 600 g

---

3 ㉠, ㉡은 g, ㉢은 t을 사용하여 무게를 나타냅니다.

6 책가방의 무게는 2 kg으로 나타내는 것이 알맞고, 1t＝1000kg이므로 세탁기의 무게는 1t이 아닙니다.

---

8 (1) 2500 mL＝2000 mL＋500 mL
　　　　＝2 L 500 mL
　　(2) 3 L 40 mL＝3000 mL＋40 mL
　　　　＝3040 mL

9 1 kg 30 g＝1000 g＋30 g＝1030 g
　1 t＝1000 kg이므로 2 t＝2000 kg
　34 kg 500 g＝34000 g＋500 g＝34500 g

10 사과 2개와 귤 5개의 무게가 같으므로 사과 1개의 무게가 귤 1개의 무게보다 더 무겁습니다.

11 ㉠ 10 L＝10000 mL 　㉡ 1020 mL
　㉢ 1 L 200 mL＝1200 mL 　㉣ 1002 mL
　➡ ㉠＞㉢＞㉡＞㉣

12 100 kg인 상자 30개의 무게는 3000 kg＝3 t입니다.

13 1 L 300 mL＋1 L 300 mL＝2 L 600 mL

14 1 kg 600 g＋2 kg 100 g＝3 kg 700 g

15 49 L 700 mL－5 L 200 mL＝44 L 500 mL

16 (2) 물을 부은 횟수가 많을수록 컵의 들이가 적으므로 들이가 적은 컵은 ㉮ 컵입니다.

17 (슬기가 산 음료수의 양)
　　＝1 L 200 mL＋500 mL＝1 L 700 mL
　(지혜가 산 음료수의 양)
　　＝1 L 300 mL＋450 mL＝1 L 750 mL
　따라서 지혜가 산 음료수의 양이
　　＝1 L 750 mL－1 L 700 mL＝50 mL 더 많습니다.

18
$$
\begin{array}{r}
\overset{5}{\cancel{6}}\ kg\ \overset{1000}{} \\
-\ 2\ kg\ \ 300\ g \\
\hline
3\ kg\ \ 700\ g
\end{array}
$$

19 서술형

평가 기준	배점(5점)
들이가 가장 많은 것을 찾았나요?	2점
이유를 설명했나요?	3점

20 서술형 예 책가방의 무게는 2700 g, 공책의 무게는 1900 g이므로 공책을 책가방에 넣어 무게를 재면 2700 g＋1900 g＝4600 g＝4 kg 600 g입니다.

평가 기준	배점(5점)
책가방과 공책의 무게를 각각 구했나요?	2점
공책을 넣은 책가방의 무게를 구했나요?	3점

1 (1) ㉡   (2) ㉣   (3) 2배   **2** ㉡

3 (1) 13, 100   (2) 8, 500

4 1 L 510 mL   **5** ②, ③

6 ㉠   **7** 7 L 500 mL

8 2 L 400 mL   **9** 10 kg 500 g

10 2 kg 300 g   **11** (위에서부터) 450, 3

12 2 L 900 mL   **13** 4 L 200 mL

14 70 kg 300 g   **15** 2 kg 180 g

16 200 g   **17** 1 kg 100 g

18 10 kg 520 g   **19** 2 L

20 140 g

---

1 (1) 물을 부은 횟수가 많을수록 컵의 들이는 적습니다.
들이가 적은 차례대로 쓰면 ㉡, ㉢, ㉠, ㉣입니다.
(2) 물을 부은 횟수가 가장 작은 ㉣ 컵의 들이가 가장 많습니다.
(3) ㉡ 컵으로는 8번, ㉣ 컵으로는 4번을 부어야 하므로 ㉣ 컵의 들이는 ㉡ 컵의 들이의 $8 \div 4 = 2$(배)입니다.

2 ㉠ 4 kg 500 g $=$ 4500 g, ㉣ 5 kg 40 g $=$ 5040 g
➡ ㉡<㉢<㉠<㉣

3 (1)
$$\begin{array}{r} {}^{1}\\ 7 \text{ L } 300 \text{ mL} \\ + 5 \text{ L } 800 \text{ mL} \\ \hline 13 \text{ L } 100 \text{ mL} \end{array}$$
(2)
$$\begin{array}{r} {}^{12}\;\;{}^{1000}\\ \cancel{13} \text{ L } 200 \text{ mL} \\ - 4 \text{ L } 700 \text{ mL} \\ \hline 8 \text{ L } 500 \text{ mL} \end{array}$$

4 가장 많은 들이: 3600 mL $=$ 3 L 600 mL
가장 적은 들이: 2 L 90 mL
➡ 3 L 600 mL $-$ 2 L 90 mL $=$ 1 L 510 mL

5 ② 45 kg 60 g $=$ 45000 g $+$ 60 g $=$ 45060 g
③ 9 kg 50 g $=$ 9000 g $+$ 50 g $=$ 9050 g

6 ㉠ 3 L 600 mL $+$ 4 L 500 mL
    $=$ 8 L 100 mL $=$ 8100 mL
➡ ㉠ 8100 mL $<$ ㉡ 8200 mL

7 4 L 600 mL $+$ 2 L 900 mL $=$ 7 L 500 mL

8 6 L 200 mL $-$ 3 L 800 mL $=$ 2 L 400 mL

9 (동우가 산 소고기와 돼지고기의 무게)
    $=$ 4 kg 700 g $+$ 5 kg 800 g
    $=$ 10 kg 500 g

10 5 kg $-$ 2700 g $=$ 5 kg $-$ 2 kg 700 g
               $=$ 2 kg 300 g

11 g 단위의 계산: $\square - 700 = 750$에서 kg 단위에서
1000을 받아내림하면 $1000 + \square - 700 = 750$,
$\square = 750 - 300$, $\square = 450$
kg 단위의 계산: $15 - 1 - \square = 11$, $\square = 14 - 11 = 3$

12 1300 mL $=$ 1 L 300 mL이므로
(노란색 물감의 양) $=$ 4 L 200 mL $-$ 1 L 300 mL
                  $=$ 2 L 900 mL

13 (재찬이가 마신 우유의 양)
    $=$ 1 L 900 mL $+$ 400 mL $=$ 2 L 300 mL
(두 사람이 마신 우유의 양)
    $=$ 1 L 900 mL $+$ 2 L 300 mL $=$ 4 L 200 mL

14 (아버지의 몸무게)
    $=$ 32 kg 700 g $+$ 32 kg 700 g $+$ 4 kg 900 g
    $=$ 65 kg 400 g $+$ 4 kg 900 g
    $=$ 70 kg 300 g

15 3 kg에서 170 g이 모자란 무게는
3 kg $-$ 170 g $=$ 2 kg 830 g입니다.
(책의 무게) $=$ 2 kg 830 g $-$ 650 g $=$ 2 kg 180 g

16 (구슬 7개의 무게)
    $=$ (빈 상자와 구슬 7개의 무게의 합) $-$ (빈 상자의 무게)
    $=$ 3 kg $-$ 1 kg 600 g $=$ 1 kg 400 g
구슬 7개의 무게가 1 kg 400 g $=$ 1400 g이므로
$200 \times 7 = 1400$에서 구슬 한 개의 무게는 200 g입니다.

17 1 kg 250 g $=$ 1250 g이므로 멜론 한 통의 무게를 $\square$
라고 하면 3450 g $=$ $\square + \square + 1250$ g
$\square + \square = 3450$ g $-$ 1250 g $=$ 2200 g
$1100 + 1100 = 2200$이므로 $\square = 1100$ g입니다.
따라서 멜론 한 통의 무게는 1100 g $=$ 1 kg 100 g입니다.

18 (물통의 반만큼의 물의 무게)
    $=$ 6 kg 340 g $-$ 2 kg 160 g $=$ 4 kg 180 g
(물을 가득 채운 물통의 무게)
    $=$ 6 kg 340 g $+$ 4 kg 180 g $=$ 10 kg 520 g

19 ㉔ (서우가 마신 주스의 양)=250 mL
　　(민하가 마신 주스의 양)=250 mL+250 mL
　　　　　　　　　　　　　　=500 mL
　　(재우가 마신 주스의 양)=500 mL+500 mL
　　　　　　　　　　　　　　=1000 mL
　　(처음에 있던 주스의 양)=1000 mL+1000 mL
　　　　　　　　　　　　　　=2000 mL=2 L

평가 기준	배점(5점)
서우, 민하, 재우가 마신 주스의 양을 각각 구했나요?	3점
처음에 있던 주스의 양을 구했나요?	2점

서술형
20 ㉔ (귤 1개의 무게)
　=(오렌지 1개+귤 1개+접시)-(오렌지 1개+접시)
　=1 kg 410 g-830 g=580 g
　(접시만의 무게)=(귤 1개+접시)-(귤 1개)
　　　　　　　　=720 g-580 g=140 g

평가 기준	배점(5점)
귤 1개의 무게를 구했나요?	2점
접시만의 무게를 구했나요?	3점

 자료의 정리

📋 서술형 문제
52~55쪽

1⁺ 9대

2⁺ ㉔ • 자동차가 가장 많은 마을은 나 마을입니다.
　　• 자동차가 가장 많은 마을과 가장 적은 마을의 자동차 수의 차는 17대입니다.

3 ㉔ • 가장 많은 학생이 좋아하는 색깔은 파란색입니다.
　　• 조사한 학생은 모두 25명입니다.
　　• 빨간색을 좋아하는 학생은 초록색을 좋아하는 학생보다 3명이 더 많습니다.

4 4명

5 ㉔ 파란색 /
　㉔ 가장 많은 학생이 좋아하는 색이 파란색이므로 반티를 파란색으로 정하면 좋을 것 같습니다.

6 (위에서부터) 4, 2, 5, 3, 14 / 6, 3, 3, 1, 13

7 7명

8 ㉔ • 각 반려동물별 남학생 수와 여학생 수를 쉽게 알 수 있습니다.
　　• 자료의 합계를 쉽게 알 수 있습니다.

9 56명

10 74개

11 ㉔ • 마을별 신입생 수를 그림으로 나타내므로 조사한 내용을 한눈에 알 수 있습니다.
　　• 어느 마을의 신입생이 가장 많은지 쉽게 비교할 수 있습니다.

1⁺ ㉔ 가 마을의 자동차는 22대이고 나 마을의 자동차는 31대입니다. 따라서 나 마을의 자동차가 가 마을의 자동차보다 31-22=9(대) 더 많습니다.

단계	문제 해결 과정
①	가 마을과 나 마을의 자동차 수를 각각 구했나요?
②	자동차 수의 차를 구했나요?

2⁺

단계	문제 해결 과정
①	알 수 있는 내용을 1가지 썼나요?
②	알 수 있는 내용을 1가지 더 썼나요?

3

단계	문제 해결 과정
①	표를 보고 알 수 있는 내용을 3가지 썼나요?

4 예 가장 많은 학생이 좋아하는 색은 파란색으로 8명이고, 가장 적은 학생이 좋아하는 색은 초록색으로 4명입니다. 따라서 가장 많은 학생이 좋아하는 색의 학생 수는 가장 적은 학생이 좋아하는 색의 학생 수보다 $8-4=4$(명) 더 많습니다.

단계	문제 해결 과정
①	가장 많은 학생이 좋아하는 색과 가장 적은 학생이 좋아하는 색의 학생 수를 각각 구했나요?
②	학생 수의 차를 구했나요?

5

단계	문제 해결 과정
①	반티를 무슨 색깔로 정하면 좋을지 썼나요?
②	이유를 설명했나요?

6 예 강아지를 키우고 싶은 남학생은 4명, 여학생은 6명, 햄스터를 키우고 싶은 남학생은 2명, 여학생은 3명, 고양이를 키우고 싶은 남학생은 5명, 여학생은 3명, 거북을 키우고 싶은 남학생은 3명, 여학생은 1명이고 남학생 합계는 $4+2+5+3=14$(명), 여학생 합계는 $6+3+3+1=13$(명)입니다.

단계	문제 해결 과정
①	남학생, 여학생을 구분하여 강아지, 햄스터, 고양이, 거북의 수를 세었나요?
②	표로 나타내었나요?

7 예 강아지를 키우고 싶어 하는 남학생은 4명이고, 고양이를 키우고 싶어 하는 여학생은 3명입니다. 따라서 모두 $4+3=7$(명)입니다.

단계	문제 해결 과정
①	강아지를 키우고 싶어 하는 남학생 수와 고양이를 키우고 싶어 하는 여학생 수를 구했나요?
②	강아지를 키우고 싶어 하는 남학생과 고양이를 키우고 싶어 하는 여학생은 모두 몇 명인지 구했나요?

8

단계	문제 해결 과정
①	표의 편리한 점을 1가지 설명했나요?
②	표의 편리한 점을 1가지 더 설명했나요?

9 예 사랑 마을의 신입생은 25명이고 소망 마을의 신입생은 31명이므로 모두 $25+31=56$(명)입니다.

단계	문제 해결 과정
①	사랑 마을과 소망 마을의 신입생 수를 각각 구했나요?
②	신입생 수의 합을 구했나요?

10 예 (전체 학생 수)$=25+18+31=74$(명) 따라서 안전 호루라기는 모두 74개 필요합니다.

단계	문제 해결 과정
①	신입생 수의 합을 구했나요?
②	필요한 안전 호루라기의 수를 구했나요?

11

단계	문제 해결 과정
①	그림그래프의 편리한 점을 1가지 설명했나요?
②	그림그래프의 편리한 점을 1가지 더 설명했나요?

6단원 단원 평가 Level ❶

1 6명

2 6, 4, 5, 7, 22

3 떡볶이

4 표

5 10개 / 1개

6 24개

7 120개

8 4명

9 18명

10 10명

11 수학

12 120상자

13 44상자

14

월별 장난감 생산량

월	생산량
9월	□□□□□□□□□
10월	□□□□ □□□□
11월	□□□□□□□□
12월	□□□□□

□10상자 □1상자

15 예 3가지

16 9개 / 4개 / 1개

17

학교별 학생 수

초등학교	학생 수
천우	◎◎◎◎◎◎◎◎ △△△△ ◦
송원	◎◎◎◎◎◎◎ △△△
서해	◎◎◎◎◎◎◎◎ △◦◦
율전	◎◎◎◎◎◎ △△△◦◦◦◦◦◦◦◦

◎100명 △10명 ◦1명

18 율전, 송원, 서해, 천우 초등학교

19 14명

20 예 불고기 / 예 가장 많은 외국인이 좋아하는 음식은 불고기이므로 불고기를 준비하는 것이 좋을 것 같습니다.

1 햄버거의 ●의 수를 세어 보면 6개입니다.

3 표에서 가장 큰 수를 찾으면 떡볶이입니다.

4 표의 합계를 보면 조사한 학생 수를 쉽게 알 수 있습니다.

6 그림그래프를 보면 큰 그림 2개, 작은 그림 4개이므로 24개입니다.

7 32＋24＋45＋19＝120(개)

10 국어를 좋아하는 남학생은 7명, 여학생은 3명이므로 모두 7＋3＝10(명)입니다.

11 국어: 7＋3＝10(명)
수학: 5＋7＝12(명)
사회: 2＋5＝7(명)
과학: 4＋3＝7(명)
따라서 가장 많은 학생이 좋아하는 과목은 수학입니다.

12 표에서 합계를 보면 전체 생산량을 알 수 있습니다.

13 (10월의 장난감 생산량)
＝120－(9월의 장난감 생산량)
　－(11월의 장난감 생산량)－(12월의 장난감 생산량)
＝120－36－17－23＝44(상자)

18 그림그래프에서 큰 그림이 적은 학교부터 차례대로 씁니다.

서술형
19 예) 가장 많은 외국인이 좋아하는 음식은 불고기로 30명이고, 가장 적은 외국인이 좋아하는 음식은 떡갈비로 16명입니다. 따라서 사람 수의 차는 30－16＝14(명)입니다.

평가 기준	배점(5점)
가장 많은 외국인이 좋아하는 음식과 가장 적은 외국인이 좋아하는 음식의 사람 수를 각각 구했나요?	3점
사람 수의 차를 구했나요?	2점

서술형
20

평가 기준	배점(5점)
어떤 음식을 준비하는 것이 좋을지 썼나요?	2점
이유를 설명했나요?	3점

---

6 단원 **단원 평가 Level ❷** 59~61쪽

1 7, 9, 6, 2, 24　　　　**2** 3배

3 사과, 수박, 딸기, 포도

4 요일별 컴퓨터를 한 시간

요일	시간
월	◎◎◎◎◎
화	◎◎◎◎◎○
수	◎◎◎◎◎◎△△
목	◎◎◎○
금	◎◎◎◎◎△△

◎ 10분　○ 5분　△ 1분

5 10분 / 5분 / 1분　　**6** 수요일

7 그림그래프　　　　**8** 예) 2가지

9 음료수별 각설탕의 수

음료수	각설탕 수
가	□□□
나	□□
다	□□□□□□
라	□□□□□□□

□ 10개　□ 1개

10 나 음료수　　　　**11** 540개

12 ©

13 360, 330, 420, 500, 1610

14 나, 가, 다, 라　　　**15** 31개

16 요일별 푼 수학 문제 수

요일	문제 수
월	●●●●●●●●
화	●●●●●
수	●●●●●●
목	●●●●

● 10개　● 1개

17 월요일　　　　　**18** 450장

19 24통　　　　　　**20** 318마리

2 딸기를 좋아하는 학생은 6명, 포도를 좋아하는 학생은 2명이므로 딸기를 좋아하는 학생 수는 포도를 좋아하는 학생 수의 $6 \div 2 = 3$(배)입니다.

3 $9 > 7 > 6 > 2$이므로 많은 학생들이 좋아하는 과일부터 차례대로 써 보면 사과, 수박, 딸기, 포도입니다.

6 큰 그림이 가장 많은 수요일에 컴퓨터를 가장 많이 했습니다.

7 그림그래프를 그리면 한눈에 비교가 잘 됩니다.

8 10개 그림과 1개 그림 2가지로 나타내는 것이 좋습니다.

11 나 음료수에 담긴 각설탕은 20개이므로 27개의 음료수에 담긴 각설탕은 $20 \times 27 = 540$(개)입니다.

12 큰 그림이 가장 많은 라 과수원의 사과 생산량이 가장 많습니다.

13 (합계) $= 360 + 330 + 420 + 500$
  $= 1610$(상자)

15 $150 - 35 - 24 - 60 = 31$(개)

17 수학 문제를 가장 많이 푼 날부터 차례대로 쓰면 수요일, 월요일, 목요일, 화요일이므로 두 번째로 많이 푼 날은 월요일입니다.

18 4일 동안 푼 수학 문제 수는 150개이므로 4일 동안 받은 칭찬 붙임딱지는 $150 \times 3 = 450$(장)입니다.

^{서술형}
19 ⑩ 32의 $\frac{1}{2}$은 16이므로 월요일에 팔린 우유는 16통입니다.
  ➡ (화요일에 팔린 우유 수)
    $= 96 - 16 - 24 - 32$
    $= 24$(통)

평가 기준	배점(5점)
월요일에 팔린 우유의 수를 구했나요?	3점
화요일에 팔린 우유의 수를 구했나요?	2점

^{서술형}
20 ⑩ 상동 목장은 원동 목장보다 사료가 하루에 $18\,\mathrm{kg}$ 더 필요하므로 상동 목장의 소는 원동 목장의 소보다 $18 \div 3 = 6$(마리) 더 많습니다.
원동 목장의 소가 312마리이므로 상동 목장의 소는 $312 + 6 = 318$(마리)입니다.

평가 기준	배점(5점)
상동 목장의 소는 원동 목장의 소보다 몇 마리 더 많은지 구했나요?	2점
상동 목장의 소는 몇 마리인지 구했나요?	3점